基于 Agent 的情感劝说型谈判

伍京华　著

科 学 出 版 社

北　京

内 容 简 介

本书在阐述基于 Agent（智能体）的情感劝说型谈判基本概念的基础上，从信任、映射、决策和社会性四个方面，论述基于 Agent 的情感劝说型谈判的研究进展。通过建立模型和改进算法，探讨基于 Agent 的情感劝说型谈判依据信任、映射、决策和社会性的动态变化实现有效调整的途径。本书内容包含作者承担的国家自然科学基金面上项目“基于 Agent 的信任、映射和决策的情感劝说模型及其应用研究”的工作。

本书可供高等院校信息管理与信息系统学科的教师和研究生用于教学和科研参考，也可供从事商务智能和决策支持系统实际工作的管理人员和技术人员用于知识更新参考。

图书在版编目（CIP）数据

基于 Agent 的情感劝说型谈判 / 伍京华著. —北京：科学出版社，2024.6

ISBN 978-7-03-075258-1

Ⅰ. ①基… Ⅱ. ①伍… Ⅲ. ①软件工具-程序设计 Ⅳ. ①TP311.561

中国国家版本馆 CIP 数据核字（2023）第 050032 号

责任编辑：魏如萍 / 责任校对：王晓茜
责任印制：张 伟 / 封面设计：有道设计

科学出版社 出版
北京东黄城根北街 16 号
邮政编码：100717
http://www.sciencep.com
北京厚诚则铭印刷科技有限公司印刷
科学出版社发行 各地新华书店经销
*
2024 年 6 月第 一 版 开本：720 × 1000 1/16
2024 年 6 月第一次印刷 印张：15 3/4
字数：318 000

定价：188.00 元

（如有印装质量问题，我社负责调换）

序　　言

阅《基于 Agent 的情感劝说型谈判》一书，结合作者个人网页考察作者的科研轨迹，有两点给我留下深刻印象。

一是专心致志。凡事需专心致志，“不专心致志，则不得也”。近年来，一些人的研究工作轻率浮躁，欠缺的正是专心致志，他们或者急功近利，或者以功名金钱为导向，没有稳定的研究方向，导致无所成就。与之形成鲜明对比的是，该书作者十多年来，专心致志地围绕智能体、情感劝说和自动谈判等关键词，扎扎实实地在管理科学与工程学科深化人工智能的应用，没有涉猎与上述无关的科研工作，研究方向如此专一，得到的是脉络清晰的研究主线和成果，以及对相关概念内涵的逐步深化和对外延的逐步拓展。

二是学而思。“学而不思则罔，思而不学则殆”，说的是一味读书而不思考，就会成为书本的奴隶而没有主见。一味空想而不实实在在地学习，结果是知识匮乏而一无所得。学习和思考结合起来，才能得到认知上的升华。十多年来，该书作者坚持不懈地在学科前沿跟踪钻研，熟知相关研究动态，以此为基础深入学习心理学、社会学和逻辑学的相关知识，思考信任、映射、决策和社会性四个方面的动态变化对 Agent 情感劝说型自动谈判的影响，给出实现有效调整的途径，通过学而思形成研究创新。

该书研究的内容源于作者的博士生导师黄梯云教授（1932—2016 年）在 21 世纪初提出的研究方向。黄梯云教授是我国管理科学与工程一级学科下属信息管理与信息系统学科的创始人之一，是管理信息系统、智能决策支持系统和电子商务等领域的学术带头人。生前曾担任国务院学位委员会成员、国家自然科学基金委员会管理科学部评议组成员、教育部高等学院管理科学与工程类专业教学指导委员会副主任委员和全国博士后管理委员会专家组成员等职务。该书的出版也是对黄梯云教授的怀念。

李一军

哈尔滨工业大学经济与管理学院教授、博士生导师

国家自然科学基金委员会管理科学部原常务副主任

2024 年 4 月于哈尔滨

前　言

“十四五”期间，国家重点支持数字和智能技术驱动的管理科学理论，包括复杂系统管理、人机融合管理、决策智能理论、企业数字化转型、数字经济新规律和城市管理的智能化转型等前沿方向。商务智能作为电子商务与人工智能的重要结合，能帮助企业利用先进的人工智能技术改善商务决策水平，因此它在人们的商务活动中的重要性日益凸显。自动谈判作为商务智能中人们解决争端和达成一致的重要新型商务谈判模式，能充分利用人工智能的优势，结合计算机模拟人类商务谈判，达到不需要或仅需要部分人参与的效果，目前应用已经较为广泛。

Agent（智能体）是能够独立决策、自主执行，通过与其他实体交互来达成目标的计算机智能系统，具备模拟人的思想、行为等功能，能够在提升谈判智能化程度的同时，进一步降低谈判成本和提高谈判模拟人的理性程度，学者将 Agent 引入商务智能中的自动谈判，产生了基于 Agent 的自动谈判，该领域进一步发展到 Agent 模拟人的情感和劝说能力，从而达到了智能化更高的阶段，即基于 Agent 的情感劝说型谈判（简称基于 Agent 的情感劝说）。现有的基于 Agent 的情感劝说领域研究涉及管理学、计算机科学与技术、心理学等学科，具有明显的学科交叉特征。

本书具体包括以下内容。

（1）概述 Agent 的基本概念及分类、谈判的基本概念及分类、情感的基本概念及分类、情感相关理论模型、基于 Agent 的自动谈判和基于 Agent 的情感劝说及其应用价值等内容。从信任、映射、决策和社会性四个方面综述基于 Agent 的情感劝说的研究进展，探讨深入研究的空间。

（2）给出信任的概念及其分类，阐述基于 Agent 的信任关系网络和信任识别模型，进而从让步、决策和评价三个方面构建基于 Agent 的信任模型。

（3）简述映射理论，以由三组逐层映射得到的基于 Agent 的映射的情感产生过程为基础，构建基于层次映射的 Agent 情感劝说策略模型、基于 Agent 的映射的情感劝说提议产生及更新模型、基于 Agent 的映射的情感劝说提议策略模型、基于 Agent 的映射的情感劝说提议评价模型和基于 Agent 的映射的情感劝说提议让步模型。

（4）梳理决策相关的理论和方法、决策和情感的关系，将决策阶段划分为评价行为、状态更新、调整目标、产生行为四个阶段，分别建立基于 Agent 的决策的情感劝说评价行为模型、基于 Agent 的决策的情感劝说状态更新模型、基于 Agent 的决策的情感劝说调整目标模型和基于 Agent 的决策的情感劝说产生行为模型。

（5）论述社会关系互动理论基础和 Agent 社会特征、社会关系强度及社会网络口碑等概念，分析基于 Agent 的情感劝说的社会交互过程，建立基于 Agent 的情感劝说的合作主体选择模型。通过社会情感学习、舆情交互以及口碑评价及更新等过程不断完善谈判的决策制定过程，建立基于 Agent 社会情感学习的劝说提议生成模型、基于 Agent 的情感劝说的社会舆情交互及产生模型、基于 Agent 的情感劝说交互的口碑更新模型。

（6）介绍系统实现的基础技术，以基于 Agent 的信任驱动的自动谈判为例，阐明系统实现过程，展望基于 Agent 的情感劝说的研究前景，以拓展基于 Agent 的自动谈判研究思路。

本书包含作者承担的国家自然科学基金面上项目“基于 Agent 的信任、映射和决策的情感劝说模型及其应用研究”的内容。李岩、郄晓彤、张亚、曹瑞阳、孙怡、张婷、陈虹羽、叶慧慧、韩佳丽、张富娟、王竞陶、王佳莹和许陈颖等参与了该项目的研究工作。孙怡负责本书的校对工作。

本书向科学出版社提出选题以来，撰写工作结合上述国家自然科学基金面上项目研究计划进行，初稿完成后几度修改完善，鉴于作者的水平和能力，对于本书中的不足之处，诚恳希望读者批评指正。

伍京华

2024 年 5 月于北京

目　　录

第 1 章　基于 Agent 的情感劝说 …… 1

1.1　基于 Agent 的情感劝说概述 …… 2

1.2　基于 Agent 的情感劝说研究进展 …… 19

第 2 章　基于 Agent 的信任的情感劝说 …… 27

2.1　信任概述及分类 …… 27

2.2　基于 Agent 的信任关系网络 …… 30

2.3　基于 Agent 的信任识别模型 …… 31

2.4　基于 Agent 的信任让步的情感劝说模型 …… 38

2.5　基于 Agent 的信任的情感劝说让步模型 …… 49

2.6　本章小结 …… 66

第 3 章　基于 Agent 的映射的情感劝说 …… 68

3.1　映射理论 …… 68

3.2　基于 Agent 的映射的情感产生过程介绍 …… 69

3.3　基于层次映射的 Agent 情感劝说策略模型 …… 75

3.4　基于 Agent 的映射的情感劝说提议产生及更新模型 …… 87

3.5　基于 Agent 的映射的情感劝说提议策略模型、评价模型及让步模型 …… 99

第 4 章　基于 Agent 的决策的情感劝说 …… 118

4.1　决策理论与方法概述 …… 118

4.2　基于 Agent 的情感劝说的决策过程分析 …… 120

4.3　基于 Agent 的决策的情感劝说评价行为模型 …… 122

4.4　基于 Agent 的决策的情感劝说状态更新模型 …… 138

4.5　基于 Agent 的决策的情感劝说调整目标模型 …… 145

4.6　基于 Agent 的决策的情感劝说产生行为模型 …… 165

4.7　基于 Agent 的推理的人机情感谈判模型 …… 179

第 5 章　基于 Agent 的社会性的情感劝说 …… 198

5.1　社会互动理论 …… 198

5.2　基于 Agent 的社会性相关理论 …… 205

5.3　基于 Agent 的情感劝说的社会交互过程 …… 208

5.4 基于 Agent 社会情感学习的劝说提议生成模型 ………………………… 210
5.5 基于 Agent 的情感劝说的社会舆情交互及产生模型 …………………… 215
5.6 基于 Agent 的情感劝说交互的口碑更新模型 ……………………………… 219
第 6 章 基于 Agent 的情感劝说的实现与展望 ………………………………… 226
6.1 系统实现 ………………………………………………………………………… 226
6.2 未来展望 ………………………………………………………………………… 232
参考文献 ………………………………………………………………………………… 233

第1章　基于 Agent 的情感劝说

商务智能作为电子商务与人工智能的重要结合（赵尔罡，2017），能帮助企业利用先进的人工智能技术改善商务决策水平，增强企业综合竞争力，因此，它在人们的商务活动中的重要性日益凸显。自动谈判作为商务智能中人们解决争端和达成一致的重要新型商务谈判模式，充分利用了人工智能的优势，结合计算机模拟人类商务谈判，不需要或仅需要部分人参与，应用较为广泛，已经成为该领域的研究热点之一。

实际商务活动中最为典型的例子如在煤炭国际贸易的采购及销售中，由于谈判各方位于不同国家，谈判发生的时间、地点等不同，如果采取传统谈判方式，不仅会耗费谈判各方的时间、人力、物力等各项成本，谈判过程及结果也都可能因为以上因素的影响而难以实现最优，而如果采取自动谈判的方式，则能在一定程度上避免以上因素的影响，较好地解决以上问题。但目前来看，真正能将其与人工智能的优势结合并深入研究的还较少（Marino et al.，2019；曹慕昆等，2016），因此需要探索更加完善的模式。

Agent 是人工智能与计算机系统的结合，具有自治、主动、协作和能动态调整等模拟人的特性的特殊功能，其能根据外部环境的变化，自主完成预先设定的任务。因此，为了更好地解决以上问题，在商务智能领域逐渐出现了将 Agent 与自动谈判相结合的基于 Agent 的自动谈判，通过在自动谈判中发挥 Agent 的人工智能特性，模拟人类商务谈判中的思想和理性行为，不仅能使谈判效果更加符合人们的实际预期，还能使谈判成本得到极大的节约，更好地发挥商务智能的优势，使人们对该领域的研究和探索进入一个更加高端和智能的阶段（Zhang et al.，2018；陈培友等，2014）。

纵观国内外学者对基于 Agent 的自动谈判进行的广泛研究，可见其经历了基于 Agent 的自动博弈谈判、基于 Agent 的自动启发谈判和基于 Agent 的自动辩论谈判三个阶段，而基于 Agent 的自动辩论谈判则可进一步分为基于 Agent 的理由型自动辩论谈判和基于 Agent 的劝说型自动辩论谈判（以下简称基于 Agent 的劝说）两个发展阶段。相比之下，基于 Agent 的劝说更进一步发挥了 Agent 在人工智能方面模拟人的劝说的特性，从而能更进一步挖掘这种自动谈判模式模拟人类谈判的真实性和有效性的作用。

情感是人类智能的重要组成部分（Castellanos et al.，2018；任天助等，2017），将有关人类情感的研究引入商务智能中基于 Agent 的劝说中，结合并进一步发挥

Agent 在商务智能中拟人化的另一重要特性即情感特性，研究基于 Agent 的情感劝说，是商务智能领域中基于 Agent 的自动谈判研究的重点和热点（潘煜等，2018）。但在人类实际的商务谈判中，情感还会受到其他因素的影响。因此，在基于 Agent 的情感劝说中，考虑研究模拟人对 Agent 情感的影响，才能使劝说效果更好，而目前最受关注且研究最多的是信任、映射、决策和社会性等方面。

信任是人们开展一切商务活动的前提，随时随地影响着人们在商务活动中的各项情感，促使谈判活动顺利进行。人的性格、心情和情绪通过与情感之间的不同映射，不同程度地影响着其情感，进而影响其在商务活动中的行为（Kelly and Kaminskienė，2016）。决策贯穿于人们商务活动的始终，涉及的范围复杂且不确定，不仅受情感影响，也会反过来对情感产生影响。人类的社会关系属性在决策中也起到了非常重要的作用，由社会关系和交互论的关系可知，Agent 的社会性作为 Agent 所具有的社会关系的特征表现，可能会帮助或者阻碍交互过程以及情感发展，且社会关系属性在商业谈判过程中起着尤为重要的作用。综上，在基于 Agent 的情感劝说中，考虑 Agent 模拟人的信任、映射、决策和社会性（以下简称 Agent 的信任、映射、决策和社会性），研究 Agent 的情感劝说如何根据这四者进行合理有效的动态调整，以更好地完成自动谈判，将能更进一步发挥其商务智能的优势，意义重大（董学杰等，2014；伍京华等，2019a）。

1.1　基于 Agent 的情感劝说概述

1.1.1　Agent 的基本概念及分类

Agent 的定义是 1995 年由 Wooldridge 和 Jennings 首次提出的，他们将 Agent 定义为一段用计算机实现的程序语言，并且能够按照自己的预期目标和预先设定的任务，自主与周围的环境进行交互，进而达到目标并完成任务（Wooldridge and Jennings，1995）。Brenner 和 Nebel（2006）也给出了 Agent 的定义：Agent 是一个软件实体，能够按照软件使用者的要求执行指令，与周围环境进行交互，完成既定任务，具有智能性、自主性的特点。根据上述定义：Agent 是一个能够代替人类，并能够按照人所具有的特点、行为特征，在某些既定的环境下与人或其他 Agent 交互以及做出决策的实体。对 Agent 进行研究的目的就是让它能够更好地具有现实生活中的人的特点，达到真正的拟人。这也就决定了 Agent 的研究方向会从最开始的简单的反应式结构向认知式结构再向更复杂的混合式理论模型发展。总的来说，Agent 具有以下几个特征。

（1）反应性：Agent 可以感知周围环境，能够从环境中提取到自己需要的信息并做出应对。

（2）主动性：Agent 能够根据自身目标，按照预定指令和规则主动发出行动，这一特点与简单的被动反应有很大区别。

（3）自治性：自治是 Agent 的一种自我管理和自我控制能力，这表明 Agent 具有主观能动性，能够按照预设目标以及所处的劝说环境，有目的、自动地对自己将采取的行为进行规划。

（4）交互性：交互主要体现在与周围环境的交互和与其他 Agent 的交互两个方面。与周围环境的交互指的是 Agent 能够从对环境的认知中提取以及反馈信息；与其他 Agent 的交互指的就是两方信息的交流互换，双方达到分享、交流信息的目的。

（5）社会性：Agent 有自己的社会群体，该群体是由不同的、众多的 Agent 组成的，群体成员能够在这个大的环境中分享信息、交流经验、相互交互。

（6）合作性：Agent 之间是相互合作、彼此互相迁就协调的关系，这样才能在实际的劝说中解决问题，就劝说事项达成一致，进行更高效的劝说。

（7）进化性：Agent 不是一种简单的仿真模型，它的智能性决定了它能够根据环境要求自主完善自己，主动与环境交互学习，丰富自己的信息体系，进而适应环境，并逐渐向更加智能、高效的方向进化。

（8）推理能力：Agent 能够就自己目前的信息体系和经验，进行认真的思考和推理，以达到实现当前目标的目的。

（9）情绪和情感：这一特点是为了保证 Agent 在进行理性思考的同时能够结合自己的情感和情绪做出感性的分析。

Agent 具有的特征很多，除上述特征之外，Agent 还有学习性、表达性、稳定性等。但是这些都是针对 Agent 群体概念来说的，如果单独就某个 Agent 来说，它未必具有全部特征，只要根据自身需求，具备适应劝说环境需要的几个特性即可。一般来说，Agent 级别可以划分为强势型 Agent 和温和型 Agent，强势型 Agent 是指相比于其他 Agent 更加与人相似、更加智慧、更加智能，并不只是需要环境刺激才能激发并指导自己的行为，能够根据自己的信息体系、认知情况、劝说目标、预设规则等来自主进行交互。温和型 Agent 相对于强势型 Agent 对处理复杂问题的智能性较低，具有基础的劝说能力。

在 Agent 的分类方面，也有很多不同的分类标准，下面简单介绍对传统 Agent 的分类。

（1）逻辑型 Agent，即运用逻辑推理相关原理以及方法方式来支持最终决策的产生。

（2）反应型 Agent，即根据自身环境，预设目标信息等方面与下一步要进行的行为决策相匹配。

（3）信念-愿望-意图（belief-desire-intention，BDI）型 Agent，即根据自身的信念、愿望、意图等层次综合进行决策。

（4）层次结构型 Agent，即 Agent 在现有劝说条件下，对相关信息从不同层次进行抽象的分类整合，形成一个相互影响的决策依据。

在这些传统的 Agent 分类中，第三种类型的 Agent 用得最多、最普遍，特别是在人工智能方面的应用，并且逐渐树立了一个典型的 Agent 结构。但 Agent 每次的劝说环境都不相同，劝说内容、流程也可能特别复杂，涉及事项较多，因此如何使这个结构适用于不同的劝说环境，逐渐成为众多学者所研究的重点方向。在这一范畴内，Funge 等（1999）从 Agent 的认知行为模型层次、物理行为模型层次、物理特性模型层次、运动特性模型层次以及几何特性模型层次综合考量，提出了一种“金字塔”式的建模方法，如图 1.1 所示。

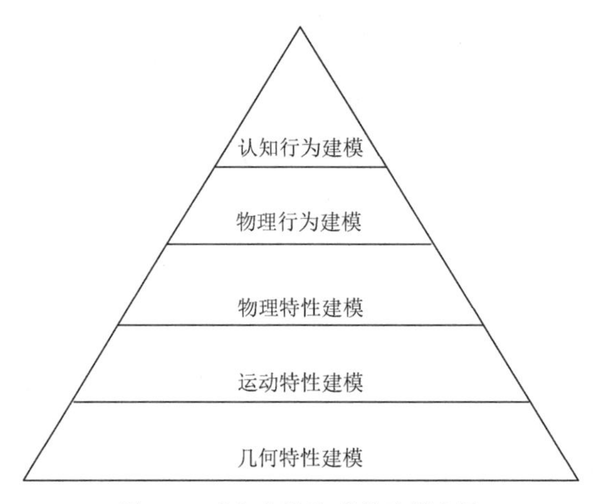

图 1.1　“金字塔”式的建模方法

在研究学者给出的 Agent 的所有定义中，Wooldridge 和 Jennings（1995）所提出的关于 Agent 的强弱定义是最受学术界认可的（Miceli et al.，2006）。Agent 的弱定义：此类 Agent 是具有自治性、能动性和反应性的计算机系统。Agent 的强定义：除了具有上述几个基本能力以外，Agent 还具有情感能力。

1.1.2　谈判的基本概念、组成要素和谈判过程及阶段的划分

1. 谈判的基本概念

在交易越来越频繁的今天，谈判成为社会中一种普遍的现象。谈判是一种解决分歧的方式，需要两个或者两个以上的团体或者个人实体参与，是依赖于不同利益目标而联系起来的一项活动。谈判双方有分歧但是又彼此互相依存。谈判双方根据自身情况选择相应的谈判策略，谋求达成协议，尽可能高效地解决分歧。谈判是努力谋求一个可接受的结局而不是寻求解决纠纷的办法，这反映了谈判的

本质。当然，在谈判中，双方都会尽力维护己方的利益，也因各方的利益、目标和需求等，形成了谈判的重要动力。

2. 谈判的组成要素

1）谈判协议

谈判协议是谈判参与者之间控制、管理双方的交互规则的集合。控制的内容主要包括参与者的类型、谈判的状态（如交互报价、让步、谈判结束等）、可触发谈判状态改变的事件（如报价已被接受）、谈判参与者在不同状态下可采取的有效行为（如在哪个阶段可以由谁发出何种信息）等。概括来说，谈判协议包括确定参与者的数量、参与者在谈判过程中的角色、谈判的不同状态、状态转换规则以及每个谈判角色在谈判的每个状态下的可能操作集。

2）谈判对象

谈判对象决定了谈判者讨论的问题范围，这些问题是谈判者之间交换的提议的属性。

3）谈判策略

谈判策略是一种帮助谈判参与者进行决策的函数。谈判双方根据各自的谈判策略函数产生一系列的提议以实现谈判的目的。谈判目标、对谈判目标执行的操作以及谈判协议的设计是影响策略模型复杂程度及决策范围的主要因素。

4）谈判模型

谈判模型指在规定了一系列谈判协议和相应的谈判策略的基础上所采用的能保证谈判较为顺利地实施的模型。通过选用合适的模型，采用与之相匹配的谈判策略及对应的谈判协议，使谈判朝着各方都能接受的方向进行，并使谈判结果最大限度地满足谈判各方的需求，进而使谈判各方最终对谈判结果做出正确的决策。

3. 谈判过程及阶段的划分

谈判过程指的是谈判从开始、实施到结束的整个过程，基于此，谈判过程可以大体分为三个主要阶段，如图 1.2 所示。

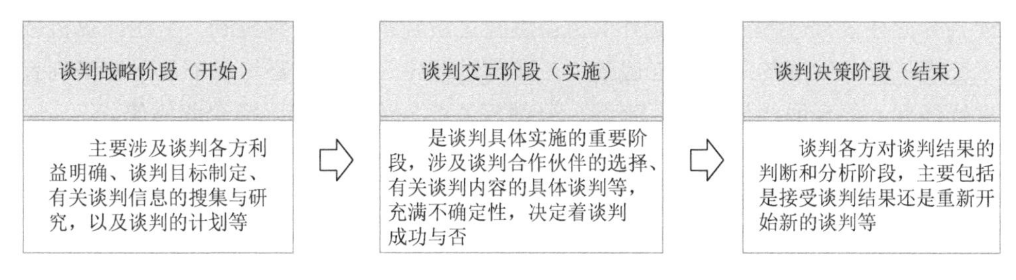

图 1.2　谈判过程

目前，因谈判的内容极其广泛，各个学者对其研究的侧重点也有所不同，所以并没有对谈判做出绝对统一的定义，但可从以下几个方面了解其特征。

（1）谈判产生的动机和原因是满足人们的某种需要和利益。

（2）谈判能够进行的先决条件是至少有两个参与方。

（3）谈判过程是不断重复的，其主要目的是建立、改善、协调社会关系。

（4）谈判参与者重视时间和地点的选取。

对于谈判的分类，目前比较普遍认同的分类是 2001 年提出的，它是由谈判研究领域的主要学者在 *Database and Expert Systems Applications* 伦敦会议讨论的结果。该分类从谈判利益方、谈判物品角度对谈判进行划分。

从谈判利益方角度，依据谈判利益方的数量可以将谈判主要划分为双边谈判与多边谈判。其中，双边谈判是指谈判中的双方均只有一个谈判者；多边谈判是指谈判中的买卖双方至少有一方的谈判人数超过一个。

从谈判物品角度，可以根据物品数量、物品属性对谈判进行划分，具体如下。

（1）依据物品数量可将谈判划分为单物品谈判和多物品谈判。其中，单物品谈判是指谈判过程中只涉及一件物品；多物品谈判是指谈判过程中涉及多件物品。

（2）依据物品属性可将谈判划分为单属性谈判和多属性谈判。其中，单属性谈判是指谈判过程中只针对物品的一个属性进行谈判；多属性谈判是指谈判过程中针对物品的多个属性进行谈判。

另外，本书还根据人的参与程度与双方的获益情况对谈判进行了分类，具体如下。

（1）根据人的参与程度，可将谈判分为人工谈判、自动谈判。其中，人工谈判是指谈判过程中不涉及机器，谈判过程均由人工完成；自动谈判又可分为半自动谈判和全自动谈判，半自动谈判是指谈判过程既有机器参与又有人工参与，全自动谈判是指谈判过程中，机器完全取代人工。

（2）根据双方的获益情况，可将谈判分为分布式谈判、集成式谈判、协同式谈判。其中，分布式谈判是一种输赢型谈判，其中一方的获利以其他方的损失为基础，各方之间是直接交互的，力争自身利益达到最大；集成式谈判是一种双赢型谈判，整个交互过程中各方相互协调关系，力争总体达到最大效益，期待长期合作，谈判各方在谈判过程中公开交互信息；协同式谈判是新型谈判机制，是在计算机技术与电子商务发展的基础上形成的，在谈判过程中，谈判者要与多个上下游谈判者进行谈判，要全面协调采购、制造、分销等各业务流程，甚至跨企业协作。

1.1.3　情感及其分类、情感强度定律和模型

1. 情感及其分类

情感被认为是人对于客观事物能否满足自身需求和欲望的一种态度体验，可

以从以下几个层面对情感进行分类。

从基本情感分类的角度，法国哲学家笛卡儿（Descartes）将情感分为六种原始情感，包括惊奇、爱悦、憎恶、欲望、欢乐和悲哀，并且认为其他种类的情感都是这些情感的延伸。Izard（1992）按照基本情感和复合情感对情感进行了划分。其中，兴致、惊奇、愉悦、生气、痛苦、讨厌、恐惧、伤心、害羞、轻蔑和愧疚等被 Izard 认为是基本的情感，而不同的基本情感的组合能表示复杂的复合情感，例如，他把敌意视为愤怒、厌恶、轻蔑的混合物。迄今为止，已有的 150 多种的情感分类理论中，有关情感的分类大多数以 Ekman（1982）的情感分类为基础。Ekman 将情感分为六种基本状态，包括恐惧（fear）、愤怒（anger）、悲伤（sadness）、高兴（joy）、厌恶（disgust）和惊奇（surprise），在心理学界和工程界居主体地位。

从情感的维度上讲，可以将情感表达为情感强度和愉悦度两个维度，根据中、高不同的强度和积极、消极不同的愉悦度用环形的情感模式来描述情感，进而有激动—平静、愉快—厌烦、紧张—放松三个维度构成的情感。各个情感分布在这三个维度两极之间的不同位置上。除了上述介绍的三维理论，还有一种三维理论通过两极性、相似性和强度三个维度表明任意情感都存在与其性质相反的情感，而且情感之间存在不同程度上的相似。情感还可以由关注—拒绝、愉快—心烦和激活水平的不同整合描述。基于上述内容，Izard（1992）将情感表达为确信度、愉快度、激动度和紧张度这四个维度。

从情感的层次上讲，情感可分为初级情感和二级情感，其中初级情感是指针对某一环境最先感受到的情感，这些情感出现在有意识的思考之前，对紧急情况下的决策具有很大的作用；二级情感出现在初级情感之后，一般是基于进一步的思考和认知推理产生的，在时间得以保证的情形下，可以对推理决策过程加以整合和提炼。

从价值取向上讲，情感可以划分为正向情感和负向情感。正向情感使自身利益的正向价值增加，或者使其负向价值减少，负向情感则与此相反。对于 Agent 来说，正向情感就是 Agent 实现了自身的预期目标，反之，则是负向情感。

情感还可从生理反应理论和认知评价理论上进行分类。生理反应理论认为人的情感源于机体对外部环境变化的感知，机体各器官对变化进行感知，将各感知进行综合形成一个汇总的感知结果（王岚和王立鹏，2007）；认知评价理论则认为情感基于 Agent 对某一特定事物的评价结果生成，不同智能体的态度、准则不同，产生的情感也会有所差异，因而也具有一定的主观性。不同 Agent 内部的心理结构不同，其对外界同一刺激的感知也有所不同。

2. 情感强度定律

情感强度是人对事物产生的选择倾向性，是情感最重要的动力特性，决定着思维、行为和生理活动等方面驱动力的大小，从根本上决定和制约情感的其他动力特性。

情感强度第一定律的基本形式用以下公式描述：

$$\mu = k\ln(1+\Delta x) \tag{1.1}$$

式中，μ 为情感强度；k 为强度系数（$k>0$）；Δx 为价值率的高差。

情感强度第二定律阐述的是情感强度效应，即人对事物的情感强度随着人们对该事物规模认识的增长而下降。

情感强度第三定律反映情感强度随持续时间呈现指数关系自然衰退的规律，用以下公式表达：

$$\mu(T) = \mu_0 \mathrm{e}^{-kT} \tag{1.2}$$

式中，μ 为情感强度；μ_0 为初始情感强度；k 为衰减系数（$k>0$）；T 为持续时间（$T>0$）。

3. 大五性格 OCEAN 模型、PAD 三维心情空间模型和情绪模型

需要指出的是，性格、情绪和情感具有某些联系的同时也有着某些区别，其中最明显的区别在于其产生作用的时间以及稳定程度上。情感和情绪是主体对所处的环境、某个现象和不同个体的认知结果在自身心理层次所产生的认识，具有即时性。例如，遇见熟人会热情地打招呼，这是心理层次的喜悦情感的外在表现。个性是主体经过长期形成的，并且具有主体的特质的一种心理特征，个性往往对主体的情感强度和情感触发值产生影响，进而影响主体对于情感或情绪的触发等过程。同样，不同的人对同一件事采取的措施也有很大不同，即性格会决定决策的产生。但重要的是，不能完全把情感、情绪以及个性割裂开来、分开来看，这三者都是一个完整的人不可缺少的。所以，许多学者都把情感与个性进行统一融合，共同研究。可以将性格、情绪、情感的区别归纳如下：情绪、情感、性格的时间敏感度依次降低。情绪的时间敏感度最高，产生的情绪随着时间会很快地消失。与情绪相比，情感的时间敏感度较低，情感是持久的、深刻的、稳定的，是对事物态度的反映（Fan et al.，2018）。性格的时间敏感度最低，相比之下，性格是最不容易受时间影响而变化的特征。

综上所述，有必要在研究情感强度的同时关注性格特征强度，鉴于情绪是心情的体现，也应当关注心情强度。

1）大五性格 OCEAN 模型

性格又称个性或人格，描述的是人的特征。性格由天生形成的因素和成长过程中的影响因素共同导致，是随着时间最终形成的不容易被改变的、独特的个体特征（Santos et al.，2011）。

大五性格 OCEAN 模型包含开放性（openness）、尽责性（conscientiousness）、外向性（extraversion）、宜人性（agreeableness）、情绪稳定性（neuroticism）五个维度，这五个维度的提出得到了学者的一致认可，并且对相关领域的发展产生了推动作用。大五性格 OCEAN 模型中用来描述性格的五种特征具体如表 1.1 所示。

表 1.1　大五性格 OCEAN 模型中用来描述性格的五种特征

维度	正向	负向
开放性	富有创意性的、机智的	缺乏创造性的、愚蠢的
尽责性	健谈的、开朗的	腼腆的、拘束的
外向性	善良的、友好的	苛刻的、残忍的
宜人性	认真的、细致的	不细心的、粗心的
情绪稳定性	平静的、悠闲的	忧郁的、焦躁的

大五性格 OCEAN 模型的五个性格特征可以用五维向量：

$$\alpha = (\alpha_1, \alpha_2, \alpha_3, \alpha_4, \alpha_5) \tag{1.3}$$

量化表示，$\alpha_i (i = 1, 2, 3, 4, 5)$ 表示第 i 个维度的性格特征强度，与情感强度值不同的是，性格特征强度 α_i 的取值范围是$(-1, 1]$，α_i 的绝对值越接近 1，说明该维度的性格特征越明显。

2）PAD 三维心情空间模型

PAD 三维心情空间模型认为心情是影响行为决策的心理状态，心情的三个维度是愉悦度（pleasure-displeasure）、激活度（arousal-nonarousal）和优势度（dominance-submissiveness）。愉悦度表示心情的积极和消极程度，或者喜欢或不喜欢的程度，反映心情的本质；激活度表示个体的神经心理和机体能量的激活水平；优势度表示个体对他人和外界环境的控制力与影响力。三维心情状态可以用三维向量：

$$\beta = (\beta_1, \beta_2, \beta_3) \tag{1.4}$$

量化表示，$\beta_i (i = 1, 2, 3)$ 表示第 i 个维度的心情强度值。当三个维度值都为零，即 $\beta = (0, 0, 0)$ 时，表示心情处于平静状态，β_i 的取值范围是$[-1, 1]$。

3）情绪模型

情绪是以主体需要和意愿等倾向为中介的心理现象，反映个体对客观事物的态度体验和相应的行为。传统的情绪模型包含 22 种情绪，依据商务谈判的特点，从中遴选出希望（hope）、喜悦（joy）、苦恼（distress）、恐惧（fear）、宽慰（relief）、失望（disappointment）、满足（gratification）、懊悔（remorse）、愤怒（anger）、爱

(love)、恨（hate）和自豪（pride）12 种情绪作为研究商务谈判的情绪。谈判主体的情绪状态可以用 12 维向量：

$$\gamma=(\gamma_1,\gamma_2,\cdots,\gamma_{12}) \tag{1.5}$$

量化表示，$\gamma_i(i=1,2,\cdots,12)$ 表示第 i 个维度的情绪强度值。

1.1.4　基于 Agent 的自动谈判

随着基于 Agent 的谈判在商务智能中的广泛应用，现有的基于 Agent 的谈判的研究已经涉及管理学、计算机、心理学等许多学科，已经成为综合了各种交叉学科的研究对象。在这个领域内，下述谈判交互机制和方法是许多学者一致推崇的。

1. 基于 Agent 的博弈谈判

在实际研究中，谈判实际上是处理双方的冲突问题，并致力于寻找最优的解决方案，这和博弈论中的思想不谋而合。在将博弈论应用到实际的基于 Agent 的谈判中时，会以博弈论的理论来设计谈判规则，会将谈判双方的谈判问题形式化为优化模型，在双方 Agent 的效用函数的条件下，求出谈判问题的最优解。

博弈论在理论上存在的严密优势比较明显，可以使谈判系统设计得更加严密、合理，在预测系统结果和验证系统功能特性方面更加准确。在实际的谈判应用中，通常运用博弈论进行谈判研究，而且在双方 Agent 不了解对方 Agent 的现实情形的前提下，根据制定出的谈判规则、谈判双方 Agent 的目标、谈判双方 Agent 的效用函数的条件，默认谈判系统中的 Agent 可以自行确定有利的解决方案，从而获得比较令人满意的结果并验证这些结果的合理性。在这个过程中，为了进一步限制双方 Agent 的行为的理性选择，通常会强制性制定特定的规则让双方 Agent 遵守，从而对谈判机制进行指导和规范。

在这个过程中，假定谈判双方 Agent 绝对理性，而且为了规范谈判进程中的交互，会添加很多强制性规则，使博弈谈判存在很多局限性。在博弈谈判中，模型的设计使谈判结果成为主要的重心，而谈判的过程中双方 Agent 的交互被掩盖了。由于双方 Agent 是绝对理性的，为了保持谈判进程的顺利进行又有很多特定规则，这使得最优方案的找到和双方 Agent 就冲突问题的共识的达成成为必然结果。这与现实中谈判的实际情况不相符。因为实际中，双方 Agent 在就有限的资源进行谈判时，根据性格不同（利他或自私），会对资源有不同的属性权重、不同的效用函数，在有限的计算能力下，最优决策是不现实的。

2. 基于 Agent 的启发式谈判

基于 Agent 的启发式谈判是在博弈谈判的基础上提出的。启发式谈判是在双方 Agent 的效用函数、可接受议价、目标条件的共同前提下，基于谈判经验构造一个算法，从而得出比较好的谈判结果（而不是最好的结果），其中谈判规则也是由能产生较好的谈判结果的规则组成的。

无论哪种算法，在提出的时候都忽略了一些实际问题的因素，并做出了相应的简化。而且，由于谈判中数据和参数估计得不精确，博弈谈判得到的最优解可能并没有启发式谈判的较好解更优。算法的提出是比较复杂的过程，对于较复杂的谈判交互问题，有可能存在最优算法的提出比较困难和计算时间太长不符合实际的问题。而启发式算法过程简单、直观，运行时间短，容易实现和改进，在实际中通常可以与最优算法相结合，以更好地求解优化问题。

然而，启发式算法不够稳定，在求解过程中不能保证一定会得到最优解甚至可行解，而且无法直观地得出可行解与最优解的差异。在同一谈判问题的不同过程或不同策略选择时计算结果不够稳定，无法保证有相近的效果，这会导致结论存在一定的误差。而且算法的优劣与实际谈判特点、谈判规则设计者的经验有关，使算法的规律感不强，不同算法之间难以进行对比研究和说明。

3. 基于 Agent 的辩论谈判

根据前面的分析可知，虽然基于 Agent 的博弈谈判和基于 Agent 的启发式谈判能够产生相应的系统并得到适当的优化解，但是其应用过程中有很多局限性。例如，在这两种谈判中，当 Agent 交换提议时，谈判双方 Agent 被设定为不允许交换提议之外的信息。又如，在这两种谈判模型中，Agent 的效用或者目标通常假设为在谈判之前完全固定，而在谈判过程中的双方 Agent 被认为拥有行之有效的机制对两个或两个以上的提议进行比较和评估。然而，在很多复杂的谈判情况中，由于信息不对称，Agent 由于资源、时间、环境、偏好的种种限制，无法快速地在两个提议中做出准确的优劣比较。

在实际的谈判中，信息不确定性、偏好的改变非常常见。基于 Agent 的辩论谈判在谈判交互过程中允许 Agent 交换更多的信息，更好地应对了信息不确定性的问题，避免了上述两种模型的缺点。基于 Agent 的辩论谈判是对 Agent 的信念或其他心理态度进行“辩论”。也就是说，在谈判过程中，基于 Agent 的辩论谈判允许双方 Agent 为其谈判动作提供合适的理由和背景，允许 Agent 影响其他 Agent 在谈判过程中的态度。例如，在基于 Agent 的辩论谈判处理工会问题时，工人联盟 Agent 也许会驳回作为管理者 Agent 所提的养老金修改方案。对此，管理者 Agent 会在考虑工人联盟 Agent 可能的需求的基础上不断提出不同的养老金方案，以求提议达成。这时，如果工人联盟 Agent 给出的提议是希望减少工作时间，那么管理者 Agent 会将更多的注意力集中在寻求一个如何减少工作时间的方案上。

事实上，基于 Agent 的辩论谈判还可以进行如下细分。

1）基于理由的辩论谈判

基于理由的辩论谈判中的理由详细阐述了两种情形，第一种是为什么某种提议被拒绝；第二种是为了使对方 Agent 接受提议而需要对这种提议做出的修改和变化。这种理由可以显示与 Agent 利益有关的问题。

基于理由的辩论谈判要求参与谈判的 Agent 拥有相同的推理机制，同时，要求每个 Agent 在接受谈判时，都要足够信任对方，包括对方提供的所有信息。

2）基于劝说的辩论谈判

辩论谈判过程中的劝说策略显示：辩论接受方 Agent 是否接受提议，取决于辩论提出方 Agent 所做出的承诺。劝说策略为 Agent 提供了一个可以通过劝说式的辩论手法来影响对方 Agent 的决定的方法，劝说式的辩论手法可以是呼吁（如果提议被接受会有什么好处）、警告（如果提议被驳回会有什么后果）等。在实际应用中，呼吁或警告一般被定义为外界刺激，目的是增加或减少对方 Agent 的情感强度或效用强度。双方 Agent 在谈判时，需要花心思利用已有的信息和资源来寻找合适的（呼吁或警告）劝说策略来进行劝说谈判。

4. 基于 Agent 的劝说及分类

基于劝说式的辩论谈判（后面简称为劝说）可以减少行为集合的不确定性，从而限制谈判进程中的策略选择范围，并能影响对方 Agent 的决策，使他们更愿意接受目前的提议，缩短寻找对方 Agent 的偏好的时间。与基于 Agent 的博弈谈判和基于 Agent 的启发式谈判相比，基于 Agent 的辩论谈判具有较大的优势，而在基于 Agent 的辩论谈判中，基于 Agent 的劝说型辩论谈判（简称 Agent 劝说）的优势更加明显。近年来，很多学者针对 Agent 劝说进行了研究，但是尚不完全。研究初期，劝说以一种艺术的形式被人所认知，所以没有专门的学科类别对劝说进行研究。在基于 Agent 的劝说领域也存在这种情况，所以并没有积累大量的研究理论和研究方法等成果，即使有一些理论也多数不具有实用性。随着时间的推移，各界学者、专家以及各学科门类不断发展变化，基于 Agent 的劝说逐渐被人重视、更被人从科学的角度对其形成新的认知，所以相关理论模型也逐渐得到积累、更加符合实际。以社会学、经济学和政治学理论为基础的劝说模型如下。

1）社会学理论劝说模型

社会学理论劝说模型融合了社会学、心理学、认知学等理论方法，并将其应用于基于 Agent 劝说的相关问题中，由于社会学理论劝说模型具有形式化、描述性等特点，所以主要用于对劝说过程进行描述或者对劝说机制进行解释。社会学理论劝说模型中最典型的是社会学家巴特罗斯（Batros）从社会层次提出的理论劝说模型，以及社会学家斯佩克特（Spector）从心理层面建立的理论劝说模型。

2）经济学理论劝说模型与对策理论劝说模型

经济学理论劝说模型是从经济学的角度提出的 Agent 劝说模型，具有经济学科的特点，是贯穿劝说整个过程的一个动态模型，并且极其重视劝说对手的预期劝说行为的产生过程，可以说经济学理论劝说模型是兼顾劝说过程和劝说目标的。对策理论劝说模型则是重点关注参与劝说的 Agent 如何准确预测劝说对手的行为来做出相应的行为对策。也就是说，对策理论劝说模型是静态的劝说模型，这是两种劝说模型的主要区别。

3）政治学理论劝说模型

政治行为的预测可以利用政治学理论劝说模型通过对利益冲突的测试来实现。其中，阿克塞尔罗德（Axelrod）模型是具有一定代表性的，它可以利用类似劝说等对策和抽象化囚徒困境问题来建立相应的政治模型等，该模型具有部分可以参考的方法，例如，怎样预测劝说对手的劝说行为、劝说 Agent 的劝说效果评估和劝说目标冲突时的行为选择。

1.1.5　基于 Agent 的情感劝说作用

1. 情感在劝说中的功能

对于劝说行为，经济学与博弈学的研究学者更多地认为它是一个绝对理性的行为，研究的重点主要是经济的、理性的因素对劝说的影响。借助认知心理学相关理论成果研究 Agent 劝说领域情感的决策以及交互过程，通过分析人类解决劝说的复杂问题的内在机理，进而指导 Agent 劝说过程中的思维与情感认知以及最后劝说行为的产生，解决在 Agent 劝说过程中的复杂问题，这将为该领域研究存在的难题的解决提供借鉴和参考，进而拓展 Agent 研究领域。同时，将情感模型应用到 Agent 劝说中，形成基于 Agent 的情感劝说相关模型，这使 Agent 更加具有人的特性，更加拟人化，在劝说过程中也更能够体现现实中人的决策风格，劝说的结果也更加容易解释，也使基于 Agent 的劝说的研究更加接近现实劝说环境，更加符合劝说实际。随着认知科学、组织行为学的发展，相关学者更加关注认知和情感在劝说中的功能，本书将情感在劝说中的主要功能总结如下。

1）情感的动力功能

情感的动力功能是指在劝说交互过程中情感具有激励或者打击的作用。在劝说过程中，不仅劝说方自身的情感会影响劝说动机，劝说另一方传达的情感也会对劝说产生影响。积极的、正向的情感会激励劝说者，提高劝说效率。

2）情感的信号功能

情感的信号功能是指在劝说交互过程中情感具有传达信息、便于交互的作用。劝说者通过对方在劝说过程中因相关让步而引起的情感变化，了解其对各属性的权重，便于自己更好地做出决策，尽快达成一致。另外，情感变化也是传达信息的过程，便于劝说的交互。

3）情感的调节功能

情感的调节功能是指在劝说交互过程中情感会对人的认知产生促进或者破坏的作用。积极的情感会协调认知行为，消极的情感会瓦解认知操作行为。劝说者因情感的调节而不能对劝说行为做出完全理性的判断，若产生消极的情感，则会因认知受到破坏而可能失去理智，产生更大的劝说冲突，降低劝说成功率。

4）情感的感染和迁移功能

情感的感染功能是指在劝说交互过程中情感会进行“传染”，通过将自身的情感作用于他人，使他人产生与自己相似的情感；情感的迁移功能是指在劝说交互过程中自身的情感不仅会影响对方，还会转移到与对方有关联的人身上。情感的感染和迁移功能，使劝说者可以将自身的情感作为一种劝说策略影响对方的行为。例如，劝说者向对方表达出急躁的情感来迫使对方加大让步幅度；或者劝说者表达出满意的情感赢得对方的信赖等。

2. 情感对劝说过程的影响

根据布鲁斯（Bruce）于 1996 年提出的双边劝说模型，按劝说的进程，我们分别说明情感在劝说前、劝说过程中、劝说后对劝说者行为的影响。

1）劝说前的情感对劝说的影响

劝说前的情感影响劝说能否开始以及以何种方式开始。劝说者所处的环境、上一次劝说结果等都会让劝说者产生情感，进而影响接下来的新的劝说。有研究表明，积极的、正向的情感会让劝说者有更强的意愿开始新一轮劝说，而消极的、负向的情感则会让劝说者对劝说有敌对行为。

2）劝说过程中情感对劝说的影响

首先，情感受到认知与环境的影响。在劝说过程中，劝说者的认知和环境会产生变化，由此也会产生新的情感。在一轮劝说中，当劝说者对对方的预期与对手的实际行为一致时，劝说者会产生积极的、正向的情感，否则，会产生消极的、负向的情感。当然，新产生的情感会对接下来的劝说进程产生影响。

其次，劝说者的情感会影响其提议值。处于积极情感状态下的劝说者相比处于中性情感状态下的劝说者会给出更高的提议值。但是，因具有积极情感的劝说者具有与对方建立良好关系的意愿，不仅关注自己能够得到的利益，还会关注对方能够获得的利益，给出的报价很少出现极端行为。反之，消极情感的劝说者会给出更多极端的报价行为。

最后，劝说者的情感会影响劝说策略的选择。劝说过程中，劝说者若具有积极情感，会选择促进合作的策略，尽可能做出有利于尽快达成一致的让步幅度；若具有消极情感，则会采取争论策略，威逼对方做出让步，容易使劝说陷入僵局。

3）劝说后的情感对劝说的影响

劝说结束后，劝说者的情感体验会影响劝说的执行以及下次合作的可能性。若在劝说过程中出现较多的消极情感，可能会降低其对对方的满意度和信任，影响下次的交易合作。

综上，将情感相关理论模型应用到 Agent 劝说相关领域，这一举措有着重要的研究意义。

（1）借助认知心理学相关理论成果研究 Agent 劝说领域情感的决策以及交互过程，通过分析人类在解决劝说的复杂问题时的内在机理，进而指导 Agent 劝说过程中的思维与情感认知以及最后劝说行为的产生，解决在 Agent 劝说过程中的复杂问题，这将为该领域研究存在的难题的解决提供借鉴和参考，进而推动 Agent 研究领域的发展。

（2）将情感模型应用到 Agent 劝说中，形成基于 Agent 的情感劝说相关模型，这使 Agent 更加具有人的特性，更加拟人化，在劝说过程中也更能够体现现实中人的决策风格，劝说的结果也更加容易解释，也使基于 Agent 的劝说的研究更加接近现实劝说环境，更加符合劝说实际。

3. 基于 Agent 的情感劝说理论

在基于 Agent 的情感劝说理论方面，本节主要介绍基于 Agent 的情感劝说协议、基于 Agent 的情感劝说策略、基于 Agent 的情感劝说机制和基于 Agent 的情感劝说状态四个方面的内容。

1）基于 Agent 的情感劝说协议

在基于 Agent 的劝说研究中，对 Agent 的劝说行为有影响的因素有很多，如权威、社会关系和信任等，而情感因素往往会被忽略。根据先前的研究成果，情感对人们的感知、推理和行为决策等方面都会产生重大影响。基于 Agent 的劝说要想实现真正的智能化，就必须使 Agent 更加拟人化，而研究情感对劝说的影响显得尤为重要。为了方便，本书将引入情感因素的基于 Agent 的劝说称为基于 Agent 的情感劝说。

情感劝说协议是研究情感劝说机制的理论基础，主要就是说明情感劝说发出方与接收方之间的“游戏规则”。合理的劝说协议有助于说明和管理情感劝说双方之间的交互，而且能够促进情感劝说快速、高效地达成。

Esteva 等（2001）对自动劝说的协议进行了说明，具体包括以下内容：①允许规则——说明了 Agent 需要参与劝说的条件和时间；②退出规则——说明了 Agent 需要退出劝说的条件和时间；③结束规则——说明了 Agent 需要结束劝说的条件和时间；④提议有效规则——说明了提议有效的条件；⑤决策规则——说明了谈判结果要想被采用所需要的劝说基础，例如，Agent 必须接受某个请求或提议的必要条件是无法提出相应的劝说。Sadri 等（2002）运用 if-then 规则，基于逻辑限制建立了相关的协议和标准，并将其以 Agent 程序的形式嵌入相关系统开发中。但上述研究均没有详细说明如何使用劝说，也没有考虑 Agent 情感因素对劝说产生的影响，因而协议虽然实现，但最终对自动谈判的人工智能优势发挥还有很大的空间值得探索。

本书根据上述研究成果，引入情感理论，提出基于 Agent 的情感劝说协议，现将主要内容阐述如下。

（1）情感劝说参与方：主要包括各个参与方的角色和数量。本书涉及的情感劝说参与方主要有情感劝说发出方 Agent、情感劝说接收方 Agent、情感中介方 Agent。

（2）情感劝说提议：既包括提议数量，又包括各提议的属性数量。本书研究的是单提议多属性劝说，其中属性包括价格、质量和交货期。

（3）情感劝说状态集：主要包括开始情感劝说、达成协议、结束情感劝说等。

（4）情感劝说中的动作集：主要包括开始情感劝说、产生情感、发出提议、拒绝提议、接受提议、发出劝说、拒绝劝说等。

（5）情感劝说中的规则：主要规则包括情感产生的规则、情感劝说产生的规则、发出情感劝说的规则、拒绝情感劝说的规则等。

2）基于 Agent 的情感劝说策略

在某个劝说过程中，劝说的发出方就劝说的接收方对具体劝说内容的回答所做出的行为承诺，就是劝说的发出方在劝说过程中使用的劝说策略，当这个承诺具有一定的感情色彩，或者能够引起对方 Agent 的心理情绪发生变化，进而能促进劝说的进程时，本书称此时的劝说策略为情感劝说策略。具体包括威胁、奖励、申辩等类型（Aydoğan and Yolum，2012），下面展开详细的介绍。

（1）威胁型情感劝说策略：可以视为劝说的发出方 A 用来强迫劝说的接收方 B 完成（或不完成）一定行为的情感劝说方式，其目的是实现 A 的目标。威胁型情感劝说策略由以下几个方面构成：①具备威胁信息；②威胁信息的发出方要通过威胁达到的具体目标；③该威胁确实会引起劝说接收方的情感变化，即起到威胁作用。

例如，在一个具体的商务劝说过程中，买方 A 提出要卖方 B 缩短交货期而被卖方 B 拒绝，则 A 在此时提出：若你不同意则选择与其他卖方交易，逼迫 B 同意缩短交货期。

（2）奖励型情感劝说策略：指参与劝说的一方通过奖励这种方式来使被劝说方完成某种行为，进而实现提出奖励的劝说方的目标。主要作用是保证参与劝说的双方能够顺利地达成一致而结束劝说，奖励型情感劝说策略由以下几个方面构成：①具备奖励信息；②劝说发出方提出此奖励想要达到的具体目标；③该奖励确实能够对劝说的接收方的目标起到激励、刺激作用。

例如，在具体商务劝说过程中，买方 A 提出要卖方 B 缩短交货期而被卖方 B 拒绝，则 A 在此时提出增加购买量的奖励来促使卖方 B 答应 A 的劝说行为，接受缩短交货期的要求。

（3）申辩型情感劝说策略：指劝说中一方可能会引用一定的正面或反面的事实依据，以作为例证来说服劝说对手完成交易的一种方式。例如，可以引用其自身（或第三方）此前曾经与此对手在同样的条款下完成过类似交易的例子；并且此申辩会涉及对方长期合作前提下的信任相关目标。因此，可以发现申辩是指像威胁和奖励一样涉及劝说对手的相关目标。申辩型情感劝说策略由三部分组成：①有关此申辩的知识即申辩本身；②申辩发出方提出此申辩想要达到的目标；③此申辩涉及的 B 的相关目标。

在出现同上的谈判的情况下，A 会提出 B 不知道的关于其自身利益的申辩，例如，由于 A 购买此产品后，可能会使其余卖方通过对买方使用此产品的观察而对此产品产生兴趣从而前来购买，有助于实现 B 扩大销售量的目标。

3）基于 Agent 的情感劝说机制

传统的电子商务劝说是指以互联网为媒介，有两个或两个以上劝说主体参与，针对一个或多个劝说内容的商务劝说。劝说内容即劝说相关属性，包括参与劝说的 Agent 希望通过劝说来解决的问题，如交易价格、交货期限、成交数量等。在整个劝说过程中，劝说主体的交互内容主要表现为劝说提议的产生，它是劝说的一方在一个劝说实例背景下所提出的一个解决方案，针对具体的劝说属性生成，并包含所有属性的取值，劝说方的提议可被系统存储，劝说方都接受的劝说提议为该劝说实例的最终解。

可见，传统电子商务中有关自动劝说系统的理论还只是简单地将讨价还价的劝说功能封装在对应的 Agent 内，并没有充分体现其作为人工智能的一面，没有充分体现其所具有的心智和态度等；从理论上来说，Agent 还应当具有人类所具有的信念、情感、目标等诸多方面。

情感劝说能够反映人类在产生该行为时所具有的情感、目标、愿景。能够展现人在各种环境下的潜在意识以及行为，其所涉及的理论更加丰富，如哲学、认知学、逻辑学、心理学等，如果能将其引入电子商务劝说过程中，将能更好地解决上述问题。情感劝说方式的引入，使 Agent 可以使用其中更具有说服力的策略，在谈判的过程中充分发挥 Agent 在人工智能方面的优势，并且使 Agent 在模拟人类真实商务劝说的基础上更完美地实现自动劝说的功能和目的。

与传统的商务劝说相比，基于 Agent 的情感劝说机制允许 Agent 在劝说过程中交换和交流除提议之外的信息，可以根据具体的劝说环境有针对性地通过情感劝说形式进行更多的信息交流。能够对对方 Agent 的情感状态、信念和目标等施加动态的影响，并以此来更有效地进行劝说，改变对方的决策行为，加快劝说进程，提高劝说效率。

情感劝说机制包括情感劝说协议、情感劝说策略或情感劝说模型等方面：劝说协议是劝说的“游戏规则”，是支配劝说双方交互的规则集，管理劝说的全过程。基于 Agent 的情感劝说协议能及时反映劝说每一轮的状态和每个子劝说的流程，达到对整个劝说过程的控制和管理。情感劝说策略或模型是劝说各方伴随劝说进程的行为（建议或反应）序列，是对劝说协议的具体执行。在情感劝说的各个阶段中，Agent 主要的策略或模型具体主要体现为三个方面：对接收到的情感劝说行为和内容如何反应，即情感劝说属性的评估；情感劝说策略（行为）的生成，即如何有效地产生情感劝说；最终的情感劝说行为的发出选择，即对备选的情感劝说策略（行为）如何处理。

4）基于 Agent 的情感劝说状态

心理学定义情感为主体对自身状态以及主体与环境之间关系状况的评价（刘明和许力，2003）。情感与谈判的关系是复杂的，情感对于谈判的影响也存在两面性（Druckman and Olekalns，2008）。劝说这种谈判形式能够促使谈判者分享更多的信息，从而影响谈判参与者的情感。情感因素能够影响个人的决策方式，是一个重要的决策驱动因素，且信念、情感和行为是相互关联的（Ellis et al.，2010）。因此，Agent 需要通过 Agent 之间的交互推理其信念及合作方的信念进行自动谈判（Seow and Sim，2008）。在基于 Agent 的劝说过程中，Agent 的劝说行为影响提议更新的信念值，Agent 之间进行动态交互，提议不断更新，情感状态也随之更新，并反过来调整谈判策略。因此，本章给出了基于 Agent 的情感劝说状态定义。

基于 Agent 的情感劝说状态的变化是指，Agent 对谈判对手、谈判环境等谈判因素与自身关系的认知也不断随着劝说交互而改变，Agent 的认知结果也进一步影响其情感、具体谈判行为及将要采取的谈判策略。

1.1.6 基于 Agent 的情感劝说的应用价值

1. 降低商务谈判中人力、物力等各项成本

商务谈判作为商务活动的关键环节，会耗费企业大量人力、物力、财力和时间等成本，采用人工智能的 Agent 开发相应的自动谈判系统，不仅可以部分或全

部代替人工完成商务谈判、降低企业成本，还能保证谈判模拟人的真实性。基于此，本书拟结合心理学、管理学、社会学等相关学科理论和方法，深入、系统地研究基于 Agent 的情感劝说，以期最大限度地降低企业商务谈判各项成本。

2. 优化和提高企业商务谈判速度及效率

从目前全球经济的飞速发展现状来看，企业商务谈判越来越需要在不同的时间或地点开展，同时需要更大程度地提高效率。自动谈判是商务智能领域中人们解决争端和达成一致的重要途径，能优化谈判速度和保证谈判模拟人的真实性。基于此，本书拟结合心理学、管理学、社会学等相关学科理论和方法，深入、系统地研究基于 Agent 的情感劝说，最大限度地优化和提高企业商务谈判速度及效率。

3. 改善和提高企业商务绩效及决策水平

商务谈判是商务活动的重要环节，对企业商务绩效及决策水平的提高至关重要，但如何在降低成本和提高效率的前提下，使谈判结果同时满足各方的需要，是各企业普遍面临的难题。基于此，本书拟将情感引入劝说 Agent 中，结合信任、映射和决策这三个影响 Agent 的情感的最关键因素进行深入研究，使其能在改善和提高企业商务绩效及决策水平的同时更好地满足谈判各方的实际需要。

1.2　基于 Agent 的情感劝说研究进展

与本书结构一致，我们对基于 Agent 的情感劝说研究进展按照下述四个方面做出综述。

1.2.1　基于 Agent 的信任的情感劝说研究进展

1. 基于 Agent 的信任方面

Hoelz 和 Ralha（2015）提出了一种开放式的基于 Agent 的系统中的自适应信任和信誉的认知元模型，考虑了在不确定环境下 Agent 通过评估合作者的信誉来计算合作风险的成本。Pinyol 等（2012）考虑了 Agent 基于声誉做出决策的特殊性，提出了一种集成认知声誉模型。曹慕昆等（2015）针对基于 Agent 的系统，引入信任评估机制，建立了 Agent 的信任信息获取与集结模型，并将原有信任机制与自动谈判系统结合，研究了 Agent 的信任获取问题。以上学者虽然从 Agent 的信任和信誉的角度进行了一定程度的研究，但只是单纯地考虑 Agent 对信任进行度量的计算模型，并没有将其应用到基于 Agent 的劝说领域，也没有考虑 Agent 的情感因素。此外，Basheer 等（2015）提出了基于 Agent 的信心模型，整合了信心的两个因素，即信任和确定性，并用两者交互的记录作为验证 Agent 信任和确定性的证据。Huynh 等（2006）提出了一种新的信任和声誉模型[Huynh 等（2004）描述了其初步版本]，从相互信任、基于角色的信任、证人信誉和认证信誉的角度对 Agent 的信任进行了度量。以上学者考虑用证据和证人的方式对 Agent 的信任进行度量，初步探索了动态调整的思路，但探索还不够深入，有待加强。这些学者所做的工作都在一定程度上对基于 Agent 的信任进行了研究，但与之前学者相同的是没有将这些模型应用到基于 Agent 的劝说中，且都没有考虑情感因素，因此研究角度不够全面。

2. 基于 Agent 的信任的情感方面

赵书良等（2006）提出了一种基于信用和关系网的 Agent 系统体系，在一定程度上抑制了 Agent 对信任合作伙伴选取的恶意推荐、协同作弊等欺骗现象；童向荣等（2009）以概率论为工具，按时间分段交互历史给出了 Agent 交互信任计算模型，并结合信任的变化率，给出了 Agent 信任计算的置信度和异常检测机制，该模型既可用于对手 Agent 历史行为的异常检测，防止被欺骗，又可用于对手 Agent 未来行为的预测。Zhou 等（2016）将情感分析引入基于 Agent 的信任评估模型，定义了基于 Agent 的情感强度向量的信任表达模型，并提出了基于 Agent 的动态信任关系的评估模型。在以上学者的研究中，赵书良等（2006）和童向荣等（2009）考虑了 Agent 的信任和欺骗对合作的影响，Zhou 等（2016）则提出了加入情感因素的基于 Agent 的动态信任评估模型，虽然他们的研究都考虑了其他影响信任的因素，并根据这些研究对相关模型进行了一定的改进和创新，但是这些学者的研究仍旧存在没有将这些模型引入基于 Agent 的劝说中的缺陷，因而他们的研究对于 Agent 的商务智能特性尤其是情感和劝说的发挥还存在一定的局限性。

3. 基于 Agent 的信任的劝说方面

孙华梅和邹维娜（2014）建立了结合企业基本信息的声誉评价 Agent 和结合特定交易信息的单次交易评价 Agent 的信任评价指标体系，并在此基础上构建了基于 Agent 的企业对企业（business-to-business，B2B）信任评价模型，对企业在电子商务环境下选择合适的合作伙伴、解决合作中的信任问题具有一定的意义。Morărescu 和 Niculescu（2015）研究了在动态劝说环境下，Agent 信任延迟的存在对 Agent 通信拓扑结构重构的影响，并研究了 Agent 的信任初始条件和达成协议的不同群体的 Agent 组织。以上学者的研究考虑了劝说情境下信任对 Agent 合作主体的选择和谈判过程的动态影响，因此对劝说过程研究得比较详细，但事实上，情感作为人类思想的重要组成部分，对谈判过程中谈判人员的行为具有重要的影响（董学杰等，2014）。

4. 基于 Agent 的信任的情感劝说方面

Santos 等（2011）在基于 Agent 的群体决策支持系统中引入情感特征，对基于 Agent 的自动谈判过程予以改进，他们虽然对 Agent 的情感进行了研究，并提出了相应模型，但不足之处在于提出的模型对情感的量化还不够，有待进一步提高。李海芳等（2011）对 Agent 的个性、心情及情感三者之间的关系进行量化，构建了基于 Agent 的多层次情感计算模型，据此反映了 Agent 的多重情感的连续波动，但同样对信任这一因素考虑得不够全面和系统。伍京华等（2019b）运用证据理论，提出了基于 Agent 的情感劝说的信任识别模型，为解决其中的信任问题提供了初步思路，但该研究仅停留在合作伙伴选择阶段，并未研究谈判实际交互阶段的信任让步及评价等。总之，归纳来看，以上学者虽然在基于 Agent 的信任的情感劝说方面进行了不同程度的研究，但这些研究都仍处于初步探索阶段，研究的深度和系统性等都还远远不够。Wu 等（2022b）为了提高 Agent 的劝说能力，提出在多属性自动谈判中构建情感 Agent 和情感依赖的劝说行为模型，实现利用 Agent 的信誉度选择让步类型，以使 Agent 可以做出适应对手提议和情感状态的让步行为。可以看出，Wu 等（2022b）在基于 Agent 的信任的情感劝说领域进行了系统的研究。

1.2.2　基于 Agent 的映射的情感劝说研究进展

1. 基于 Agent 的映射的情感劝说的产生方面

张鸽等（2011）提出了候选劝说集的产生策略和基于冲突分析的劝说目标产生模型，分析了基于 Agent 的商务谈判决策过程，并给出了系统验证，但没有考虑 Agent 的情感因素对产生模型的影响。Santos 等（2011）为了更好地展示 Agent 的情感产生，在基于 Agent 的群体决策支持系统中引入情感特征，将 Agent 的性格、心情和情绪映射模型与群体决策支持系统结合，提出了相应模型，对 Agent 的劝说过程予以改进，并通过结果对比展示了基于 Agent 的情感劝说的优势。蒋国瑞和胡应兰（2013）针对现有 Agent 的策略模型无法实现动态调整的问题，引入登普斯特-谢弗（Dempster-Shafer，D-S）证据理论研究基于 Agent 的劝说，并针对劝说的特点构建了相应的机制和策略模型。董学杰等（2014）针对 Agent 缺少动态调整谈判实况的能力的问题，建立了适应性的劝说 Agent 的情感产生模型，并通过在单属性自动谈判环境下运用该模型和实际数据进行的试验验证了模型的有效性。但在实际情况中，Agent 不仅通过自身情感产生提议，对方的情感和行为等也会对自身情感产生影响，从而影响劝说，并且涉及的因素和谈判属性也很多，多个属性之间可能也会有影响，因此，伍京华等（2021b）进行了更深入的研究，该研究结合了个性化高斯混合模型（personalized-Gaussian mixture model，P-GMM）、三维心情空间模型和用于商务谈判的情感模型构建情感映射模型，并根据 Ekman（1982）的情感分类构建基于 Agent 的映射的情感产生模型，以实现情感劝说动态变化因素的量化。

2. 基于 Agent 的映射的情感劝说的策略方面

蒋国瑞和胡应兰（2013）针对现有 Agent 的策略模型缺乏动态调整能力的现状，引入 D-S 证据理论研究基于 Agent 的劝说，并针对劝说的特点构建了相应的机制和策略模型。de Carolis 和 Mazzotta （2017）提出了将 Agent 的情感劝说与理性劝说相结合的计算模型，根据该模型对 Agent 的性格特征和生活习惯进行推理，得出相应的推理结果，并使 Agent 根据这些推理结果选择相应的劝说策略，然而该研究并未考虑 Agent 的映射对其情感的动态影响，因此未能充分考虑其中的基于 Agent 的映射的情感劝说的动态调整。曹慕昆等（2021）提出了一个多属性的多目标优化模型，利用遗传算法求解帕累托边界，并设计了一种动态时间依赖策略协助 Agent 调整出价，该研究虽然充分考虑了 Agent 的谈判策略，但未充分考虑 Agent 的情感映射。伍京华等（2020e）利用 OCEAN-PAD-OCC（OCC 是 Ortony、Clore 和 Collins 在 1988 年提出的情感模型，以作者名字的首字母命名）层次映射模型研究了 Agent 的性格、心情和情绪与情感的映射关系，结合情感提出了情感劝说策略模型，实现了 Agent 利用情感映射动态调整策略，完成了情感映射模型和情感劝说策略的进一步结合。

3. 基于 Agent 的映射的情感劝说的评价方面

Marcos 等（2010）针对动态劝说因素影响下 Agent 的主动性和自治性等商务智能特性的发挥进行了初步探索，提出了一种基于 Agent 的劝说提议的评价机制。Jiang 和 Vidal（2007）将情感融入 BDI 理论中，建立了基于循证阅读指导（evidence-based reading instruction，EBRI）的 Agent 来描述 Agent 的情感的产生，并结合情感层次理论对 Agent 的情感进行了评价，该研究提出的基于 Agent 的情感的 BDI 的映射结构能有效反映人的实践推理，但没有和基于 Agent 的劝说进行有效结合。为此，伍京华和孙华梅（2013）将 Agent 的情感作为评价因素，提出了 Agent 正面情绪变化度的概念，并构建了相应的劝说评价模型。Zhu 和 Li（2019）提出了基于情感、心情和行为的多层建模方法，并研究了情感对 Agent 劝说行为的影响。以上研究只是初步探索，没有全面研究 Agent 的映射对情感劝说的评价的影响。

4. 基于 Agent 的映射的情感劝说的让步方面

伍京华等（2008）对基于 Agent 的劝说的流程进行了算例分析，提出了相应的让步模型，并结合 JBuilder 平台及 Java 语言，实现了相关系统，但该研究只是单纯考虑了 Agent 在让步过程中的其他理性因素，而没有考虑 Agent 的情感对让步的影响。Van Kleef 等（2006）通过 Agent 让步的多少权衡劝说中权利和情感对 Agent 进行策略选择的影响，表明在商务智能中基于 Agent 的劝说的不同阶段和环节，不同权利及不同情感下的 Agent 会做出不同的让步，从而导致劝说结果的差异。伍京华等（2011a）给出了基于 Agent 的劝说的舆论定义和分类，然后结合形式逻辑理论，提出了基于 Agent 的劝说中的积极舆论模型以及相应的评价体系，并通过算例进行了验证，该研究能协助 Agent 在劝说中做出比较符合客观实际的决策，但只考虑舆论对 Agent 的决策的影响，缺乏对 Agent 的自身性格、心情和情绪的考虑，导致对基于 Agent 的情感映射的研究不足。孙华梅等（2014）对基于 Agent 的劝说进行了分类，并通过对让步的影响幅度进行计算，构建了相应的让步模型，但其只是将 Agent 的情感简单分为正面情感和负面情感，并未系统考虑 Agent 的性格、心情和情绪等映射对情感的影响，而且提出的模型也较为简单，有待进一步改进。伍京华等（2020e）将心理学中的层次映射模型引入基于 Agent 的情感劝说，建立了 Agent 的性格、心情和情绪与情感的转换矩阵及相应的映射关系，构建了基于 Agent 的情感映射模型。

1.2.3　基于 Agent 的决策的情感劝说研究进展

1. 基于 Agent 的决策方面

石轲和陈小平（2011）借助马尔可夫决策过程及相关理论，提出了行为驱动的马尔可夫决策过程，并将其应用到 Agent 领域。邵俊倩和李成凤（2018）将 Agent 的决策方法应用到实际工程问题上，有效解决了海上船舶碰撞等问题。以上学者均对基于 Agent 的决策进行了一定程度和不同角度的研究，但都没有考虑基于 Agent 的劝说的动态调整及相应的情感因素，因此研究还不够深入，研究的广度和深度还有待拓展。张鸽等（2011）从辩论的角度对基于 Agent 的劝说的作用和机理进行了研究，提出了基于辩论的 Agent 的劝说让步模型及策略，并以此为契机，分析了加入辩论后的 Agent 如何通过劝说进行决策，最后开发了相应的原型系统，验证了这一决策过程。Chen 等（2014）提出了一种基于 Agent 的双边多属性谈判模型，使用改进的强化学习谈判策略实现最佳决策。Cao 等（2015）提出了一种基于 Agent 的多策略选择自动谈判模型，将时间依赖和行为依赖策略结合研究，有利于 Agent 充分应对不断变化的谈判情况，使决策结果更加合理。危小超等（2017）将前景理论和失望理论引入情感劝说领域，构建了基于 Agent 的情感劝说模型，以优化 Agent 的决策过程，使其决策行为尽可能接近人的决策行为。Cao 等（2020）提出了时间依赖、行为依赖、动态时间依赖和僵局解决四种谈判策略，并设计了一种 Agent，使其能根据人类买家的报价动态调整谈判策略，促使 Agent 可以灵活地完成决策目标。Cao 等（2021）利用启发式方法提出了一种分段线性回归的自动谈判模型，该模型能够模拟对手的报价行为，有利于实现 Agent 动态决策。

2. 基于 Agent 的决策的情感方面

江道平等（2007）以情感对决策的影响为出发点，结合 Agent 理论与方法，提出了情感 Agent 模型以及具有情感功能的 Agent 的决策模型。任天助等（2017）构建了一种基于 Agent 的情感智能的决策方法，并用来解决无人机航线规划的决策问题。祝宇虹和毛俊鑫（2011）构建了基于人工情感与计算智能的 Agent 的行为决策方法，并提出了基于“害怕”的情感模型与强化学习的 Agent 的决策方法。余腊生和何满庆（2009）将生理、认知、情感方面的研究成果运用到了 Agent 领域，通过构建情感计算模型，使 Agent 产生具体的情感决策行为。

3. 基于 Agent 的决策的情感劝说方面

卢阿丽等（2016）构建了基于情感识别的自适应 Agent 的虚拟系统及模型框架。Aydoğan 和 Yolum（2012）提出的模型使 Agent 具有情感能力，使其能有效模仿人的行为。Mian 和 Oinas-Kukkonen （2016）对 Agent 的情感进行了分类，并研究了不同情感对其劝说的影响程度和相应的让步幅度。Paradeda 等（2017）分别从 Agent 的交互过程和劝说策略角度出发，将情感引入 Agent 中，构建情感决策 Agent，使其在交互和劝说过程中的决策行为更符合人类谈判的实际行为。董学杰等（2014）将情感因素引入基于 Agent 的劝说中，并将 Agent 的情感作为影响 Agent 的决策的外部因素，探讨了情感对劝说中的 Agent 的决策的影响。上述研究者虽然都就 Agent 的决策对情感的影响进行了研究，但仅侧重于某种情感或仅停留在某一方面，并没有系统探讨 Agent 的情感劝说是如何在其决策影响下动态调整和完成的，因此不能很好地体现这种新型商务智能自动谈判模式的优势。Wu 等（2022a）提出了一个结合情绪、时间信念和对对手让步行为的评估行为模型框架，围绕 Agent 的情感和学习能力建立评估行为模型，进而提高 Agent 的决策效率。Wu 等（2023）构建了一个情感 Agent，将情感与 Agent 的策略和时间依赖效用函数结合，设计了三种情感调节的时间依赖策略，利用情感和 Q 学习算法实现提议更新，充分研究了 Agent 的情感对决策行为的影响，以提高谈判效率。

1.2.4 基于 Agent 的社会性的情感劝说研究进展

1. 基于 Agent 的社会性方面

Kadowaki 等（2008）从平衡理论角度出发，研究了 Agent 之间的社会关系如何影响劝说的有效性，并开发了相应系统。马宁和刘怡君（2015）基于超网络中异质 Agent 交互规则的设计，从 Agent 的社会性层面提出了基于超网络的多 Agent 舆情演化模型，深入总结了 Agent 网络舆情的演变规律。Sweeney 等（2008）研究发现，口碑能否产生一定影响，取决于信息发送方和接收方之间的关系的性质、信息的丰富性和强度及其传递速度，以及各种个人和情境因素。

2. 基于 Agent 的社会性的情感方面

吴鹏等（2020）将网民视作 Agent，通过研究 Agent 的记忆、决策和学习，设置了网络舆情中网民群体行为的转换规则，提出了基于状态、算子和结果（state，operator and result，SOAR）模型的网民群体负面情感 Agent 模型。Salgado 和 Clempner（2018）针对 Agent 情感度量不足的问题，综合考虑了 Agent 的情感、互动及学习，设计了基于马尔可夫的适应性情感框架模型。

3. 基于 Agent 的社会性的劝说方面

Monteserin 和 Amandi （2015）考虑了基于多 Agent 的劝说所形成的社会网络中的若干社会影响因素对谈判结果所起到的直接或间接影响，通过社会影响力最大化模型来确定哪个谈判对手的影响力大，并基于此影响最大限度地提高 Agent 的劝说效果。Marcos 等（2010）针对具有多 Agent 的动态社会网络环境，界定了劝说中的合作者关系、接受劝说的条件、社会网络贡献度及协作程度等，提出了基于协作的基于 Agent 的劝说模型。Fan 等（2018）基于社会判断的舆论（social judgment based opinion，SJBO）动力学模型研究了社会网络和广播网络组成的封闭系统中的 Agent 的集体劝说，他们的实验表明，广播媒体与反对者之间的竞争对舆情演变起着至关重要的作用。Subagdja 等（2019）针对在社会网络中的多个 Agent 的建议可能会分散用户注意力的问题，提出了基于多 Agent 的共同意图的劝说模型，从而提升了劝说效率，避免了资源的浪费。

4. 基于 Agent 的情感劝说的社会口碑方面

高琳等（2017）研究了情感的调节作用对社会化商务中网络口碑对消费者购买意向的影响，但并未结合情感和劝说研究社会口碑。伍京华等（2020c）充分利用口碑随时间衰减的动态性，构建了基于 Agent 的情感劝说交互的口碑更新模型，结合情感强度第一定律，设计了情感劝说强度函数和提议更新算法，在一定程度上实现了口碑动态更新及量化。伍京华等（2021a）通过结合社会影响理论，识别出 Agent 的社会影响力和情感是影响舆情交互及产生的两个最重要的因素，并基于赫格塞尔曼-克劳泽（Hegselmann-Krause）社会学模型构建了基于 Agent 的情感劝说的舆情交互及产生模型。以上研究开拓了基于 Agent 的情感劝说在社会口碑方面的研究，初步完成了情感劝说的交互研究。郄晓彤和伍京华（2022）应用云模型来计算自动谈判中提议值和预期值之间的相似性，还在谈判中引入了情感和熟悉度这两个社会因素，并基于相似性、情感和熟悉度建立了基于 Agent 的情感谈判的阶段模型。

第 2 章　基于 Agent 的信任的情感劝说

信任是基于 Agent 的情感劝说型自动谈判的基础。本章阐述信任的概念、信任的特点和分类，以及基于 Agent 的信任关系网络。应用证据理论建立基于 Agent 的信任识别模型，而且论述基于 Agent 的信任的有关模型。

2.1　信任概述及分类

2.1.1　信任概述

信任是社会中人与人之间的一种肯定关系，是一方愿意与另一方进行沟通的基础，也是进行交易和谈判的前提，若失去信任，则社会组织无法形成。在多 Agent 系统中，由于 Agent 的功能特性如社会性、交互性、情感性等，Agent 之间也具有信任关系。信任主要有三种来源，即态度、行为和经验。态度是一方 Agent 对另一方 Agent 的潜在心理意识的表现，是一种主观行为，例如，Agent *a* 对 Agent *b* 的态度，可能是积极的或消极的，或者是信任的或不信任的；行为指主体的个性行为，具有相同行为特征的主体（如爱好或习惯相同）更易产生较强的信任关系；经验是基于以往交互过程中的信息对对方的一个主观判断，经验是衡量信任的一个重要参数，可能因为以往交互的愉悦度或次数而影响两个主体之间的信任关系。蒋伟进和吕斯健（2022）认为信任主要来源于经验，是对方能否满足自身需求的一种判断。综合已有文献对人工智能中信任的研究，信任具有以下特点。

（1）主观性：信任的主观性指不同的主体对同一个问题的信任程度有所不同。信任是一个主体对另外一个主体将来行为的一种主观判断，不同的主体对同一个主体的信任程度有着不同的理解。甚至同一个主体在不同的环境、相同的时段、相同的行为下，也可能会给出不同的判断，这说明信任具有主观随意性。

（2）有限传递性：信任具有传递性，但是受条件限制，传递分为两种，第一种为 *A* 信任 *B*，*B* 信任 *C*，但 *A* 不一定信任 *C*；第二种为在相同的背景环境下，主体 *A* 信任 *B*，主体 *A* 可能信任主体 *B* 信任的实体。在开放式的网络环境下，信任的传递性异常重要，用户一般通过其他用户来判断服务或者物品的质量，这也称为推荐信任。

（3）非对称性：信任的关系是有方向的、是非对称的，从信任的主体指向信任的客体，如 *A* 信任 *B*，但是 *B* 不一定信任 *A*；即使双方互相信任，但两者的互相信任程度也可能不相等，例如，在实际情况中，*A* 对 *B* 的信任程度并不一定等于 *B* 对 *A* 的信任程度。

（4）可测量性：在计算机领域中，信任是像信息一样能够被测量的。信任的程度可以利用可信度来度量，也可以利用等级来划分，可将其描绘成一系列度量的值或者表现成一个空间向量等。

（5）动态性：信任关系是随着时间的流逝、事情的发展以及环境的不同而变化的，信任是相对的，具体来说，之前信任的主体，可能会因为其某一不良行为产生一定的负面影响，因此经过一段时间之后，可能当初信任的主体就不再信任；与此相反，当初不信任的主体，可能后来随着其良好的表现，会对它改变当初不信任的态度，进而会提高信任的程度。

（6）传播性：Agent 之间的信任关系会随着其他 Agent 的变化而变化，因为推荐信任是由 Agent 根据其他 Agent 的评价建立的。当一个 Agent 出现一次不诚实的行为后，与其交易过的 Agent 对其的评价可能会很差，对该 Agent 的评价值会很低，自然在其他 Agent 询问到该 Agent 是否可信任时，便不会有好的评价，这种情况在现实生活中也很常见。

（7）衰减性：信任如同记忆的衰退一样，是随着时间变化的，越长时间之前建立起来的信任关系参考价值越小。

2.1.2　信任分类

信任的分类方式有多种，本书主要对模型中用到的信任类型进行介绍。

1）按照信任的数值分类

按照信任的数值，可以将信任分为二值信任、离散信任和连续信任。

二值信任仅用 0 和 1 表示 Agent 之间的信任关系，0 代表不信任，1 代表信任。在基于 Agent 的情感劝说系统中，若买方 Agent 对卖方 Agent 信任，则用 1 表示，只有买卖双方 Agent 对对方 Agent 的信任均为 1 时，才能进行谈判，否则一方 Agent 对另一方 Agent 不信任，就无法进行谈判和交易。二值信任的表达方式虽然简单、高效，但是存在过于武断、无法表达 Agent 的犹豫心理的缺点，因此，研究者很少将二值信任应用到基于 Agent 的情感劝说模型中。

离散信任采用一种定性和定量相结合的方式来表达信任，通常用数字表达 Agent 的信任等级，例如，将 Agent 的信任分为 10 个等级，用数字 1～10 表达 Agent 的信任等级的高低。在 Agent 的情感劝说系统中，Agent 可以设定自身能够接受对方 Agent 的最低等级，从而选择符合要求的 Agent 进行情感劝说，该方法能够识别出可信赖的合作对象，降低交互和合作过程中的风险，与二值信任相比，离散信任对 Agent 的可信度的表达相对更具体，但是与连续信任相比，离散信任表达的精确性不如连续信任，对精确度要求不高的 Agent 在情感劝说过程中可能会根据自身的需求选择离散信任的表示方式。

连续信任是将 Agent 的信任度用区间内的小数表达（王金迪和童向荣，2019），可以取[0, 1]内的任意值，通常数值越大表示 Agent 的信任度越高。采用连续信任的评价方法能对 Agent 的信任度做出更具体的评价，同时也可以更好地对 Agent 的信任度进行比较。与二值信任与离散信任相比，连续信任的精确度更高，同时还可以对不同的信任度指标赋予权重，从而计算最终信任值。连续信任的应用范围更为广泛，在本书的研究中，对 Agent 的评价采用连续信任的方式。

2）按照信任的获取方式分类

按照信任的获取方式，信任可以分为直接信任和间接信任，两者并不是非此即彼的关系，而是通常结合起来使用。

直接信任是指两个 Agent 个体通过直接交互建立起的信任联系，直接信任度用来表示一方 Agent 通过与另一方 Agent 直接接触后，认为另一方 Agent 可以依赖、托付或继续合作的程度。多数学者认为直接信任关系的建立主要源于经验，具有主观性。同时直接信任关系的强弱也会随着时间的推移而发生改变。

间接信任是指两个 Agent 与其他 Agent 有过交互，通过其他 Agent 作为桥梁建立起的间接信任关系。间接信任度用来表示一方 Agent 通过从其他 Agent 的评价中获取的对另一方 Agent 的信任度。间接信任关系的传播主要依靠 Agent 的信任关系网，下面将进行主要介绍。

3）按照信任量化来源的可信程度分类

按照信任量化来源的可信程度，信任可以划分为身份信任（identity trust）和行为信任（behavior trust）。

身份信任是指通过验证主体所拥有或所知道的认证信息来完成对主体的身份鉴别，它在一定程度上体现了身份认证的内涵。身份认证和访问控制技术是传统的安全认证机制，其中数字证书认证、用户口令认证、短信验证码认证等属于传统认证手段中的主要认证方式，一旦通过认证，访问者的身份便被完全信任。自动信任协商（Winsborough and Li，2002；Winsborough et al.，2002）则是通过请求者身份凭据与资源提供者控制策略的一致性检测，利用协商机制依次暴露策略与凭据，相互交换信任相关敏感数据（策略和凭据），逐渐在陌生实体间建立具体应用场景下的基于身份的信任关系。

行为信任的评估数据一般来源于主体之间的直接交互经历和推荐交互经历，是主体对 Agent 某一属性方面的关于其历史交互行为可信程度的评估。通过观察主体的行为进而确定主体的可信程度、信任度在主体之间如何传递以及如何表示信任才能体现信任的属性等是行为信任的主要研究内容。

目前来说，身份鉴别、访问控制和自动协商机制是解决身份信任的主要方式，如管理信息系统中对用户身份的认证、综合角色权限和控制策略对主体的身份进行验证核实。行为信任的解决思路是主要靠在线交易和社区信誉评估，当主体间进行交易时，通过交易过程中的交易记录进行行为评价，也会根据交易历史记录的反馈数据对 Agent 所声称的能力进行评估，而这一评估主要体现在基于信誉的信任管理模型中。

4）从信任主体的角度分类

从信任主体的角度分类（Blaze et al.，1996），信任可以划分为客观信任和主观信任。

客观信任是信任主体对 Agent 的身份的信任，是一种基于可信任或者权威的第三方颁发的凭证的信任，是一种可以精确描述、推理和验证的信任。主观信任是信任主体对另一主体的行为信任，是基于某一随机性或者模糊性等不确定因素，是一种无法精确描述和验证的信任；这种信任是一种实体感知，是对其他主体的某一特定行为或者操作的主观判断。

事实上，人们认为主观信任的基础是客观信任，没有对主体的客观信任是无法判断、观察主体的行为的，也没有办法完成对该主体的真实评估。身份信任可以防范开放式网络系统的安全威胁，行为信任能够最大限度地降低网络系统内部的风险。Azzedin 和 Maheswaran（2002）指出身份信任与主体的身份认证的真实性有关，而行为信任与主体的行为声誉的反馈统计有关。从本质上来说，身份信任与基于凭据的信任管理、行为信任与基于信誉的信任管理形成一定的对应关系。

2.2 基于 Agent 的信任关系网络

人类的社会关系属性在决策中起到了非常重要的作用，从社会关系和交互论的关系可知，社会关系可能会帮助或者阻碍交互过程。信任作为一种普遍存在于多种社会主体的社会关系，在商业谈判过程中起着尤为重要的作用，并被认为是谈判双方建立长期合作的基础。

基于 Agent 的信任关系网络描述了 Agent 之间基于信任程度的关联关系，是 Agent 之间交流、通信、信息传播的渠道（童向荣等，2012）。Agent 的信任关系网络是一种拓扑结构，Agent 之间通过交互建立起联系，网络中的所有 Agent 可以看成一个抽象的整体，但是实际上内部具有盘根错节的联系，如图 2.1 所示，且 Agent 的信任关系网络是 Agent 在与不同 Agent 的合作中自动构建的，就如同现实社会中的人际关系一样。

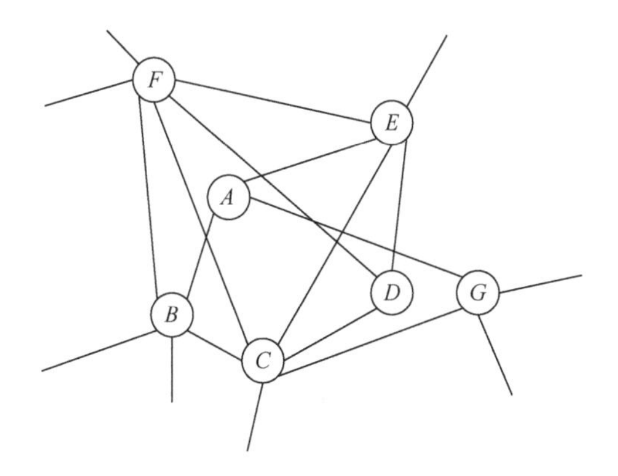

图 2.1　Agent 的信任关系网络

Agent 的信任关系网络主要起到传播信息的作用，信息的流动性很大，每个 Agent 既是信息的传播者也是信息的接收者，若某个 Agent 存在违约或失信行为，这可能会随着信息流的传播而传播给每一个 Agent，大大降低了 Agent 的信誉，甚至使其无法在 Agent 群体中立足。为了保障自己的信誉，Agent 在对其他 Agent 进行评价及进行信息传播时，应尽可能保证客观性和真实性，使 Agent 的信任关系网络能为成员提供信任保障，降低信息失真的风险。

Agent 之间的信任信息依附于关系网络进行传播。为了提高获取信任信息的便捷程度和可靠程度，信任关系网络中的若干 Agent 可以建立以信任联盟为基础的情感劝说子系统，供子系统成员查询和应用 Agent 间接信任信息，实现信任信息共享。

2.3　基于 Agent 的信任识别模型

信任识别是基于 Agent 的情感劝说的基础。在 Agent 交易过程中，买方 Agent a 对于卖方 Agent b 的识别由基于 Agent 的信任识别模型描述。该模型对于研究基于 Agent 的情感劝说具有重要意义。

2.3.1　模型概述

基于 Agent 的信任识别模型有以下三个方面的核心内容。

1. 买方关注点及其权重

在商品交易中，在价格公平的条件下，买方对于商品的数量保证、质量保证、到货准时和售后服务四个方面及其权重的关注具有普遍性。其他关注点还有买方在交易过程中是否心情愉悦、商品包装和广告等。对于某些特定商品，关注点还包括安全、检疫和环境保护等。

2. 交易次数、直接信任和间接信任

在买方 Agent *a* 和卖方 Agent *b* 的交易过程中，买方对卖方包括信任程度在内的了解随着交易次数的增加而逐步清晰，当交易次数充分多到不低于某个依据经验设定的值时，买方对卖方的直接信任即买方对卖方的信任。

若买方与卖方的交易次数低于上述依据经验设定的值，则买方对卖方的直接信任不能等同于买方对卖方的信任，需要引入间接信任。买方从自身所在的信任关系网络选择若干与卖方有充分多的交易次数的智能体，将它们对卖方的直接信任作为买方与卖方的间接信任。进而，将买方对卖方的信任表示为直接信任和间接信任的加权和的形式。

3. 定量方法

基于 Agent 的信任识别模型采用依据证据理论基本概率分配函数及其合成规则和信度函数等概念构建的定量方法。证据理论用概率区间（而不是单一的概率数值）描述全局不确定性和局部不确定性，是属于人工智能范畴、适用于专家系统的一类不精确推理理论。

2.3.2 证据理论

证据理论由登普斯特（Dempster）提出，并由谢弗（Shafer）发展而形成理论体系，所以又称为 D-S 证据理论。

证据理论定义所有命题组合的样本空间为识别框架，记为Θ，Θ是构成互不相容的完备集的命题集合，即

$$\Theta=\{\theta_1,\theta_2,\cdots,\theta_N\} \tag{2.1}$$

式中，对于$i\neq j$，且$i,j=1,2,\cdots,N$，有$\theta_i\cap\theta_j=\varnothing$。

称由Θ的所有子集构成的集合为Θ的幂集，记为2^Θ，依据二项式定理，Θ的幂集的子集数量为$C_N^0+C_N^1+C_N^2+\cdots+C_N^N=2^N$个，这正是幂集的命名和符号的由来。

基本概率分配（basic probability assignment，BPA）是证据理论重要的基本概念，指计算识别框架Θ每一条命题的基本概率的过程。该过程用 BPA 函数，又称 *m* 函数描述。*m* 函数反映命题信度大小，*m* 函数定义域为Θ的幂集，值域为[0, 1]，体现了证据理论与传统概率论的区别，即

$$2^{\Theta} \stackrel{m}{\rightarrow} [0,1] \tag{2.2}$$

并且 $m(\varnothing)=0$，而且

$$\sum_{A \subseteq \Theta} m(A)=1 \tag{2.3}$$

BPA 可以赋予识别框架 Θ 中的单个元素或元素的任意集合，赋予空集 $\varnothing$ 的 BPA 为 0，赋予 Θ 的 BPA 表示全局的不确定性，而赋予 Θ 的某一多元素子集的 BPA 表示局部不确定性。

设命题 A 是 Θ 的幂集的元素，且 $A \neq \varnothing$，对于两个 m 函数 m_1 和 m_2 的合成运算 $\oplus$，Dempster 合成规则表述为

$$m(A)=\left[m_1 \oplus m_2\right](A)=\frac{\sum_{B \cap C \subseteq A} m_1(B) m_2(C)}{1-\sum_{B \cap C \neq \varnothing} m_1(B) m_2(C)} \tag{2.4}$$

证据理论的信度函数 $\mathrm{Bel}(A)$ 测度证据对于命题 A 为真的信任程度，而似然函数 $\mathrm{pl}(A)$ 测度证据对于命题 A 不为假的信任程度相应的公式为

$$\mathrm{Bel}(A)=\sum_{B \subseteq A} m(B) \tag{2.5}$$

$$\mathrm{pl}(A)=\sum_{B \cap A \neq \varnothing} m(B) \tag{2.6}$$

以及

$$\mathrm{pl}(A)+\mathrm{Bel}(\bar{A})=l \tag{2.7}$$

式中，$\bar{A}$ 为 A 的逆命题。

2.3.3　算例

1. 简况

买方 Agent a 与卖方 Agent b 进行某商品交易，合同规定，商品到货后称重，若不足可及时补足，以实现数量保证。在价格公道的前提下，Agent a 的关注点是质量保证、到货及时、售后服务和在交易过程中心情愉悦，权重依次是 0.4、0.4、0.1 和 0.1，依经验设定，若 Agent a 和 Agent b 交易次数达到 15 次，可以依交易的相关信息测得买方对卖方的信任度（伍京华等，2019b）。现买卖双方交易次数（7 次）不是 15 次，Agent a 对 Agent b 的信任度为直接信任度和间接信任度的加权和，相应的权重分别为 $\frac{7}{15}$ 和 $\frac{8}{15}$。而 Agent a 对 Agent b 的间接信任度为从 Agent

a 所在信任关系网络选择与 Agent b 交易次数分别为 16 次和 20 次的 Agent c_1 和 Agent c_2，计算它们与 Agent b 的直接信任度后依据 Dempster 规则合成而得。

2. 信任度测算原理

本算例信任度测算原理源于证据理论。式（2.1）中，当 $N=2$ 时，本算例的识别框架由命题 θ（信任）和 $\bar{\theta}$（不信任）构成，即

$$\Theta=\{\theta,\bar{\theta}\} \tag{2.8}$$

Θ 有空集 $\varnothing$、$\{\theta\}$、$\{\bar{\theta}\}$ 和 $\{\theta,\bar{\theta}\}$ 四个子集，以它们为元素构成 Θ 的幂集 2^{Θ}，即

$$2^{\Theta}=\left\{\varnothing,\{\theta\},\{\bar{\theta}\},\{\theta,\bar{\theta}\}\right\} \tag{2.9}$$

式（2.3）～式（2.7）依次表达为

$$m(\{\theta\})+m(\{\bar{\theta}\})+m(\{\theta,\bar{\theta}\})=1 \tag{2.10}$$

$$m(\{\theta\})=[m_1\oplus m_2](\{\theta\})=$$

$$=\frac{m_1(\{\theta\})m_2(\{\theta\})}{1-\left(m_1(\{\theta\})m_2(\{\theta,\bar{\theta}\})+m_1(\{\theta,\bar{\theta}\})m_2(\{\theta\})+m_1(\{\theta,\bar{\theta}\})m_2(\{\theta,\bar{\theta}\})\right)} \tag{2.11}$$

$$\mathrm{Bel}(\{\theta\})=m(\{\theta\}) \tag{2.12}$$

$$\mathrm{pl}(\{\theta\})=\mathrm{Bel}(\{\theta\})+m(\{\theta,\bar{\theta}\}) \tag{2.13}$$

$$\mathrm{pl}(\{\theta\})+\mathrm{Bel}(\{\bar{\theta}\})=1 \tag{2.14}$$

由上述公式可得，当 $\Theta=\{\theta,\bar{\theta}\}$ 时，Θ 幂集的子集 $\{\theta\}$、$\{\bar{\theta}\}$ 和 $\{\theta,\bar{\theta}\}$ 的信度函数等同于 m 函数。证据理论的信度函数值（Bel值）和似然度函数值（pl值）将[0, 1]分为三个部分（图 2.2）。当上述两个值相等时，描述的是传统概率论。从这个意义上讲，证据理论是传统概率论的延伸。

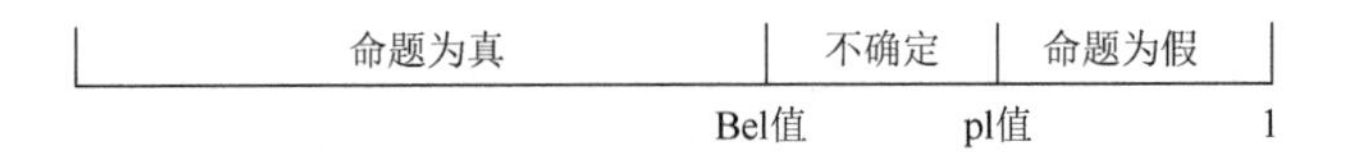

图 2.2　证据理论的 Bel 值和 pl 值

3. 基础数据

1）用于计算 Agent a 对 Agent b 直接信任度的分级数据

在区间[0, 1]取 0.0, 0.1, 0.2, ⋯, 1.0，共 11 个数描述分级。表 2.1 是 Agent a 与 Agent b 七次交易中各关注点的分级数据。

表 2.1　Agent *a* 与 Agent *b* 七次交易中各关注点的分级数据

序号	关注点	1	3	3	4	5	6	7
1	质量保证	0.8	0.4	0.8	0.2	0.8	0.4	0.8
2	到货及时	0.9	0.9	0.3	0.7	0.9	0.9	0.9
3	售后服务	0.9	0.6	0.4	0.9	0.4	0.6	0.9
4	心情愉悦	1.0	1.0	0.5	1.0	1.0	1.0	0.8

2）用于计算 Agent a 对 Agent b 间接信任度的分级数据

表 2.2 是 Agent c_i（$i=1,2$）与 Agent b 交易中各关注点的分级数据。

表 2.2　Agent c_i（$i=1,2$）与 Agent *b* 交易中各关注点的分级数据

交易次数	Agent c_1 与 Agent b				Agent c_2 与 Agent b			
	质量保证	到货及时	售后服务	心情愉悦	质量保证	到货及时	售后服务	心情愉悦
1	0.4	1.0	0.3	1.0	0.6	1.0	0.9	1.0
2	0.8	1.0	0.8	1.0	0.8	1.0	0.9	1.0
3	0.8	1.0	0.9	0.4	0.8	1.0	0.9	1.0
4	0.9	1.0	0.6	0.7	0.8	1.0	0.4	1.0
5	0.4	1.0	0.9	0.8	0.8	1.0	0.9	0.8
6	0.1	0.4	0.8	1.0	0.3	1.0	0.9	1.0
7	0.9	0.7	0.9	1.0	0.6	0.3	0.9	1.0
8	0.8	1.0	0.9	1.0	0.8	1.0	0.4	1.0
9	0.8	1.0	0.6	0.5	0.8	1.0	0.9	1.0
10	0.1	1.0	0.9	1.0	0.8	1.0	0.9	0.4
11	0.8	1.0	0.9	1.0	0.3	0.7	0.9	1.0
12	0.9	0.7	0.9	0.8	0.9	0.3	0.9	1.0
13	0.8	0.7	0.8	1.0	0.9	1.0	0.9	1.0
14	0.8	1.0	0.9	1.0	0.8	1.0	0.4	1.0
15	0.8	1.0	0.9	0.8	0.8	1.0	0.9	1.0
16	0.8	0.7	0.9	1.0	0.8	0.3	0.9	1.0
17	—	—	—	—	0.8	1.0	0.6	1.0
18	—	—	—	—	0.6	1.0	0.9	1.0
19	—	—	—	—	0.9	1.0	0.9	1.0
20	—	—	—	—	0.8	1.0	0.9	1.0

3）买方设置的各关注点分级的门限值

表 2.3 是买方设置的各关注点分级的下门限值和上门限值。

表 2.3　各关注点分级的门限值

序号	关注点	下门限值	上门限值
1	质量保证	0.3	0.5
2	到货及时	0.6	0.8
3	售后服务	0.5	0.7
4	心情愉悦	0.6	0.9

4. 计算

1）Agent a 对 Agent b 的直接信任度

表 2.3 给出的下门限值和上门限值将[0，1]划分为[0，下门限值)、[下门限值，上门限值]和（上门限值，1］这三个区间，依次记为区间 1、区间 2 和区间 3。若分级数据位于区间 3，则命题θ（信任）成立；若分级数据位于区间 1，则命题$\overline{\theta}$（不信任）成立；若分级数据位于区间 2，则命题θ和$\overline{\theta}$是否成立均不确定。由表 2.1 的数据可以得到 Agent a 和 Agent b 交易中各关注点分级数据位于区间 1、区间 2 和区间 3 的频率 $f_{ij}(i=1,2,3,4;\ j=1,2,3)$，见表 2.4。$f_{ij}$ 表示第i个关注点在区间j的频率。

表 2.4　各关注点分级数据位于各区间的频率

序号	关注点	区间 1	区间 2	区间 3
1	质量保证	1/7	2/7	4/7
2	到货及时	1/7	1/7	5/7
3	售后服务	2/7	2/7	3/7
4	心情愉悦	1/7	1/7	5/7

由表 2.4 的数据可以构成 4×3 的频率矩阵$[f_{ij}]$。信任度向量$\left(m\left(\{\overline{\theta}\}\right),m\left(\{\theta,\overline{\theta}\}\right),m\left(\{\theta\}\right)\right)$等于权重向量$(0.4,0.4,0.1,0.1)$和频率矩阵的乘积：

$$
\begin{aligned}
&\left(m\left(\{\overline{\theta}\}\right),m\left(\{\theta,\overline{\theta}\}\right),m\left(\{\theta\}\right)\right)\\
&=(0.4,0.4,0.1,0.1)\begin{pmatrix}\frac{1}{7}&\frac{2}{7}&\frac{4}{7}\\ \frac{1}{7}&\frac{1}{7}&\frac{5}{7}\\ \frac{2}{7}&\frac{2}{7}&\frac{3}{7}\\ \frac{1}{7}&\frac{1}{7}&\frac{5}{7}\end{pmatrix}=(0.157,0.214,0.629)
\end{aligned}
$$

于是依据式（2.12），Agent a 对 Agent b 的直接信任度为 $\text{Bel}(\{\theta\}) = m(\{\theta\}) = 0.629$，依据式（2.13），$\text{pl}(\{\theta\}) = 0.629 + 0.214 = 0.843$。

2）Agent $c_i (i = 1, 2, 3)$ 对 Agent b 的直接信任度

类似地，依据表 2.2 的数据，可以求得 Agent c_1 对 Agent b 的信任度向量为

$$(0.4, 0.4, 0.1, 0.1)\begin{pmatrix} \frac{2}{16} & \frac{2}{16} & \frac{12}{16} \\ \frac{1}{16} & \frac{4}{16} & \frac{11}{16} \\ \frac{1}{16} & \frac{2}{16} & \frac{13}{16} \\ \frac{2}{16} & \frac{4}{16} & \frac{10}{16} \end{pmatrix} = (0.094, 0.187, 0.719)$$

于是 Agent c_1 对 Agent b 的直接信任度为 0.719。

Agent c_2 对 Agent b 的信任度向量为

$$(0.4, 0.4, 0.1, 0.1)\begin{pmatrix} 0 & \frac{2}{20} & \frac{18}{20} \\ \frac{3}{20} & \frac{1}{20} & \frac{16}{20} \\ \frac{3}{20} & \frac{1}{20} & \frac{16}{20} \\ \frac{1}{20} & \frac{1}{20} & \frac{18}{20} \end{pmatrix} = (0.080, 0.070, 0.850)$$

于是 Agent c_2 对 Agent b 的直接信任度为 0.850。

3）Agent a 对 Agent b 的间接信任度

Agent a 对 Agent b 的间接信任度是 Agent $c_i (i = 1, 2)$ 对 Agent b 的直接信任度依据 Dempster 规则合成的。由式（2.11）和 Agent $c_i (i = 1, 2)$ 对 Agent b 的信任度向量中的数值，Agent a 对 Agent b 的间接信任度为

$$\frac{0.719 \times 0.850}{1 - (0.719 \times 0.070 + 0.187 \times 0.850 + 0.187 \times 0.070)} \approx 0.786$$

4）Agent a 对 Agent b 的信任度

Agent a 对 Agent b 的信任度等于直接信任度和间接信任度的加权和，即为

$$0.629 \times \frac{7}{15} + 0.786 \times \frac{8}{15} \approx 0.713$$

表 2.5 展示了 Agent b_1 对质量、交货完成程度、劝说力度和愉悦度七次直接交互中各个因素等级，取值范围为[0, 1]，其值越大表明该因素等级越高，信任度越高。

表 2.5　与 Agent b_1 七次直接交互中各个因素等级

各因素等级	等级值						
质量等级	0.8	0.4	0.8	0.2	0.8	0.4	0.8
交货完成程度等级	0.9	0.9	0.3	0.7	0.9	0.9	0.9
劝说力度等级	0.9	0.6	0.4	0.9	0.4	0.6	0.9
愉悦度等级	1	1	0.5	1	1	1	0.8

表 2.6 展示了推荐者 Agent c_3 对 Agent b_1 信任度的计算结果，其值越大表明该因素等级越高，信任度越高。

表 2.6　Agent c_3 与 Agent b_1 信任度的计算结果

各因素等级	等级值																		
质量等级	0.6	0.8	0.8	0.8	0.8	0.3	0.6	0.8	0.8	0.8	0.3	0.9	0.9	0.8	0.8	0.8	0.8	0.6	0.9
交货完成程度等级	1	1	1	1	1	1	0.3	1	1	1	0.7	0.3	1	1	1	0.3	1	1	1
劝说力度等级	0.9	0.9	0.9	0.4	0.9	0.9	0.9	0.4	0.9	0.9	0.9	0.9	0.9	0.4	0.9	0.9	0.6	0.9	0.9
愉悦度等级	1	1	1	1	0.8	1	1	1	1	0.4	1	1	1	1	1	1	1	1	1

2.4　基于 Agent 的信任让步的情感劝说模型

基于 Agent 的信任让步的情感劝说，本质上是买方 Agent a 和卖方 Agent b 将对方视为情感劝说对象，通过让步进行的讨价还价。

2.4.1　信誉影响因子

传统的谈判是交易双方面对面进行，双方通过面对面交流建立信任的保障。但基于 Agent 的情感劝说是交易双方通过在线情感劝说确定交易合同，再根据合同执行交易。但合同在实际实施时，由于 Agent 情感劝说环境的虚拟性，以及情感劝说双方行为表现为数字流形式，相较于传统的交易方式，不确定性和风险程度增大，因此常出现 Agent 情感劝说主体中有不诚信交易或者违背合同的情况，这些不良 Agent 主体会损害交易对象的利益，同时也会污染情感劝说环境，造成大家对第三方平台的不信任，导致客户流失及成功率下降。

在基于 Agent 的情感劝说中，对方信誉值是对方信任程度的度量，情感劝说主体的信誉值也是决定基于 Agent 的情感劝说是否开始的前提以及影响基于 Agent 的情感劝说中提议的让步幅度的重要因素（Athanasiou et al.，2014）。因此，在基于 Agent 的情感劝说中，将对方的信誉值作为评估提议满意度值及让步力度的依据，从而在源头上降低风险，能使基于 Agent 的情感劝说主体避免不必要的损失。

买方 Agent a 和卖方 Agent b 的信誉值由中介 Agent 直接提供。设 P_a 为买方 Agent a 所能接受的卖方 Agent b 的最低信誉值，c_b 为中介 Agent 提供的 Agent b 的信誉值，则 Agent a 评价 Agent b 的信誉影响因子为

$$\varphi_{ab}=\begin{cases}1, & 0\leqslant c_b\leqslant P_a\\ \dfrac{1-c_b}{1-P_a}, & P_a<c_b\leqslant 1\end{cases}\tag{2.15}$$

从式（2.15）可以看出，$0\leqslant\varphi_{ab}\leqslant 1$，于是，经信誉影响因子 φ_{ab} 作用后，剩余的信誉值为

$$1-\varphi_{ab}=\begin{cases}0, & 0\leqslant c_b\leqslant P_a\\ \dfrac{c_b-P_a}{1-P_a}, & P_a<c_b\leqslant 1\end{cases}\tag{2.16}$$

类似地，Agent b 评价 Agent a 的信誉影响因子为

$$\varphi_{ba}=\begin{cases}1, & 0\leqslant c_a\leqslant P_b\\ \dfrac{1-c_a}{1-P_b}, & P_b<c_a\leqslant 1\end{cases}\tag{2.17}$$

并且

$$1-\varphi_{ba}=\begin{cases}0, & 0\leqslant c_a\leqslant P_b\\ \dfrac{c_a-P_b}{1-P_b}, & P_b<c_a\leqslant 1\end{cases}\tag{2.18}$$

2.4.2　情感强度

在基于 Agent 的信任让步的情感劝说中，情感强度表达式的表现形式为

$$\mu_i=\omega_i\ln(1+\Delta x)\tag{2.19}$$

式中，μ_i 为情感劝说型谈判第 i 个关注点的情感强度；ω_i 为该关注点的权重；Δx 有效益型和成本型两类表达式，记 x_o 是 Agent 的期望值，x 是对方给出的提议值，则效益型 Δx 的表达式是

$$\Delta x = \frac{x - x_o}{x_o} \tag{2.20}$$

而成本型 Δx 的表达式是

$$\Delta x = \frac{x_o - x}{x_o} \tag{2.21}$$

在理性谈判的条件下，式（2.20）的 $x \leqslant x_o$，式（2.21）的 $x \geqslant x_o$，所以 $x \leqslant 0$，因此可得情感强度 $\mu_i \leqslant 0$，μ_i 的绝对值越大，说明情感越强烈。

若 N 个关注点构成 Agent a 的总情感强度，则表达式是 $\mu_a = \sum_{i=1}^{N} \mu_i$，Agent b 的总情感强度表达式是 $\mu_b = \sum_{i=1}^{N} \mu_i$。需要注意的是，对于谈判的同一个关注点，若买方 Agent a 为效益型（越大越好），则卖方 Agent b 为成本型（越小越好）；类似地，若 Agent a 为成本型，则 Agent b 为效益型。

2.4.3　评估值和综合评估值

在基于 Agent 的信任让步的情感劝说谈判中，Agent 提出的第 i 个关注点的提议值为 x_i；Agent 对 x_i 的评估值 $v(x_i)$ 有效益型和成本型两类。效益型评估值为

$$v(x_i) = \begin{cases} 0, & 0 < x_i < x_{\min} \\ \left(\dfrac{x_i - x_{\min}}{x_{\max} - x_{\min}} \right)^2, & x_{\min} \leqslant x_i \leqslant x_{\max} \\ 1, & x_i > x_{\max} \end{cases} \tag{2.22}$$

式中，$x_{\min}$ 和 $x_{\max}$ 分别为 Agent 可以接受的最小值和最大值。而成本型评估值为

$$v(x_i) = \begin{cases} 0, & 0 < x_i < x_{\min} \\ \left(\dfrac{x_{\max} - x_i}{x_{\max} - x_{\min}} \right)^2, & x_{\min} \leqslant x_i \leqslant x_{\max} \\ 1, & x_i > x_{\max} \end{cases} \tag{2.23}$$

设基于 Agent 的情感劝说有 n 个关注点，买方 Agent a 对于卖方 Agent b 的综合评估值 V_{ab} 为

$$V_{ab} = (1 - \varphi_{ab}) \sum_{i=1}^{n} \omega_i v(x_i) \tag{2.24}$$

式中，φ_{ab} 的含义如前所述；ω_i 为买方 Agent a 给出的第 i 个关注点的权重；$v(x_i)$ 为买方 Agent a 对于卖方 Agent b 提出的第 i 个关注点提议值 x_i 的评估值。

类似地，有

$$V_{ba} = (1-\varphi_{ba})\sum_{i=1}^{n}\omega_i v(x_i) \tag{2.25}$$

式中，φ_{ba} 的含义如前所述；ω_i 为卖方 Agent b 给出的第 i 个关注点的权重；$v(x_i)$ 为 Agent b 对于 Agent a 提出的第 i 个关注点提议值 x_i 的评估值。

2.4.4　让步数量

在基于 Agent 的信任让步的情感劝说模型中，各关注点的让步数量等于每步步长和步数相乘。各关注点的每步步长由 Agent 确定，而步数由情感劝说策略的类型确定。由 Agent 针对信任让步情感劝说个体问题确定的情感强度取值范围可以区分上述情感劝说策略。

谈判双方可以约定达成协议的条件，经过若干轮谈判后，若实现达成协议的条件，则谈判完成。

2.4.5　算例

1. 基础数据

买方 Agent a 和卖方 Agent b 进行某种商品交易，以价格、质量和交货期为关注点进行基于 Agent 的信任让步的情感劝说谈判（Wu et al.，2022b）。

1）信誉影响因子

根据中介 Agent 提供的信息，买方 Agent a 的信誉值为 $c_a = 0.8$，卖方 Agent b 的信誉值为 $c_b = 0.9$。而且买卖双方交易过程中，Agent a 能接受的最低信誉值为 $P_a = 0.7$，Agent b 能接受的最低信誉值为 $P_b = 0.6$。依据式（2.15），Agent a 评价 Agent b 的信誉影响因子为 $\varphi_{ab} = \dfrac{1-0.9}{1-0.7} \approx 0.33$。

依据式（2.17），Agent b 评价 Agent a 的信誉影响因子为 $\varphi_{ba} = \dfrac{1-0.8}{1-0.6} = 0.5$。

2）Agent a 和 Agent b 的部分基础数据

Agent a 的部分基础数据见表 2.7。

表 2.7　Agent a 的部分基础数据

数据	价格	质量	交货期
权重	0.3	0.5	0.2
类型	成本型	效益型	成本型

续表

数据	价格	质量	交货期
购买期望	5	8	5
可接受的最小值	3	7	3
可接受的最大值	7	10	6

Agent *b* 的部分基础数据见表 2.8。

表 2.8　Agent *b* 的部分基础数据

数据	价格	质量	交货期
权重	0.5	0.2	0.3
类型	效益型	成本型	效益型
购买期望	7	7	6
可接受的最小值	6	4	4
可接受的最大值	10	9	9

3）情感劝说策略规则和让步数量

算例的情感劝说策略规则见表 2.9，从该表可以看出，Agent *a* 对 Agent *b* 的策略为威胁型、类比型、解释型和诉苦型时，Agent *b* 对 Agent *a* 的应对策略依次为诉苦型、解释型、类比型和威胁型。表 2.9 同时给出了本算例区分情感策略的情感强度取值范围。

表 2.9　算例的情感劝说策略规则

情感强度的取值范围	Agent *a* 对 Agent *b* 的情感劝说策略	Agent *b* 对 Agent *a* 的情感劝说策略
$(-\infty, -0.30]$	威胁型	诉苦型
$(-0.30, -0.15]$	类比型	解释型
$(-0.15, -0.08]$	解释型	类比型
$(-0.08, 0]$	诉苦型	威胁型

对于算例的关注点价格、质量和交货期，买方 Agent *a* 让步的每步步长依次为 0.2、0.1 和 0.3；而卖方 Agent *b* 让步的每步步长依次为 0.15、0.3 和 0.2。

在让步的步数上，Agent a 对 Agent b 的情感劝说策略为威胁型、类比型、解释型和诉苦型时，Agent a 让步步数依次为 4、3、2 和 1；而 Agent b 对 Agent a 的情感劝说依次为上述四种类型时，Agent b 的让步步数依次为 1、2、3 和 4。

2. 计算

1）情感劝说过程

整个情感劝说过程及分析如下。

第一轮：在情感劝说初始，买方 Agent a 向卖方 Agent b 提出购买提议，初始提议为价格为 3，质量为 9，交货期为 3，第一次提议，买方尚未清楚自己的提议是否会得到对方的认可，所以买方首次提出提议时并不会进行情感劝说，Agent b 接收到提议后，进行相应的计算。

Agent b 接收到 Agent a 的提议后，对提议的评估见表 2.10。

表 2.10　第一轮情感劝说中 Agent b 对提议的评估

项目	Agent b 收到 Agent a 的提议		
	价格	质量	交货期
属性类型	效益型	成本型	效益型
初始值	3	9	3
初始提议评估值	0	0	0
提议权重值	0.5	0.2	0.3

本轮提议，卖方 Agent b 通过评估各提议，得到相应的评估值，结合各提议的权重及对方信誉影响度，最终得到本次提议的综合效用值：

$$U_{ba} = (1-\varphi_{ba})\sum_{i=1}^{n}\omega_i f(x_i) = (1-0.5)(0\times 0.5 + 0\times 0.2 + 0\times 0.3) = 0$$

此效用值与期望值相差太远，所以卖方 Agent b 不接受此提议，随后将提出自己的初始提议。为了提出该提议，Agent b 需要计算相应的情感强度，Agent b 的情感强度计算如下：

$$\mu = 0.5\times\ln\left(1+\frac{3-7}{7}\right) + 0.2\times\ln\left(1-\frac{7-9}{9}\right) + 0.3\times\ln\left(1+\frac{3-6}{6}\right) = -0.581$$

从计算结果来看，该情感强度较强，根据情感劝说选择规则，Agent b 采用诉苦型情感劝说，以最大的影响力迫使 Agent a 对其提议值在下一轮进行调整，同时 Agent b 开始提出自己的提议，初始提议如表 2.11 所示，即价格值为 9，质量值为 6，交货期为 7，劝说类型为诉苦型。

表 2.11　Agent *a* 对 Agent *b* 反提议的评价

项目	价格	质量	交货期
提议类型	成本型提议	效益型提议	成本型提议
初始值	9	6	7
Agent *a* 对提议评估值	0	0	0
权重值	0.3	0.5	0.2

之后，针对 Agent *b* 的反提议，Agent *a* 首先对其进行评价，见表 2.11。

由表 2.11，计算可得出 Agent *a* 对 Agent *b* 反提议进行评价后的综合效用值：

$$U_{ab}=(1-\varphi_{ab})\sum_{i=1}^{n}\omega_i f(x_i)=(1-0.33)(0\times 0.3+0\times 0.5+0\times 0.2)=0$$

但是，该效用值与 Agent *a* 的期望效用值有一定的差距，因此，Agent *a* 拒绝 Agent *b* 的反提议，并计算情感强度：

$$\mu=0.3\times\ln\left(1+\frac{5-9}{9}\right)+0.5\times\ln\left(1-\frac{6-8}{8}\right)+0.2\times\ln\left(1+\frac{5-7}{5}\right)=-0.728$$

此时，Agent *a* 的情感强度较强，根据情感劝说选择规则，Agent *a* 采用威胁型劝说，并开始第二轮的提议，根据 Agent *a* 对各提议值的让步幅度，结合诉苦型劝说类型对让步幅度的影响程度即相应的让步加权值，Agent *a* 和 Agent *b* 调整提议见表 2.12 和表 2.13。

表 2.12　Agent *a* 第二轮提议

让步幅度调整	价格	质量	交货期
调整后	3 + 0.2×1 = 3.2	9–0.1×4 = 8.6	3 + 0.3×4 = 4.2

表 2.13　Agent *b* 第二轮提议

让步幅度调整	价格	质量	交货期
调整后	9–0.15×4 = 8.4	6 + 0.3×4 = 7.2	7–0.2×4 = 6.2

与第一轮情感劝说一样，接下来的各轮情感劝说中，提议值、情感劝说类型、综合效用值及情感强度结果等值见表 2.14 和表 2.15。

表 2.14　Agent *a* 的提议劝说过程

轮次	Agent *a* 接收到的劝说类型	Agent *a* 的提议			*b* 评价 *a* 的综合效用值	*b* 对 *a* 的情感强度
		价格	质量	交货期		
1	—	3	9	3	0	–0.581
2	诉苦型	3.2	8.6	4.2	0.002	–0.371

续表

轮次	Agent a 接收到的劝说类型	Agent a 的提议			b 评价 a 的综合效用值	b 对 a 的情感强度
		价格	质量	交货期		
3	诉苦型	4.6	8.2	5.4	0.078	−0.210
4	解释型	5.2	8.2	5.4	0.078	−0.149
5	类比型	5.8	8.2	5.4	0.078	−0.094
6	类比型	6.2	8.2	5.4	0.079	−0.061
7	威胁型	6.6	8.2	5.4	0.080	−0.029

表 2.15　Agent *b* 的提议劝说过程

轮次	Agent b 接收到的劝说类型	Agent b 的提议			a 评价 b 的综合效用值	a 对 b 的情感强度
		价格	质量	交货期		
1	—	9	6	7	0	−0.728
2	威胁型	8.4	7.2	6.2	0.001	−0.449
3	威胁型	7.8	8.4	5.4	0.014	−0.239
4	类比型	7.35	8.4	5.4	0.014	−0.183
5	类比型	7.05	8.4	5.4	0.014	−0.150
6	解释型	6.75	8.4	5.4	0.015	−0.122
7	诉苦型	6.6	8.4	5.54	0.020	−0.108

从表 2.7、表 2.8 中双方 Agent 可接受的提议值范围和表 2.14、表 2.15 来看，Agent a 和 Agent b 的质量和交货期在第三轮情感劝说时达成协议，Agent a 的价格在前五轮未能满足 Agent b 的最值区间，Agent b 的价格在前五轮未能满足 Agent a 的最值区间，故两者进行情感劝说直到第 7 轮达成协议。

2）对比实验

为了验证情感在劝说模型中的优势，我们对比了不考虑情感的模型和本章的情感劝说模型，具体过程如下。

不考虑情感的情况下，Agent a 的提议劝说过程见表 2.16。

表 2.16　不考虑情感的情况下，Agent *a* 的提议劝说过程

轮次	Agent a 接收到的劝说类型	Agent a 的提议			b 评价 a 的综合效用值
		价格	质量	交货期	
1	—	3	9	3	0
2	诉苦型	3.2	8.6	4.2	0.001

续表

轮次	Agent *a* 接收到的劝说类型	Agent *a* 的提议			*b* 评价 *a* 的综合效用值
		价格	质量	交货期	
3	解释型	4.4	8.3	5.1	0.009
4	类比型	4.8	8.1	5.7	0.020
5	威胁型	5	8.1	5.7	0.020
6	威胁型	5.2	8.1	5.7	0.020
7	威胁型	5.4	8.1	5.7	0.020
8	威胁型	5.6	8.1	5.7	0.020
9	威胁型	5.8	8.1	5.7	0.020
10	威胁型	6	8.1	5.7	0.020
11	威胁型	6.2	8.1	5.7	0.021
12	威胁型	6.4	8.1	5.7	0.023

不考虑情感的情况下，Agent *b* 的提议劝说过程见表 2.17。

表 2.17　不考虑情感的情况下，Agent *b* 的提议劝说过程

轮次	Agent *b* 接收到的劝说类型	Agent *b* 的提议			*a* 评价 *b* 的综合效用值
		价格	质量	交货期	
1	—	9	6	7	0
2	威胁型	8.4	7.2	6.2	0.002
3	类比型	7.95	8.1	5.6	0.047
4	解释型	7.65	8.7	5.2	0.117
5	诉苦型	7.5	8.7	5.2	0.117
6	诉苦型	7.35	8.7	5.2	0.117
7	诉苦型	7.2	8.7	5.2	0.117
8	诉苦型	7.05	8.7	5.2	0.117
9	诉苦型	6.9	8.7	5.2	0.117
10	诉苦型	6.75	8.7	5.2	0.118
11	诉苦型	6.6	8.7	5.2	0.119
12	诉苦型	6.45	8.7	5.2	0.121

根据表 2.16 和表 2.17，不考虑情感的劝说轮次为 12 轮，根据表 2.14 和表 2.15 可知，考虑情感的劝说轮次为 7 轮，所以情感对提高谈判效率和减少谈判时间具有一定的正向作用。同时，不考虑情感的劝说总效用变化较小，因此，情感对总效用值的波动具有影响。

3）灵敏度分析

通过上述计算得知系数值如信誉度和其他可调整的参数可以影响 Agent 的情感劝说行为。一旦目标谈判者被选中，信誉影响因子也将成为定值。因此，我们通过调整 Agent *a* 和 Agent *b* 的让步步数，对比实验结果以得到让步步数对效用的影响。Agent *a* 和 Agent *b* 调整后的让步步数见表 2.18。

表 2.18　Agent *a* 和 Agent *b* 调整后的让步步数

轮次	Agent	诉苦型	解释型	类比型	威胁型
1	Agent *a*	4	3.5	3	2.5
	Agent *b*	2.5	3	3.5	4
2	Agent *a*	4.5	4	3.5	3
	Agent *b*	3	3.5	4	4.5
3	Agent *a*	5	4	3	2
	Agent *b*	2	3	4	5
4	Agent *a*	6	5	4	3
	Agent *b*	3	4	5	6
5	Agent *a*	7	6	5	4
	Agent *b*	4	6	5	7

Agent *a* 和 Agent *b* 的五组情感劝说结果见表 2.19 和表 2.20。根据表 2.19 和表 2.20，让步步数能够有效影响情感劝说轮次和总效用的大小，其中，让步步数越大，情感劝说轮次越小且总效用越大，谈判效率越高；反之亦然。

表 2.19　Agent *a* 的五组情感劝说总效用和劝说轮次统计表

轮次	总效用				
	第一组	第二组	第三组	第四组	第五组
1	0	0	0	0	0
2	0.002	0.005	0.01	0.024	0.047
3	0.078	0.068	0.164	0.170	0.187
4	0.078	0.068	0.164	0.170	0.193
5	0.078	0.071	0.166	0.172	

续表

轮次	总效用				
	第一组	第二组	第三组	第四组	第五组
6	0.079		0.170		
7	0.082				

表 2.20 Agent *b* 的五组情感劝说总效用和劝说轮次统计表

轮次	总效用				
	第一组	第二组	第三组	第四组	第五组
1	0	0	0	0	0
2	0.001	0.002	0.03	0.005	0.009
3	0.014	0.021	0.028	0.030	0.031
4	0.014	0.021	0.028	0.030	0.033
5	0.014	0.025	0.029	0.052	
6	0.015		0.034		
7	0.020				

通过调整每种劝说策略的让步步数，得到了不同让步步数对 Agent *a* 和 Agent *b* 总效用和劝说轮次的影响，结果见图 2.3 和图 2.4。根据图 2.3 和图 2.4，谈判双方总效用值随劝说轮次的增加而增加，这种趋势表明本节的情感劝说让步模型能够引导劝说过程正向发展。同时，让步步数调整得越大，达成交易的时间将越短。

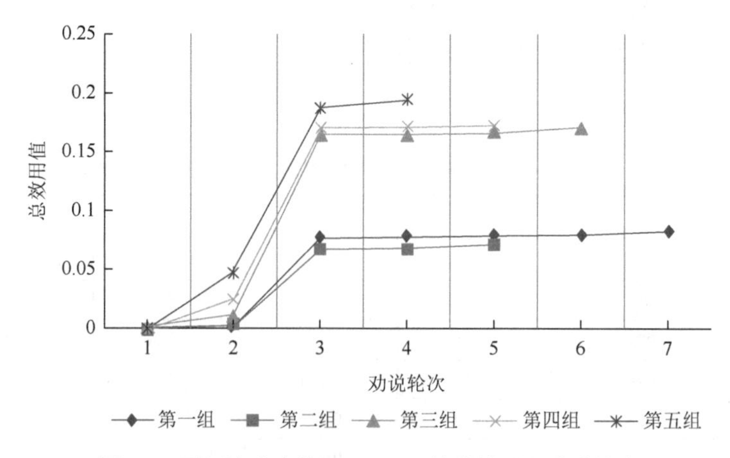

图 2.3 不同让步步数下 Agent *a* 的总效用和劝说轮次

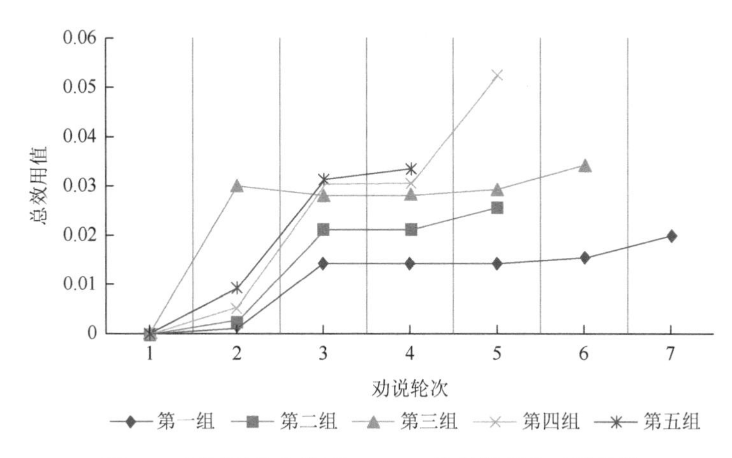

图 2.4　不同让步步数下 Agent *b* 的总效用和劝说轮次

2.4.6　结论与讨论

本节提出了基于 Agent 的信任的情感劝说让步模型，该模型充分研究了 Agent 的情感对对手 Agent 提议值和劝说策略选择的影响。本节提出了一种量化情感的方法，使 Agent 能够更真实地模仿人类谈判行为。同时，本节列举了四种情感劝说类型，使 Agent 接受对手提议值后产生情感强度，利用情感强度更智能地评估其对对手提议值的满意程度，并给出相应的反提议值。本节还利用信任评估对手提议值，为基于 Agent 的情感劝说领域提供了信任因素的研究思路。

2.5　基于 Agent 的信任的情感劝说让步模型

本节同样针对 Agent 之间的谈判让步机制进行建模，建立 Agent 分别与多位对手 Agent 的一对一交互机制，构建基于 Agent 的信任的情感劝说型谈判让步模型。相对于 2.4 节，本节的区别点在于并不指定买卖方的个数。本节以 Agent 的信任、情感为主线，运用 Q 学习算法对基于 Agent 的信任的情感劝说让步过程进行研究，首先，考虑到信任的衰减性，对历史交互不同时期的信任度赋予不同权重来衡量直接信任度，并运用 Agent 关系网络的方法计算间接信任度，以获得对方 Agent 的综合信任值；其次，将 Q 学习算法应用到自动谈判中，以 Agent 的信任为前提，对原有的时间折扣计算方法进行改进，提出信任-时间折扣因子，使 Agent 能够根据对方 Agent 的信任度和情感劝说做出相应的让步，同时根据自身的情感强度对对方 Agent 进行情感劝说，以达到谈判成功的目的；最后，应用算例对本节模型的有效性进行验证和分析。

2.5.1　综合信任计算及相关定义

1. 直接信任计算

依据蒋伟进和吕斯健（2022）的研究，这里给出下述 Agent 之间直接信任的定义。

定义 2.1　直接信任：任意两个 Agent（如 Agent i 与 Agent j）通过直接交互建立的信任联系称为直接信任。

前面已经介绍过，信任具有衰减性，不同时刻的信任度的价值是不同的，越久远的信任度，参考价值越小，而越靠近当前时刻的信任度，参考价值越大。因此，为了综合考虑多次交互建立的信任关系、增强信任评估的合理性，应为不同交互时期的信任度赋予相应的权重。本书用指数函数表达信任的衰减性（谢丽霞和魏瑞炘，2019）：

$$\mathrm{FR}(\lambda,t_k)=\mathrm{e}^{-\lambda\cdot L(t-t_k)} \tag{2.26}$$

式中，λ 为速率调节因子，且 $0<\lambda\leqslant 1$，λ 通常根据信任衰减的半衰期来调整，即信任度衰减到一半时的时间间隔；$L(t-t_k)$ 为时间更新函数，表示两个 Agent 第 k 次交互的时刻 t_k 与当前时刻 t 的时间间隔。

假设半衰期为 90 天，则 $\lambda=-\dfrac{\ln(0.5)}{90}$，信任的衰减速率如图 2.5 所示。

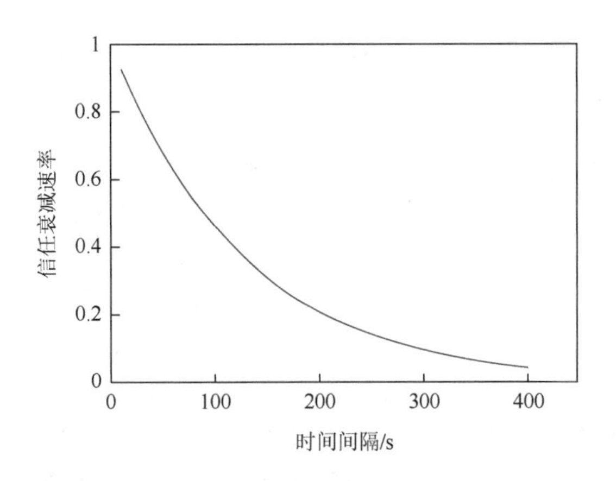

图 2.5　信任衰减速率曲线

因此，第 k 次交互的权重为

$$\omega(t_k)=\frac{\mathrm{FR}(\lambda,t_k)}{\sum_{p=1}^{n}\mathrm{FR}(\lambda,t_p)},\quad k=1,2,\cdots,n \tag{2.27}$$

设第 k 次交互 Agent i 与 Agent j 的直接信任度为 $X_{d_k}(X_{d_k}\in[0,1])$，则当前时刻 Agent i 与 Agent j 的直接信任度为

$$X_{ij}=\omega(t_1)X_{d_1}+\omega(t_2)X_{d_2}+\cdots+\omega(t_p)X_{d_p} \tag{2.28}$$

2. 间接信任计算

依据蒋伟进和吕斯健（2022）的研究，本节给出下述 Agent 之间间接信任的定义。

定义 2.2　间接信任：通过其他 Agent 作为中间桥梁，Agent i 与 Agent j 所建立起的信任关系属于间接信任。

间接信任主要是靠 Agent 关系网络传递的，例如，Agent i 与 Agent m 曾进行直接交互，Agent m 与 Agent n 曾进行直接交互，Agent n 与 Agent j 曾进行直接交互，那么，Agent i 与 Agent j 的间接信任关系是靠 Agent m 和 Agent n 传递的，且步数为 3。将参与协商的 Agent i 的集合设为 $A=\{a_1,a_2,\cdots,a_m\}$，Agent j 的集合设为 $B=\{b_1,b_2,\cdots,b_n\}$，Agent i 与 Agent j 的间接信任度（王金迪和童向荣，2019）为

$$X''_{ij}=\frac{1}{R}\sum_{a_m,b_n\in\mathrm{path}(a_i,b_j)}\omega_{mn}\times X_{mn} \tag{2.29}$$

$$\omega_{mn}=\begin{cases}1, & R\leqslant 1\\ \mathrm{e}^{\frac{1-R}{R}}, & 1<R\leqslant 6\end{cases} \tag{2.30}$$

式中，X''_{ij} 为 Agent i 与 Agent j 的间接信任度；R 为路径步数，且 $R\in[0,6]$，即当 Agent i 与 Agent j 之间的步数不超过 6 时，间接信任关系是有效的，当步数超过 6 时，间接信任度视为 0，这是根据斯坦利 • 米尔格兰姆的 6 度分割理论设定的；path 为 Agent i 与 Agent j 之间的信任路径；ω_{mn} 为每条路径的权重（Wang et al., 2018b），路径步数越多，说明 Agent i 与 Agent j 之间的关系越远，那么权重也越小。权重函数曲线如图 2.6 所示。

3. 综合信任计算

定义 2.3　综合信任（王金迪和童向荣，2019）：由直接信任和间接信任采用加权因子融合而成的用来综合考虑 Agent 间信任的一种方式。

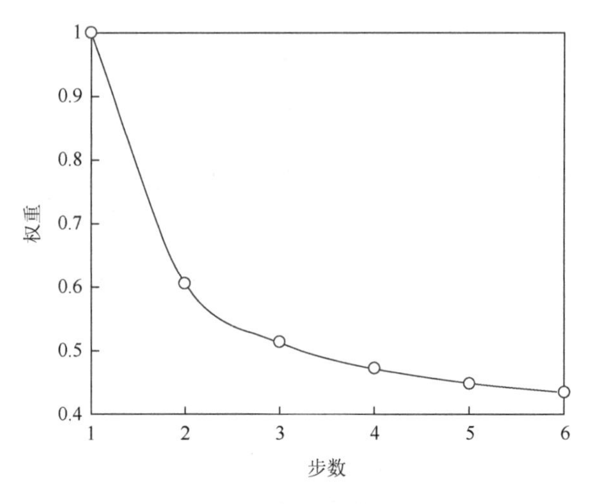

图 2.6　权重函数曲线

加权因子 ϕ 以及 Agent i 和 Agent j 的综合信任度 X_{ij} 的计算分别如式（2.31）和式（2.32）所示：

$$\phi = \frac{X_{ij}}{X_{ij} + X''_{ij}} \tag{2.31}$$

$$X_{ij} = \phi X'_{ij} + (1-\phi) X''_{ij} \tag{2.32}$$

2.5.2　信任-时间折扣因子

定义 2.4　信任-时间折扣因子：以信任为基础、时间为辅助，随两者不断变化的动态影响因子。

信任-时间折扣因子是对原有 Q 学习算法中时间折扣因子的改进，本书以信任为基础，联合时间因素，动态反映信任和时间对奖励折扣的影响，进而影响 Agent 的让步，其原理是对方 Agent 的信任度越高，时间进度越大，信任-时间折扣因子越大，Agent 获得的奖励折扣越小，越能推动 Agent 做出更大的让步，Agent 在选择劝说对象时也倾向于选择信任度更高的对方 Agent，同时，不同信任度 Agent 的情感劝说结果也可能不同。信任-时间折扣因子 $\varphi(X,i)$ 的公式为

$$\varphi(X,i) = X^{(T_{\max}-i)} \tag{2.33}$$

式中，$\varphi(X,i) \in [0,1]$；X 为 Agent 对对方 Agent 的信任度；i 为当前情感劝说轮次；$T_{\max}$ 为 Agent 所能接受的最大情感劝说轮次。

2.5.3　基于 Agent 的信任的情感劝说让步

当具有交易需求的买方 Agent 和卖方 Agent 希望购买或售卖产品时，买卖双方 Agent 需要就交易产品的属性如价格、质量等达成一致意见，当存在争端但又希望达成合作时，需要进行谈判，令 $P_b(m)$、$P_b(l)$、$P_a(m)$、$P_a(l)$ 分别为卖方 Agent 的最优值、卖方 Agent 的最劣值、买方 Agent 的最优值、买方 Agent 的最劣值。

1. 模型假设

对于买方 Agent 与卖方 Agent 的情感劝说让步过程，我们做出如下假设。

（1）买卖双方 Agent 仅在有必要劝说的前提下进行谈判：一是买方 Agent 或卖方 Agent 的信任度达到对方能接受的最低信任值；二是对于买方 Agent 来说，成本型属性满足 $P_b(l) \leqslant P_a(m) < P_b(m) \leqslant P_a(l)$，效益型属性满足 $P_a(l) \leqslant P_b(m) < P_a(m) \leqslant P_b(l)$。

（2）由于劝说环境的复杂性和不确定性，Agent 拥有不完全信息，即 Agent 对对方 Agent 的偏好、情感劝说策略等未知，通过首轮报价，Agent 得知对方 Agent 所能接受的最优值，对其所能接受的最劣值未知。

（3）情感劝说双方 Agent 在劝说前事先设定能够接受的最大劝说轮次，以最小者作为此次情感劝说的轮次限制，若达到该限制，双方 Agent 未达成一致，则认为情感劝说失败，若在未达到该限制的情况下情感劝说成功，则认为谈判成功。

（4）Agent 在对方 Agent 情感劝说的影响下进行让步，当达到自身所能接受的最劣值时，不再进行让步，继续以最劣值作为提议。

（5）Agent 在选择情感劝说策略时仅考虑自身的情感强度，并估算对方 Agent 就该情感劝说策略可能做出的让步，从而选择一个自认为最能影响对方 Agent 做出较大让步的情感劝说策略。

基于上述假设和情感劝说过程，建立买卖双方 Agent 的情感劝说让步流程图如图 2.7 所示。

2. Agent 的情感生成

已有研究指出，情感是人的需求是否获得满足的反映。在基于 Agent 的情感劝说中，买方 Agent（或卖方 Agent）会存在某种需求，在需求获得满足的同时，Agent 会产生情感。

定义 2.5　Agent 的情感产生：是对方的行为或提议是否达到 Agent 的期望的反映，通过一个多元组来表示，即

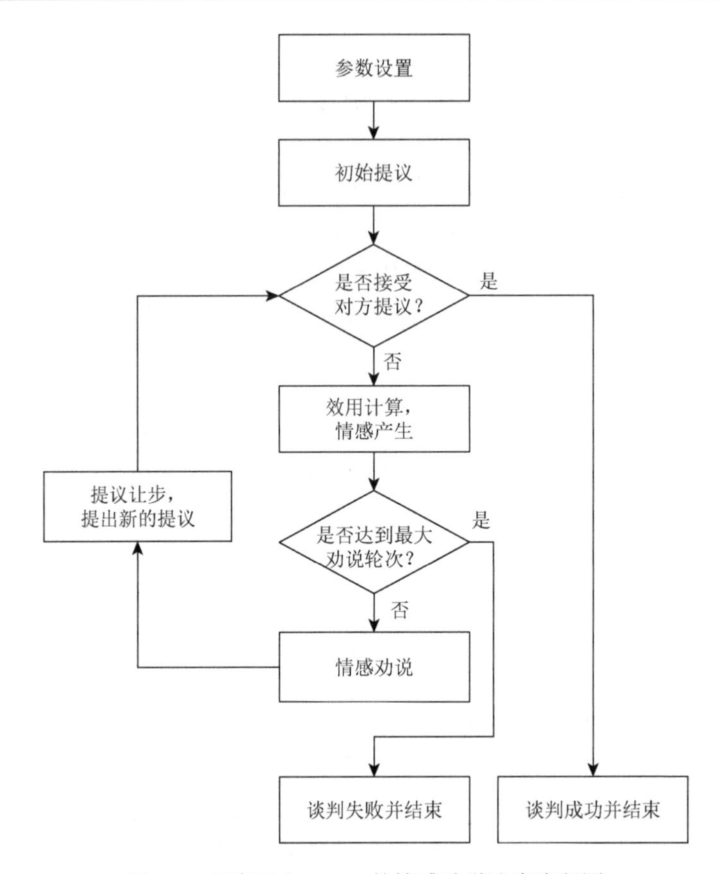

图 2.7　买卖双方 Agent 的情感劝说让步流程图

$$\text{Emotion}\quad E = < \text{Agent } a, \text{Agent } b, U_{\exp}, U_{\text{rea}}, E > \tag{2.34}$$

式中，Agent a 和 Agent b 为参与谈判的双方，假设 Agent a 为情感产生的主体；$U_{\exp}$ 为 Agent a 对 Agent b 表现的期望；U_{rea} 为 Agent b 的实际表现；E 为 Agent a 产生的情感，主要是 $U_{\exp}$ 和 U_{rea} 对比下的结果。在谈判过程中，对 Agent 刺激最大的就是对方 Agent 关于属性的提议，因此，情感的产生主要受到对方 Agent 提议的影响。

从上述模型来看，情感的产生与期望效用 $U_{\exp}$ 与实际效用 U_{rea} 有关。因此，可以通过这两个值计算 Agent 的情感：

$$E = U_{\text{rea}} - U_{\exp} \tag{2.35}$$

当 $U_{\text{rea}} > U_{\exp}$ 时，$E > 0$，产生正面情感；当 $U_{\text{rea}} < U_{\exp}$ 时，$E < 0$，产生负面情感；当 $U_{\text{rea}} = U_{\exp}$ 时，$E = 0$，产生中性情感。

定义 2.6　情感强度第一定律（仇德辉，2001）：情感强度与事物价值的相对差的对数成正比。

将该定律应用到基于 Agent 的信任的情感劝说的情感量化中，可得出 Agent 情感强度的计算公式如下：

$$\mu_e = k_m \ln(1 + \Delta x) \tag{2.36}$$

$$\Delta x = \frac{U_{\text{rea}} - U_{\text{exp}}}{U_{\text{exp}}} \tag{2.37}$$

式中，Δx 为 Agent 效用值的相对差；μ_e 为情感强度；k_m 为强度系数，效用的计算公式如下：

$$\begin{cases} U_{\text{rea}} = \sum_{j=1}^{n} \omega^j u_{\text{rea}}^j \\ U_{\text{exp}} = \sum_{j=1}^{n} \omega^j u_{\text{exp}}^j \end{cases} \tag{2.38}$$

$$u^j = \begin{cases} \dfrac{x^j - x_{\min}^j}{x_{\max}^j - x_{\min}^j}, & \text{效益型属性} \\ \dfrac{x_{\max}^j - x^j}{x_{\max}^j - x_{\min}^j}, & \text{成本型属性} \end{cases} \tag{2.39}$$

式中，ω^j 为属性 j 的权重；u_{rea}^j、u_{exp}^j 分别为属性 j 的实际效用和期望效用；x^j 为对方 Agent 的提议值或 Agent 的期望值，当 x^j 为对方 Agent 的提议值时，可根据式（2.38）计算实际效用；当 x^j 为 Agent 的期望值时，可根据式（2.38）计算 Agent 的期望效用；$x_{\max}^j$、$x_{\min}^j$ 分别为 Agent 所能接受的属性 j 的最大值和最小值。

3. 情感劝说策略及让步因子

定义 2.7　情感劝说策略：Agent 在谈判过程中为了促使对方 Agent 尽快做出让步、加速谈判进程而发出的情感劝说类型。

通过对已有文献进行梳理，本书将情感劝说类型分为诉苦型（孙华梅等，2014）、解释型（孙华梅等，2014）、类比型（孙华梅等，2014）、奖励型（伍京华等，2020b）、威胁型（伍京华等，2020b）、呼吁型（Santos et al.，2011）六种。

诉苦型情感劝说是指 Agent 诉说自己的难处、苦楚来进行劝说；解释型情感劝说是指 Agent 解释自己的提议，表达自己的理由；类比型情感劝说是指 Agent 将自己的提议或其他方面与对手进行比较来表达自己的优点；奖励型情感劝说是指 Agent 承诺给予对方 Agent 某种奖励以使对方做出让步；威胁型情感劝说是指 Agent 通过某种威胁迫使对方 Agent 做出让步；呼吁型情感劝说是指 Agent 通过呼吁过去的行为、目前流行的做法对对方 Agent 进行劝说。

情感劝说策略的选择是由 Agent 自身的情感强度决定的，受自身主观意识的影响，不同 Agent 在相同情况下情感劝说策略的选择结果可能不同，但每个 Agent 都有自己的选择规则。

定义 2.8 情感劝说让步因子：是指参与谈判的一方 Agent 在对方 Agent 的情感劝说的影响下产生的让步数量的倍数，记为$\alpha(0<\alpha<2)$。

在基于 Agent 的信任的情感劝说过程中，买方 Agent（或卖方 Agent）在收到对方提议的同时，也会收到对方的情感劝说，因此，买方 Agent 的让步幅度会受到对方情感劝说的影响，情感劝说让步因子正是对这一影响程度的量化。情感劝说让步因子可以分为三种情况：当$0<\alpha<1$时，Agent 缩小了让步幅度，情感劝说起到了消极作用；当$\alpha=1$时，Agent 的让步幅度不变；当$1<\alpha<2$时，说明 Agent 的让步幅度扩大，情感劝说起到了积极作用，但是为了保障自身的利益，Agent 的让步幅度扩大倍数不会超过 2。

4. 基于 Agent 的信任的情感劝说让步过程

买卖双方 Agent 需要就某属性进行情感劝说，双方初始提议为各自的最优值，即卖方 Agent 为$P_b(m)=P_b(1)$，买方 Agent 为$P_a(m)=P_a(1)$，情感劝说双方 Agent 在两者可接受的范围内不断提议，即$P_b(i)$在$[P_a(1),P_b(1)]$内不断降低（或增加），$P_a(i)$在$[P_b(1),P_a(1)]$内不断增加（或降低）。

在不完全信息的情况下，买卖双方 Agent 认为情感劝说成功时的提议值在各自初始提议区间内随机产生，谈判成功时提议值服从均匀分布，其概率密度分别为$p^b=\dfrac{1}{|P_b(1)-P_a(1)|}$和$p^a=\dfrac{1}{|P_a(1)-P_b(1)|}$，其中，$p^b$、$p^a$分别为卖方 Agent 和买方 Agent 认为情感劝说成功时的提议值在各自区间内产生的概率。在第i轮让步结束时，卖方 Agent 的收益为$r_b=|P_b(i)-P_a(1)|$，买方 Agent 的收益为$r_a=|P_b(1)-P_a(i)|$。

Q 学习算法是一种自学习算法，其基本原理是 Agent 感知外部环境，做出动作，并作用于环境，使环境状态发生改变，此时 Agent 会获得一个奖励值，Agent 获得该奖励值后会再次执行动作，改变状态，以实现奖励值的叠加，但是随着时间的推进，Agent 的奖励值会有一定的折扣（Rodriguez-Fernandez et al.，2019）。将该思想应用到基于 Agent 的信任的情感劝说让步过程中，当 Agent 每做出一次让步后，给予其一定的奖励值，通过叠加公式$Q_{t+1}(s_t,a_t)=r(s_t,a_t)+\gamma\max Q(s_{t+1},a_{t+1},s_t,a_t)$来实现奖励的叠加，其中$r(s_t,a_t)$表示当前状态下的奖励值，$Q(s_{t+1},a_{t+1},s_t,a_t)$表示状态转移获得的奖励值，$\gamma$表示时间折扣因子，表明谈判双方 Agent 通过让步获得的奖励随着时间在不断变化，$Q_{t+1}(s_t,a_t)$表示转移到下一个状态后获得的奖励值，Agent 的目标是获得最大的叠加奖励值。

若谈判属性对于卖方 Agent 来说是效益型属性，则有以下结论。

（1）卖方 Agent 劝说成功时获得的最大奖励值 Q_b 为

$$Q_b = \int_{P_a(1)}^{P_b(1)} (P^* - P_a(1)) p^b \mathrm{d}P^* \tag{2.40}$$

式中，P^* 为劝说成功时的属性值，在 $[P_a(1), P_b(1)]$ 或 $[P_b(1), P_a(1)]$ 上服从均匀分布；$P^* - P_a(1)$ 表示情感劝说成功时卖方 Agent 的收益（即奖励值）；p^b 表示情感劝说成功的概率，因此，卖方 Agent 劝说成功时获得的最大奖励值 Q_b 以式（2.40）的形式计算。

（2）买方 Agent 劝说成功时获得的最大奖励值 Q_a 为

$$Q_a = \int_{P_a(1)}^{P_b(1)} (P_b(1) - P^*) p^a \mathrm{d}P^* \tag{2.41}$$

若谈判属性对于卖方 Agent 来说是成本型属性，则有以下结论。

（1）卖方 Agent 劝说成功时获得的最大奖励值 Q_b 为

$$Q_b = \int_{P_b(1)}^{P_a(1)} (P_a(1) - P^*) p^b \mathrm{d}P^* \tag{2.42}$$

（2）买方 Agent 劝说成功时获得的最大奖励值 Q_a 为

$$Q_a = \int_{P_b(1)}^{P_a(1)} (P^* - P_b(1)) p^a \mathrm{d}P^* \tag{2.43}$$

随着情感劝说的进行，买卖双方 Agent 的提议区间在不断变化，当第 $i+1$ 轮时，提议在上一轮买卖双方 Agent 的提议区间内产生，即 $[P_a(i), P_b(i)]$（或 $[P_b(i), P_a(i)]$），因此第 $i+1$ 轮买方和卖方获得最大奖励值的概率为：$p = \dfrac{P_b(i) - P_a(i)}{P_b(1) - P_a(1)}$ $\left(\text{或 } p = \dfrac{P_a(i) - P_b(i)}{P_a(1) - P_b(1)}\right)$。

参与情感劝说的卖方 Agent 和买方 Agent 关于提议的让步（更新）函数如下。

若谈判属性对于卖方 Agent 来说是效益型属性，则有以下结论。

（1）卖方 Agent 第 $i+1$ 轮关于属性的提议为

$$P_b(i+1) = P_b(i) - \alpha_b \varphi(X_a, i) p Q_b = P_b(i) - \alpha_b \varphi(X_a, i) \left(\frac{P_b(i) - P_a(i)}{P_b(1) - P_a(1)} \right) \int_{P_a(1)}^{P_b(1)} (P^* - P_a(1)) p^b \mathrm{d}P^* \tag{2.44}$$

（2）买方 Agent 第 $i+1$ 轮关于属性的提议为

$$P_a(i+1) = P_a(i) + \alpha_a \varphi(X_b, i) p Q_a = P_a(i) + \alpha_a \varphi(X_b, i) \left(\frac{P_b(i) - P_a(i)}{P_b(1) - P_a(1)} \right) \int_{P_a(1)}^{P_b(1)} (P_b(1) - P^*) p^a \mathrm{d}P^* \tag{2.45}$$

若谈判属性对于卖方 Agent 来说是成本型属性，则有以下结论。

（1）卖方 Agent 第 $i+1$ 轮关于属性的提议为

$$P_b(i+1)=P_b(i)+\alpha_b\varphi(X_a,i)pQ_b=P_b(i)+\alpha_b\varphi(X_a,i)\left(\frac{P_a(i)-P_b(i)}{P_a(1)-P_b(1)}\right)\int_{P_b(1)}^{P_a(1)}(P_a(1)-P^*)p^b\mathrm{d}P^* \tag{2.46}$$

（2）买方 Agent 第 $i+1$ 轮关于属性的提议为

$$P_a(i+1)=P_a(i)-\alpha_a\varphi(X_b,i)pQ_a=P_a(i)-\alpha_a\varphi(X_b,i)\left(\frac{P_a(i)-P_b(i)}{P_a(1)-P_b(1)}\right)\int_{P_b(1)}^{P_a(1)}(P^*-P_b(1))p^a\mathrm{d}P^* \tag{2.47}$$

以式(2.47)为例，$P_a(i)$ 表示第 i 轮买方 Agent 的提议值，$\int_{P_b(1)}^{P_a(1)}(P^*-P_b(1))p^a\mathrm{d}P^*$ 为情感劝说成功时买方 Agent 所能获得的最大奖励值，$\frac{P_a(i)-P_b(i)}{P_a(1)-P_b(1)}$ 表示第 $i+1$ 轮情感劝说成功的概率，也是获得最大奖励值的概率，$\varphi(X_a,i)$ 和 $\varphi(X_b,i)$ 分别表示买方 Agent 和卖方 Agent 的信任-时间折扣因子，α_a、α_b 分别表示买方 Agent 和卖方 Agent 在对方情感劝说影响下的让步因子。

考虑到现实情况，买卖双方 Agent 的提议可能相近但不一定相等，因此为了避免不必要的时间浪费，尽快达成一致意见，设定以下结束规则。

若卖方 Agent 和买方 Agent 经过多次情感劝说后，当各个属性的提议之差都小于 $\eta=\frac{|P_a(1)-P_b(1)|}{3T_{\max}}$ 时，则劝说成功，最终的成交值为

$$P^*=\frac{P_b(i)+P_a(i)}{2},\quad i=1,2,\cdots,T \tag{2.48}$$

2.5.4　算例分析

1. 算例

为了对上述模型进行阐述，假设煤炭供应链上的采购商（买方 Agent a）和供应商（卖方 Agent b）正在就无烟煤产品进行谈判，谈判的产品属性为价格和质量，Agent a 与 Agent b 具有直接交互记录，同时连接它们的关系网络如图 2.8 所示，即 Agent a 与 Agent m 具有直接交互记录、Agent m 和 Agent n 具有直接交互记录、Agent n 和 Agent b 具有直接交互记录，这些交互关系每一次历史交互建立的信任度如表 2.21 所示。

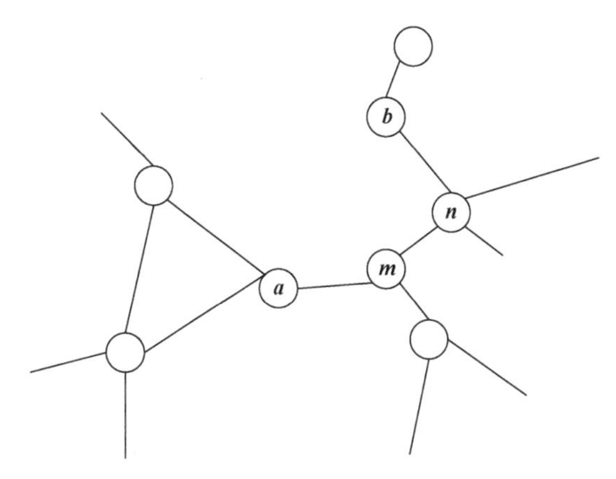

图 2.8　Agent 关系网络

表 2.21　Agent 之间的历史交互情况

交互 Agent	交互次数，交互时间距当前时间间隔，产生的信任度	直接信任度
Agent a 和 Agent b	[1, 30, 0.88]；[2, 90, 0.85]；[3, 180, 0.76]	0.847
Agent a 和 Agent m	[1, 45, 0.92]；[2, 68, 0.87]；[3, 100, 0.88]	0.893
Agent m 和 Agent n	[1, 35, 0.85]；[2, 70, 0.82]；[3, 90, 0.84]	0.838
Agent n 和 Agent b	[1, 25, 0.86]；[2, 54, 0.88]；[3, 160, 0.89]	0.872

因此，Agent a 与 Agent b 之间的直接信任度为 0.847，Agent a 对 Agent b 的间接信任度为 0.616，Agent a 对 Agent b 的综合信任度为 0.750；Agent b 对 Agent a 的间接信任度为 0.613，Agent b 对 Agent a 的综合信任度为 0.749。

Agent a 和 Agent b 的各指标值如表 2.22 所示，情感劝说策略选择规则及情感劝说让步因子如表 2.23 和表 2.24 所示。

表 2.22　Agent a 和 Agent b 的各指标值

指标	Agent a		Agent b	
	价格	质量	价格	质量
权重	0.4	0.6	0.5	0.5
提议最小值	40	60	36	65
提议最大值	70	92	68	98
提议期望值	55	78	50	80
最大劝说轮次	15		15	

表 2.23 Agent *a* 和 Agent *b* 的情感劝说策略选择规则

情感强度	Agent *a*	Agent *b*
[−1, −0.5)	威胁型	诉苦型
[−0.5, 0)	呼吁型	奖励型
[0, 0.5)	类比型	解释型
[0.5, 1]	解释型	类比型

表 2.24 情感劝说让步因子

买卖双方	奖励型	类比型	呼吁型	诉苦型	威胁型	解释型
买方 Agent	1.4	1.2	1.1	1.5	0.9	1.35
卖方 Agent	1.28	1.3	1.45	1.2	1.6	1.15

由表 2.22 可知，就价格和质量而言，Agent *a* 和 Agent *b* 存在可谈判空间，且谈判的终止轮次为 10 轮。首轮谈判中，双方 Agent 都不进行情感劝说，直接给出自己的提议，Agent *a* 的价格提议值为 40，质量提议值为 92，Agent *b* 的价格提议值为 68，质量提议值为 65，Agent *a* 和 Agent *b* 收到对方的提议后，分别进行效用和情感强度的计算。

对于 Agent *a*，期望效用为

$$U_{\text{exp}}^{a}=0.4\times\frac{70-55}{70-40}+0.6\times\frac{78-60}{92-60}\approx 0.538$$

Agent *b* 提议的实际效用为

$$U_{\text{rea}}^{b}=0.4\times\frac{70-68}{70-40}+0.6\times\frac{65-60}{92-60}\approx 0.120$$

情感强度为

$$\mu_{e}^{b}=k_{m}\ln(1+\Delta U)=1\times\lg\left(1+\frac{0.120-0.538}{0.538}\right)\approx -0.650$$

对于 Agent *b*，期望效用为

$$U_{\text{exp}}^{b}=0.5\times\frac{50-36}{68-36}+0.5\times\frac{98-80}{98-65}\approx 0.491$$

Agent *a* 提议的实际效用为

$$U_{\text{rea}}^{a}=0.5\times\frac{40-36}{68-36}+0.5\times\frac{98-92}{98-65}\approx 0.153$$

情感强度为

$$\mu_e^a = k_m \ln(1+\Delta U) = 1\times \lg\left(1+\frac{0.153-0.491}{0.491}\right) \approx -0.506$$

因此，根据表 2.23 的情感劝说策略选择规则，Agent a 对 Agent b 采取威胁型情感劝说，Agent b 对 Agent a 采取诉苦型情感劝说，收到对方的情感劝说后，Agent a 和 Agent b 分别做出相应的让步，计算让步后的提议分别为

$$P_a^{价格}(2) = 40 + 1.5\times\varphi(0.750,1)\times\frac{68-40}{68-40}\int_{40}^{68}(68-P^*)\frac{1}{68-40}\mathrm{d}P^* \approx 41.569$$

$$P_b^{价格}(2) = 68 - 1.6\times\varphi(0.749,1)\times\frac{68-40}{68-40}\int_{40}^{68}(P^*-40)\frac{1}{68-40}\mathrm{d}P^* = 66.348$$

$$P_a^{质量}(2) = 92 - 1.5\times\varphi(0.750,1)\times\frac{92-65}{92-65}\int_{65}^{92}(P^*-65)\frac{1}{92-65}\mathrm{d}P^* = 90.487$$

$$P_b^{质量}(2) = 65 + 1.6\times\varphi(0.749,1)\times\frac{92-65}{92-65}\int_{65}^{92}(92-P^*)\frac{1}{92-65}\mathrm{d}P^* = 66.593$$

因此，双方还未达成一致，继续进行情感劝说，以此类推，Agent a 和 Agent b 接下来情感劝说让步过程的结果如表 2.25、表 2.26 及图 2.9、图 2.10 所示。Agent a 和 Agent b 关于价格和质量情感劝说结束并成功的条件为

$$\left|P_a^{价格} - P_b^{价格}\right| < 0.933 \quad 且 \quad \left|P_a^{质量} - P_b^{质量}\right| < 0.900$$

当情感劝说到第 9 轮时，Agent a 与 Agent b 关于价格和质量的提议均达到终止条件，此时情感劝说成功，成交值为双方提议值均值，即价格交易值为 53.753，质量交易值为 78.738。

表 2.25　Agent *a* 和 Agent *b* 关于价格的情感劝说让步过程

劝说轮次	价格提议值		价格提议效用		情感强度		情感劝说策略	
	Agent *a*	Agent *b*	Agent *a*	Agent *b*	Agent *a*	Agent *b*	Agent *a*	Agent *b*
1	40.000	68.000	0.125	0.067	−0.650	−0.506	无	无
2	41.569	66.348	0.174	0.122	−0.494	−0.389	威胁型	诉苦型
3	43.299	64.578	0.228	0.181	−0.373	−0.288	呼吁型	奖励型
4	45.280	62.547	0.290	0.248	−0.265	−0.196	呼吁型	奖励型
5	47.424	60.345	0.357	0.322	−0.173	−0.114	呼吁型	奖励型
6	49.565	58.144	0.424	0.395	−0.097	−0.045	呼吁型	奖励型

续表

劝说轮次	价格提议值		价格提议效用		情感强度		情感劝说策略	
	Agent *a*	Agent *b*	Agent *a*	Agent *b*	Agent *a*	Agent *b*	Agent *a*	Agent *b*
7	51.461	56.191	0.483	0.460	–0.039	0.007	呼吁型	奖励型
8	52.806	54.753	0.525	0.508	–0.001	0.041	呼吁型	解释型
9	53.544	53.962	0.548	0.535	0.019	0.059	呼吁型	解释型

表 2.26　Agent *a* 和 Agent *b* 关于质量的情感劝说让步过程

劝说轮次	质量提议值		质量提议效用		情感强度		情感劝说策略	
	Agent *a*	Agent *b*	Agent *a*	Agent *b*	Agent *a*	Agent *b*	Agent *a*	Agent *b*
1	92.000	65.000	0.182	0.156	–0.650	–0.506	无	无
2	90.487	66.593	0.228	0.206	–0.494	–0.389	威胁型	诉苦型
3	88.819	68.300	0.278	0.259	–0.373	–0.288	呼吁型	奖励型
4	86.909	70.259	0.336	0.321	–0.265	–0.196	呼吁型	奖励型
5	84.841	72.382	0.399	0.387	–0.173	–0.114	呼吁型	奖励型
6	82.777	74.504	0.461	0.453	–0.097	–0.045	呼吁型	奖励型
7	80.948	76.387	0.517	0.512	–0.039	0.007	呼吁型	奖励型
8	79.651	77.774	0.556	0.555	–0.001	0.041	呼吁型	解释型
9	78.939	78.537	0.578	0.579	0.019	0.059	呼吁型	解释型

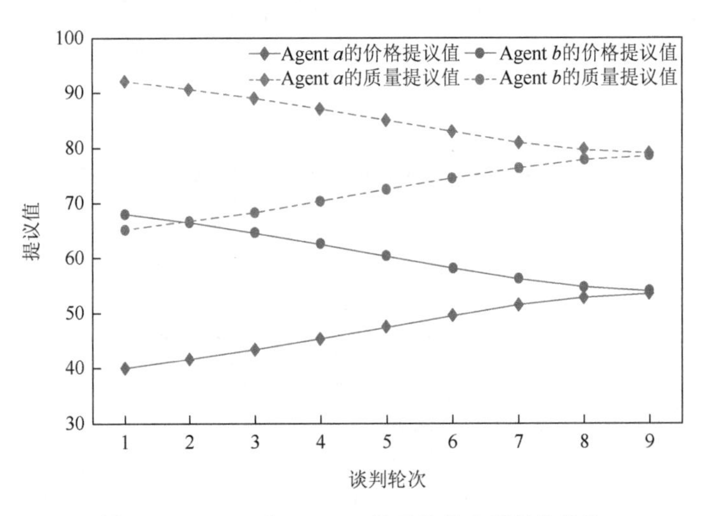

图 2.9　Agent *a* 和 Agent *b* 关于价格和质量的提议

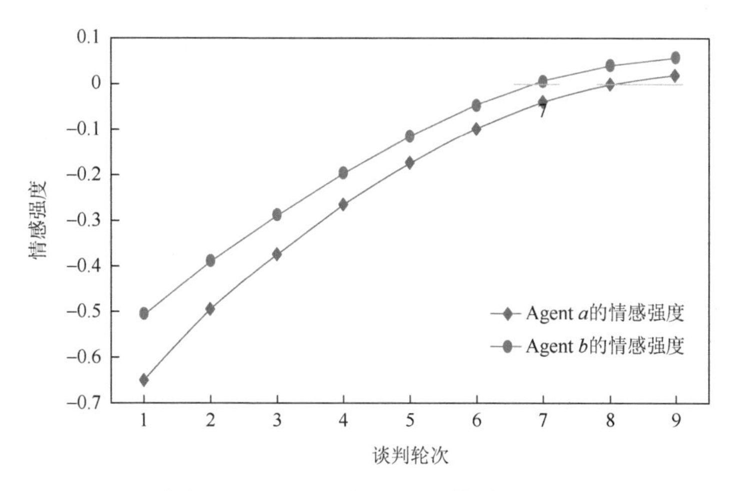

图 2.10　Agent *a* 和 Agent *b* 的情感强度

上述情感劝说过程可以归纳为以下三点。

（1）由表 2.25、表 2.26 和图 2.9 可以看出，Agent *a* 和 Agent *b* 在情感劝说过程中就价格和质量的提议都在不断让步，并且关于价格提议和质量提议的差距都在不断缩小，直至第 9 轮提议差距达到情感劝说的终止条件，同时情感劝说次数在谈判 Agent 双方可接受的次数之内，此时情感劝说成功，买方 Agent *a* 和卖方 Agent *b* 达成合作。

（2）从表 2.25、表 2.26 和图 2.10 可以看出，随着情感劝说的推进，Agent *a* 所产生的情感强度逐渐由负值转为正值。Agent *a* 在前 8 轮产生的是负向情感，说明 Agent *b* 提议的实际效用未达到 Agent *a* 的期望效用，直至第 9 轮产生了正向情感，说明在第 9 轮 Agent *b* 提议的实际效用超过了 Agent *a* 的期望效用。

（3）从表 2.25、表 2.26 和图 2.10 可以看出，与 Agent *a* 的情况类似，随着情感劝说的推进，Agent *b* 所产生的情感强度逐渐由负值转为正值。但是相较于 Agent *a*，Agent *b* 在前 6 轮产生的是负向情感，在第 7 轮就产生了正向情感，说明 Agent *a* 提议的实际效用相对较早地超过了 Agent *b* 的期望效用。

2. 分析

1）不同信任度下情感劝说结果的比较分析

买方或卖方 Agent 的信任度不同，那么信任-时间折扣因子对情感劝说让步的影响也就不同，可能会导致不同的情感劝说结果，保持其他参数不变，分别调整 Agent *a* 和 Agent *b* 的信任度，对情感劝说结果进行比较，具体如表 2.27 所示。

表 2.27　不同信任度下情感劝说结果的比较

组别	信任度		情感劝说轮次	价格交易值	质量交易值	提议综合效用	
	Agent *a*	Agent *b*				Agent *a*	Agent *b*
本节算例	0.749	0.750	9	53.753	78.738	0.563	0.561
第 1 组	0.749	0.680	10	50.598	81.781	0.473	0.666
第 2 组	0.749	0.850	8	59.327	73.363	0.731	0.386
第 3 组	0.680	0.750	10	57.040	75.569	0.669	0.465
第 4 组	0.850	0.750	8	48.295	84.002	0.397	0.732
第 5 组	0.85	0.85	7	53.681	78.808	0.562	0.565
第 6 组	0.68	0.68	10	53.734	78.756	0.566	0.565

根据表 2.27，信任度不同时，情感劝说结果的分析归纳为以下几点。

（1）当 Agent *a* 或 Agent *b* 的信任度变化时，所需要进行的情感劝说轮次可能不同，买卖双方 Agent 的信任度越高，所需的情感劝说轮次越少，即情感劝说效率越高，例如，Agent *a* 和 Agent *b* 的信任度均为 0.85 时，仅需 7 轮即可情感劝说成功；当 Agent *a* 或 Agent *b* 的信任度较低时，情感劝说较难成功，即情感劝说效率较低。

（2）通过比较本节算例、第 1 组、第 2 组数据可以看出，当 Agent *a* 选择情感劝说对象的信任度较高时，情感劝说较容易成功，但是，劝说对象信任度越高，Agent 越容易做出更多的让步，情感劝说结果越有利于对方 Agent，所获得的综合效用也越低，因此，Agent 在选择劝说对象时应根据自身需求选择信任度合适的谈判对手。

（3）通过比较本节算例、第 5 组、第 6 组数据可以看出，当 Agent *a* 和 Agent *b* 的信任度相当时，情感劝说成功时的交易值可能也相当，但是所需的情感劝说轮次却不一样，即情感劝说效率会不同。

2）与经典 Q 学习算法的比较

在经典 Q 学习算法中，时间折扣因子通常表示为γ，γ是一个固定值，对于买方 Agent 和卖方 Agent 来说是一样的。依然采用算例中的数据，将经典 Q 学习算法与本节模型的结果进行比较，如表 2.28 所示。

表 2.28　本节模型与经典 Q 学习算法的比较

组别	参数（折扣因子）	情感劝说轮次	价格交易值	质量交易值	提议综合效用	
					Agent *a*	Agent *b*
本节模型	$X^{(T_{\max}-i)}$	9	53.753	78.738	0.563	0.561

续表

组别		参数（折扣因子）	情感劝说轮次	价格交易值	质量交易值	提议综合效用	
						Agent a	Agent b
经典 Q 学习算法	1	0.1	失败	—	—	—	—
	2	0.2	失败	—	—	—	—
	3	0.3	8	53.653	78.834	0.557	0.562
	4	0.4	6	53.656	78.851	0.559	0.565
	5	0.5	4	53.622	78.865	0.556	0.562

根据表 2.28，关于本节模型和经典 Q 学习算法所得的情感劝说结果的分析可以归纳为以下几点。

（1）经典 Q 学习算法未考虑信任的影响，参数 γ 为固定值，当 γ 取值较大时，虽然能够较快地达成一致意见、减少劝说次数，但此时每轮让步中 Agent 的让步幅度也大大增加，可能导致自身的利益受损，因此风险也随之增加；当 γ 取值较小时，会出现达到最大劝说轮次时谈判 Agent 双方仍未达成一致意见的情况，导致劝说失败；因此，应用经典 Q 学习算法需要考虑 γ 如何取合适的值才能保证获得最合理有效的谈判结果。

（2）本节模型考虑了 Agent 的信任，根据对方 Agent 的信任计算信任-时间让步因子，让步幅度的调整主要依据对方 Agent 的信任度决定，当对方 Agent 的信任度较大时，Agent 会做出较大幅度的让步，促进情感劝说尽快达成一致意见，提高谈判效率；反之，Agent 则会缩小让步幅度，谨慎让步，以求获得对自身更有利的谈判结果。与采用经典 Q 学习算法中固定的时间折扣因子相比，本节模型的灵活性更强，且更贴合实际。

3）与其他改进 Q 学习算法的比较

Chen 等（2014）对 Q 学习算法进行了改进，提出了时间信念函数，以时间的动态变化来计算折扣率，其表达式分为单调减函数（$\text{bfs}=1-i/T_{\max}$）、常函数（$\text{bfs}=0.5$）、单调增函数（$\text{bfs}=i/T_{\max}$），下面运用该文献中提出的时间信念函数进行计算，与本节模型进行比较，如表 2.29 所示。

表 2.29　本节模型与改进 Q 学习算法的比较

组别	参数（折扣因子）	情感劝说轮次	价格交易值	质量交易值	提议综合效用	
					Agent a	Agent b
本节算例	$X^{(T_{\max}-i)}$	9	53.753	78.738	0.563	0.561

续表

组别	参数（折扣因子）	情感劝说轮次	价格交易值	质量交易值	提议综合效用	
					Agent a	Agent b
Chen 等（2014）的算法	$1-i/T_{\max}$	2	53.37	79.108	0.558	0.580
	0.5	4	53.622	78.865	0.556	0.562
	$i/T_{\max}$	7	53.716	78.774	0.564	0.565

根据表 2.29，关于本节模型和 Chen 等（2014）的模型所得的情感劝说结果的分析可以归纳为以下几点。

（1）Chen 等（2014）虽然对 Q 学习算法中的时间折扣因子进行了改进，表达了时间动态影响的思想，但是，当采用 $\text{bfs}=1-i/T_{\max}$ 计算时间折扣因子时，仅需两轮即可谈判成功，会大大降低 Agent 的利益，可见通过这一表达式设定时间折扣因子是不合理的。

（2）当采用常数 0.5 表示时间折扣因子时，与经典 Q 学习算法一样，无法动态表达时间的折扣影响，与本节提出的信任和时间联合影响折扣率的方式相比，存在不够灵活的缺点。

（3）采用单调增函数 $\text{bfs}=i/T_{\max}$ 表示时间折扣因子时，与本节模型获得的结果类似，但是买方 Agent 和卖方 Agent 的时间折扣因子是一样的，没有区分，而本节提出的信任-时间折扣因子会因买卖双方 Agent 信任度的不同而有所差异，更符合 Agent 的实际需求，更具合理性。

2.6　本 章 小 结

情感是人类思想的重要组成部分（Castellanos et al.，2018），影响人的推理、决策等行为。信任是商品或服务交易的重要前提，任何买方与卖方产生的利益交换都是以信任为基础的。同时，情感是人工智能的重要组成部分，信任问题也是在开放的 Agent 系统中遇到的较为棘手的问题，两者在整个劝说过程中深深地影响着最后的决策行为。虽然有许多学者已经意识到信任在谈判中起到的重要作用，并且也已经进行了不同程度的探索，但将 Agent 的信任、情感和劝说三者结合起来进行深入系统研究的还较少，导致提出的模型或方法仅适用于某一单一领域或其中的某个环节，因此难以体现出较好的实际应用价值，需进一步深入。

本章在以上研究的基础上，对基于 Agent 的信任概念、分类以及 Agent 的关系网络进行了梳理，构建了基于 Agent 的信任识别模型。在提出的信任识别模型基础上，进一步将信任考虑到基于 Agent 的情感劝说过程中，提出了基于 Agent 的信任的情感劝说让步模型，并且均通过相应的算例和算法对所提出的模型进行了阐述和验证。本章的研究工作进一步发挥了 Agent 在劝说中所具有的知识、经验、技能等人工智能优势，不仅能提高谈判效率，还能充分保障谈判质量。

本章的研究是对信任在基于 Agent 情感劝说中的作用及影响的初步探索，并且主要通过数值实验来检验所提的各个模型的有效性。下一步的研究工作将考虑采用实验室实验来收集数据，以进一步验证和分析提出的模型。

第 3 章　基于 Agent 的映射的情感劝说

随着人工智能技术的发展，人机交互方式越来越向着人类自然交互的方向发展，但传统的人机交互方式是机械化的，难以满足现在的需求。情感计算技术的引入，可以让机器像人一样观察、理解和表达各种情感特征，就能在互动中与人发生情感上的交流，从而使人与机器交流得更加自然、亲切和生动，让人产生依赖感，所以情感计算及其在人机交互中的应用将是人工智能领域中一个重要的研究方向。Agent 作为一种具有智能性的实体结构，能模拟人类的情感和行为方式，具有很高的应用研究价值。如何将情感与劝说建立映射联系是本章模型的关键内容，但是目前该领域研究中存在情感因素欠缺定量测度以及情感与劝说过程联系薄弱的问题，因此本章着重于通过建立量化的情感与劝说之间的合理映射来实现提升情感劝说效率的目的，系统、全面地研究以 Agent 为基础，以映射方法为手段的劝说模型。首先依据性格、心情、情绪、情感等相关理论，建立“性格—心情”映射模型、“心情—情绪”映射模型、“情绪—情感”映射模型、“情感—情感偏好隶属度”和“情感偏好隶属度—情感劝说”的逐层映射模型。其次根据情感层次映射，分别研究策略模型/提议产生及更新模型。最后在以上研究的基础上进一步研究基于 Agent 的映射的情感劝说提议策略模型、评价模型、让步模型。将基于 Agent 的情感、映射与劝说三者结合进行系统研究，构建的模型能将管理中的不确定性问题科学、合理地转化成企业各方都乐于接受的确定性问题，如情感引发的不确定性等，这不仅是对基于 Agent 的情感劝说的进一步研究，而且丰富了商务智能领域的理论研究。

3.1　映 射 理 论

映射在定义上有照射、反映的意思，在数学上则表示一种对应关系，映射在不同的领域有很多的名称，如函数、算子等，但它们的本质是相同的。本书采用数学上关于映射的定义，不同领域也有很多关于映射方法的研究，学科不同，映射方法的应用也不尽相同，例如，计算机领域的全相联、组相联、直接相联的三种映射方法；物理领域的空间映射；地理建筑领域的纹理映射等。各个领域针对不同问题的建模都有常用的映射方法，心理学中关于情感产生的研究常采用层次映射方法。本节主要对与本书研究相关的映射方法进行介绍。

映射指两个元素集之间的元素相互“对应”的关系，在数学及相关的领域经常等同于函数。映射的定义为：两个非空集合 A 与 B 之间存在着对应关系 f，且对于 A 中的每一个元素 a，B 中总有唯一的一个元素 b 与它对应，这种对应为从 A 到 B 的映射，记作 f：$A\rightarrow B$。

层次映射指的是不同元素或不同模型之间按照逐层对照所形成的对应关系。例如，姓名 + 年龄 + 居住地→具体某个人的映射，或者爷爷→爸爸→孙子这种亲子关系的逐层映射。随着机器学习算法的发展，各领域都产生了可应用的映射算法，如研究最优决策的映射算法。

将映射的方法应用到情感的产生以及劝说的产生中，包括情感到情感劝说的映射方式和映射结果，是基于 Agent 的映射的情感劝说的主要研究内容。因此，本书利用映射方法对情感的产生过程进行量化，并用映射的方法将情感量化模型与劝说结合起来。关于映射对情感产生的影响，Kshirsagar（2002）提出一个基于矩阵的“性格—心情—情感—表情”层次映射情感模型，其利用映射的情感产生方式得到了后来研究人员的一致认可。根据心理学中对情感产生的研究，情感的产生不仅受情绪的直接影响，而且受性格和心情的间接影响，表现出明显的层次特征。层次映射是刻画这种层级关系的有效方法，因此本书利用层次映射的方式描述从性格到情绪再到情感的映射模型，得到量化后的情感，从而能够更加细致地刻画情感产生的过程。另外，人类决策过程不仅受到情感的影响，还会受到基于情感所产生的偏好（情感偏好隶属度）的影响。Yoon 等（2018）将情感偏好定义为在特定环境中对有用情感的选择倾向。现有研究已经将情感偏好应用到科研算法、社会心理、医学心理和决策系统等领域，但是目前将其应用到商务谈判领域的研究较少。在商务谈判场景下，人们可以根据自身预判，选择对谈判结果有促进作用的情感，从而促进合作的达成。映射作为一种科学的对应关系，是科学研究中比较常用的方法，情感和情感偏好之间的关系最适合用线性映射表示。

3.2　基于 Agent 的映射的情感产生过程介绍

情感是用来区别高级生物与机器人的十分重要的一点，情感对于人类的行为决策的产生有着十分重要的影响。人们通常认为情感是非理性的，它和理性是对立的关系，认为情感对理性决策有负面的作用。但是在相关科学研究深入发展的过程中揭示了情感对人类的理性决策、行为认知既有积极影响也有消极作用，其影响既复杂又很有研究价值。现有研究表明，利用智能技术对情感进行模拟仿真能够做到在获得更快的速度和更高的效率的同时，让机器表现出人类所特有的思维创造力。但是，情感不是孤立的现象，文献表明，情感加工的机制会受到性格、心情和情绪等因素的影响。

在整个以 Agent 智能体技术和映射方法为基础的情感劝说过程中，每轮发起情感劝说的 Agent 应首先产生合理的情感劝说提议，产生的情感劝说提议推动着情感劝说的顺利进行，一个好的情感劝说提议可以促进情感劝说流程顺利且快速完成，既能表明 Agent 自身的立场，又能在一定程度上对对方 Agent 形成刺激，以此达到劝说成功的目的。因此，提议的产生是一个重要阶段，研究情感劝说提议的产生对整个谈判过程的完成有着关键性的影响。情感劝说的 Agent 在产生情感劝说提议后，并不能确定此提议是不是当前轮次对自身来说最优的提议，因此需要对该情感劝说提议进行评价，若评价得出该情感劝说提议为最优提议，则接受该提议；若评价得出该情感劝说提议并不是最优提议，则对该提议进行修正。以此往复，从而促进整个情感劝说过程快速、高效地进行。

本书主要根据心理学中情感的产生机理，研究并得到了基于 Agent 技术和映射方法的情感产生模型。首先，依据性格、心情、情绪、情感的相关理论，结合层次分析法和 Agent 性格参数，建立基于 P-GMM 的 Agent“性格—心情”映射模型；然后，利用 PAD 三维心情空间模型和用于商务谈判的情绪模型，通过距离归一化获得修正矩阵，构建基于修正矩阵的代理主体“心情—情绪”模型；最后，结合上述两个情感映射模型，并根据 Ekman（1982）的情感分类和情绪调节，利用熵值法，构建了基于代理主体的“情绪—情感”模型，从而构成了由三组逐层映射得到的基于 Agent 的映射的情感产生。

3.2.1 基于 Agent 的“性格—心情”的映射

目前已经有关于“性格—心情”的对应关系模型的研究基础，本书结合层次分析法，以韩晶等（2018）提出的基于高斯混合模型（Gaussian mixture model，GMM）的增量式情感映射模型为研究基础，建立基于 P-GMM 的“性格—心情”映射模型。主要方法是，围绕大五性格模型的五个维度，加入性格因素的个性化参数，利用高斯混合模型建立“性格—心情”情感映射模型。相关的层次分析结构逻辑原理见图 3.1，图中的底层是用 $P=[P_1, P_2, P_3, P_4, P_5]$ 表示的 Agent 性格特征，中间层是 Agent 的性格和心情的关联关系，顶层是心情特征的属性。

本节首先使用性格量表对多个 Agent 主体进行多次性格测试，得到一组 OCEAN 性格数据作为后续实验的样本，然后利用最小二乘法对得到的实验样本进行参数估计，进而得到一组数据作为性格参数（宿翀和李宏光，2012）。然后本节依照加入性格因素的 GMM 通过下述公式计算出心情的属性值 P_e，并综合考虑 Agent 的情绪经历 m_0，通过计算得出更新后的心情 $\overline{P_e}$。模型具体的计算过程如下。

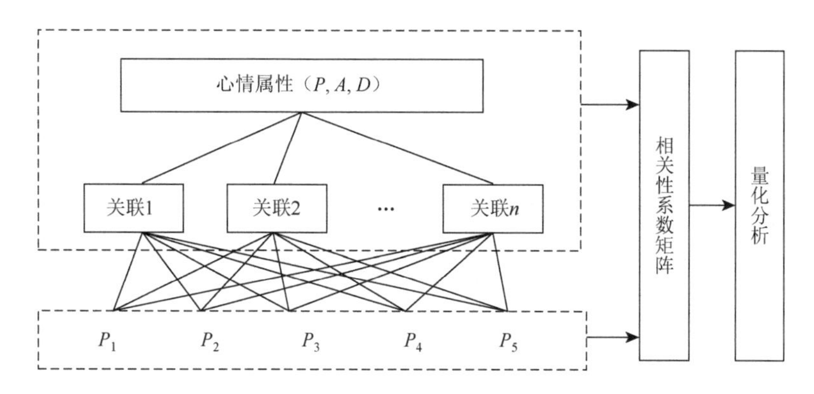

图 3.1　性格—心情层次分析结构

（1）用最小二乘法估计基础实验样本，如式（3.1）所示：

$$M_e^{\mathrm{T}} = (m_1, m_2, \cdots, m_N), \quad m_i \in (0,1), i \in [1, N] \tag{3.1}$$

式中，$M_e = \{m_i \mid i = 1, 2, \cdots, N\}$ 是用来表示情绪的一个向量；m_i 为谈判主体的各个维度的情绪类型强度；N 为整个实验样本的样本量。

（2）本节可以用式（3.2）来表示 Agent 的性格和心情之间的线性关系，其中 $\alpha_e^{\mathrm{T}} = [\alpha_1, \alpha_2, \alpha_3, \alpha_4, \alpha_5]$ 是 Agent 的性格特征向量，ε 是设定的实验误差向量，$\omega_{ei}^{\mathrm{T}} = \left[\omega_{P_{ei}}, \omega_{A_{ei}}, \omega_{D_{ei}}\right]$ 的元素是权重向量；$P_e^{\mathrm{T}} = [P, A, D]$ 是 Agent 的心情向量：

$$P_e = \begin{bmatrix} P \\ A \\ D \end{bmatrix} = \omega_{ei} \cdot O_e + \varepsilon_{P_e} = \begin{bmatrix} \omega_{P_{ei}} \\ \omega_{A_{ei}} \\ \omega_{D_{ei}} \end{bmatrix} \cdot \begin{bmatrix} \alpha_1 \\ \alpha_2 \\ \alpha_3 \\ \alpha_4 \\ \alpha_5 \end{bmatrix} + \begin{bmatrix} \varepsilon_P \\ \varepsilon_A \\ \varepsilon_D \end{bmatrix} \tag{3.2}$$

（3）本节根据 Scherer（2005）的研究将 Agent 的性格参数 ρ_{P_e} 进行了式（3.3）所示的规定，其中，$k_{P_{P_e}}$ 的取值范围为（0，1）内的任意数值，代表了认知强度系数：

$$\rho_{P_e} = k_{P_{P_e}} \cdot \sum_{i=1}^{5} \varpi_{P_{ei}} \cdot \alpha_i, \quad P_e = P, A, D \tag{3.3}$$

式中，$\varpi_{P_{ei}}$ 为性格权重；P_e 为 Agent 的心情状态。

（4）根据 GMM，Agent 在第 k 类心情上的概率是由式（3.4）计算出来的。其中，本节可以从伍京华等（2011b）的研究中得到 $\mu_{P_e k} = (\mu_{pk}, \mu_{ak}, \mu_{dk})$ 的取值：

$$P_{P_e k} = \left|\rho_{P_e} - \mu_{P_e k}\right| \Big/ \sum_{i=1}^{K} \left|\rho_{P_e} - \mu_{P_e i}\right| \tag{3.4}$$

为了更精确地把心情值映射出来，本节用 $\mu_{P_e i}$ 和 $\mu_{P_e j}$ 表示 GMM 概率中取值最大的心情坐标值，Agent 的初始心情的值计算式如式（3.5）所示：

$$P_0 = \mu_{pi} + \frac{\hat{P}_{pj} \cdot (\mu_{pj} - \mu_{pi})}{\hat{P}_{pi} + \hat{P}_{pj}}, \quad A_0 = \mu_{ai} + \frac{\hat{P}_{aj} \cdot (\mu_{aj} - \mu_{ai})}{\hat{P}_{ai} + \hat{P}_{aj}}, \quad D_0 = \mu_{di} + \frac{\hat{P}_{dj} \cdot (\mu_{dj} - \mu_{di})}{\hat{P}_{di} + \hat{P}_{dj}} \tag{3.5}$$

式中，P_0 为 PAD 模型中初始 P 值；A_0 为 PAD 模型中初始 A 值；D_0 为 PAD 模型中初始 D 值；$\hat{P}_{pj}$ 为取值最大的心情坐标中 P 值的概率；$\hat{P}_{aj}$ 为取值最大的心情坐标中 A 值的概率；$\hat{P}_{dj}$ 为取值最大的心情坐标中 D 值的概率。

（5）初始心情的后续更新。万超岗等（2008）利用随机图对心情的变化进行了初步研究，据其研究结果，谈判中 Agent 的初始心情 P_{e0} 与主体的初始情绪 m_0 状况有关（Jiang and Vidal，2007），因此，本节定义心情的更新公式如式（3.6）所示。其中，P_e 是心情更新完成之后的特征值，ω_1 和 ω_2 分别是初始心情和情绪经历对更新过程的影响权重，$\omega_1+\omega_2=1$，m_0 是初始情绪，它的取值是映射矩阵中初始情绪所对应的 PAD 心情值：

$$P_e = \omega_1 P_{e0} + \omega_2 m_0 \tag{3.6}$$

3.2.2 基于 Agent 的“心情—情绪”的映射

本节使用用于商务谈判的情绪模型来描述 Agent 的情绪，根据相关研究，基本情绪状态与 PAD 立体理论空间中的某一个点是一一对应的关系，这也间接说明了情绪和心情之间的关系。本节通过对自动化商务智能谈判场景特点进行分析，从中选择了 12 种最合适的情绪类型。已有研究中的 PAD 与用于商务谈判的情绪模型之间的转换矩阵 Π 如式（3.7）所示：

$$\Pi = \left\{\pi_{ij}\right\}_{3\times 12} \tag{3.7}$$

式中，π_{ij} 表示矩阵 3 行 12 列的每一个元素值，i 表示第 i 行，j 表示第 j 列。

通过 3.1 节的描述可知，(P, A, D) 是心情特征的坐标值，为了对以上的转换矩阵进行改进，本书量化表示了心情特征与用于商务谈判的情绪模型中 12 种基本情绪状态之间的距离，用的是倒数归一化的数学方法，通过这个过程得到了情绪修正矩阵，具体的改进步骤见如下的计算过程。

（1）用式（3.8）表示心情特征与用于商务谈判的情绪模型中 12 种基本情绪

状态之间的距离，其中，(P_i, A_i, D_i) $(i = 1, 2, \cdots, N)$ 是转换矩阵中的三维向量：

$$\mathrm{Dis}_i = \frac{1}{\sqrt{(P - P_i)^2 + (A - A_i)^2 + (D - D_i)^2}} \tag{3.8}$$

（2）设 $D = \sum_{i=1}^{N} \mathrm{Dis}_i$ ，通过计算距离占比，得到心情和情绪对应关系的修正矩阵如式（3.9）所示：

$$\gamma^{\mathrm{T}} = \left(\frac{\mathrm{Dis}_1}{D}, \frac{\mathrm{Dis}_2}{D}, \cdots, \frac{\mathrm{Dis}_N}{D} \right) \tag{3.9}$$

（3）综合考虑转换矩阵和修正矩阵得到心情和情绪的映射关系模型，如式（3.10）所示，其中，m^{T} 代表参与谈判的 Agent 的情绪特征值：

$$m^{\mathrm{T}} = P_e^{\mathrm{T}} \times \Pi^{\mathrm{T}} + \gamma^{\mathrm{T}} \tag{3.10}$$

3.2.3　基于 Agent 的“情绪—情感”的映射

Ekman（1982）把情感分为六类：高兴（joy）、愤怒（anger）、厌恶（disgust）、恐惧（fear）、悲伤（sadness）和惊奇（surprise），这种情感分类方法受到的认可程度非常高，本书深入探讨了传统的情绪模型中 22 种情绪的产生原理（王岚和王立鹏，2007），遴选了 12 种适合本书研究范围的情绪类型，以 Ekman（1982）对情感的分类为基础获得了 4 种适合本书研究领域的基本情感。

Mehrabian（1996b）发表的研究成果说明，人类在某个时间段的情绪状态是会直接影响其情感的，不仅如此，二者之间也可以反向影响，另外，在一定情况下，高级生物的心情因素会调节其同时间段的情绪状态。因此，本节可以将同样的心情和情绪特点赋予 Agent，当二者是同向，即都是正面或负面时，后者会被前者增强，相反，后者将被减弱。例如，生气时，接收到善意有可能被解读成恶意；高兴时，人类可能会忽略一些受到的不好的待遇（邓欣媚等，2011）。

1）情绪调节

劝说主体经过情绪调节后使情绪削减或增强的情绪值 $\overline{m}$ 的表达式为

$$\overline{m} = \begin{cases} (1+\delta)m, & P_p \cdot m_{\max} > 0 \\ \vartheta m, & P_p \cdot m_{\max} \leqslant 0 \end{cases}, \quad m_{\max} = \underset{m_i}{\arg\max} |m_i| \tag{3.11}$$

式中，m 为劝说主体当前时间段的情绪值；ϑ 为削减效果的调节系数；δ 为增强效果的调节系数，并且 $\delta, \vartheta \in (0,1)$；$P_p$ 为心情空间当中的愉悦维度值；$m_{\max}$ 的取值是情绪向量 m 中绝对值最大的维度对应的基本情绪类型，代表的是劝说主体的主导情绪。

2）情感产生

本节用式（3.12）所示的，包括喜悦（joy）、悲伤（sadness）、愤怒（anger）、恐惧（fear）四个维度的向量表示 Agent 的情感状态，即

$$\mu_{i,t}^{\mathrm{T}} = [\mu_{\mathrm{joy},t} \quad \mu_{\mathrm{sadness},t} \quad \mu_{\mathrm{anger},t} \quad \mu_{\mathrm{fear},t}] \tag{3.12}$$

式中，$\mu_{i,t}^{\mathrm{T}}$ 为 Agent 在 t 时刻的情感状态，i 代表 $\mu_{\mathrm{joy},t}$、$\mu_{\mathrm{sadness},t}$、$\mu_{\mathrm{anger},t}$ 和 $\mu_{\mathrm{fear},t}$ 四种基本情感类型的第 i 种，其数值代表的是情感强度值。

由于每种情绪对情感产生影响的权重不同，因此要先得到每个情感类型中的情绪权重，我们运用的是信息熵值法，然后根据对应的权重与情绪值计算得到相应的情感类型的取值，计算过程如下。

（1）数据标准化。式（3.13）表示了第 j 种情绪在第 i 种情感中的占比，k 表示情绪类型的总数：

$$Y_{ij} = \frac{|\bar{m}_{ij}|}{\sum_{j=1}^{k} |\bar{m}_{ij}|} \tag{3.13}$$

（2）计算第 j 种情绪的信息熵，如式（3.14）所示：

$$e_j = -c \sum_{i=1}^{n} Y_{ij} \ln(Y_{ij}), \quad Y_{ij} \neq 0 \tag{3.14}$$

式中，根据情感的维度数量 4，本节可以设置 $c = 1/\ln 4$；n 代表 $Y_{ij} \neq 0$ 时，第 j 列的取值个数。

（3）计算每种情绪的权重，如式（3.15）所示：

$$\omega_j = \frac{1 - e_j}{\sum_{j=1}^{k} (1 - e_j)} \tag{3.15}$$

（4）计算各情感值，如式（3.16）所示：

$$\mu_i = \sum_{j=1}^{k} \omega_j \cdot \bar{m}_{ij} \tag{3.16}$$

Agent 在进行谈判活动时，产生的情感类型中绝对值最大的劝说属性代表了 Agent 的主导情感，用 $\mu_{\max}$ 表示，$\mu_{\max} = \underset{E_i}{\arg\max} |E_i|$。

3.3　基于层次映射的 Agent 情感劝说策略模型

在实际的劝说过程中，情感劝说策略对情感劝说的结果有很关键的影响，所以双方 Agent 能否选择合适的情感劝说策略对劝说是否可以成功尤为重要。为了得到更好的劝说结果，本节称在情感产生模型中取值最大的情感为主导情感，通过对比主导情感与情感阈值的不同关系，建立了情感劝说的策略模型。

3.3.1　模型相关概念

在基于层次映射的 Agent 情感劝说中，选择合适的策略是保证劝说顺利进行的重要条件，其核心是构建相应的策略模型，而劝说策略、主导情感和情感阈值是情感劝说策略模型的基础。

Agent 劝说策略是指 Agent 为了达到自身目的对其他 Agent 使用的呼吁、引诱等策略，是影响 Agent 情感变化的最重要因素。积极的劝说策略会给双方 Agent 带来正面的积极情感，消极的劝说策略会给双方 Agent 带来负面的消极情感。

Agent 主导情感是指 Agent 在情感劝说的产生模型中取值最大的情感，Agent 需要根据该情感确定相应的策略，用 $I_{\max}$ 来表示。

Agent 情感阈值是指 Agent 由于性格不同而在情感方面具有的临界值。判断 Agent 某一情感是否被激发，主要看它是否超过该阈值。研究表明，外倾性和神经质对幸福感的影响最大，其中外倾性与主观幸福感有显著的正相关关系，神经质与主观幸福感有显著的负相关关系（邱林和郑雪，2013；郑雪等，2003）。因此，借助大五性格模型测定结果，可以通过式（3.17）计算 Agent 的情感阈值：

$$m = \left| O_o - O_n \right| / 10 \tag{3.17}$$

式中，O_o 和 O_n 表示性格的边界。

综上，可以通过式（3.18）表示基于层次映射的 Agent 情感劝说策略模型：

$$\varphi(T) = \left\{ S_{i,j} \mid \mu_{i,T}, I_{\max}, m \right\} \tag{3.18}$$

式中，$\mu_{i,T}$ 为 T 时刻的 i 种情感类型；$S_{i,j}$ 为不同的劝说策略；$\varphi(T)$ 为 Agent 选择该劝说策略后产生的影响值。Agent 根据以上公式选择相应的策略，完成后面的情感劝说强度评价和相应让步幅度。

在上述基于层次映射的 Agent 情感劝说产生和策略定义基础上，需要构建相应的评价模型完成劝说，而基于层次映射的 Agent 情感劝说评价模型的核心是评价相应的 Agent 情感强度及其影响因素。

Agent 情感强度用来描述 Agent 在情感劝说中某时刻的情感状态强弱和变化，用 $\mu_r = (\mu_{1,r}, \mu_{2,r}, \mu_{3,r}, \cdots, \mu_{N,r})$ 表示，其中 $\mu_{i,r}$ 表示在第 r 轮劝说时 Agent 第 i 种基本情感的强度，影响 Agent 情感强度的主要因素为劝说策略和情感衰减。

Agent 在每轮劝说谈判中情感状态由 Agent 情感强度值来描述，强度的大小反映了 Agent 在某轮劝说中的情感的强弱。在特定劝说轮数中，Agent 情感强度模型中的某种情感的强度取值越小则对应的情感就越弱，反之，对应的情感强度的取值越大则对应的情感就越强。

情感衰减是指 Agent 在劝说过程中受对方劝说影响而导致情感强度逐渐减弱的过程。考虑情感衰减的前提是 Agent 已经有被激发的情感，在平静状态下不会产生情感衰减。根据马尔可夫理论，情感衰减只考虑前一时刻情感对当前时刻情感的影响，对于更早时刻的情感不做考虑，如式（3.19）所示：

$$\psi_{(T-1)\to T}(\mu_{i,T-1}) = \mu_{i,T-1}\mathrm{e}^{-T_0} \tag{3.19}$$

式中，$\psi_{(T-1)\to T}(\mu_{i,T-1})$ 为 Agent 在前一时刻情感衰减到当前时刻的强度值；$\mu_{i,T-1}$ 为 Agent 前一时刻的情感强度；e^{-T_0} 为衰减系数；T_0 为常数，表示当前情感劝说持续的时间，T_0 越大，情感衰减得越快。

3.3.2　考虑情感策略和层次映射的 Agent 情感劝说过程

综合上述劝说策略和情感衰减对情感的影响因素，本节可以得到情感更新后的情感强度，当情绪种类为 4 时，情感评价模型的数学描述如式（3.20）所示：

$$\mu_{i,r} = \psi_i(\mu_{i,T-1}) + \varphi(T)[1\ 1\ 1\ 1] + O_{p,T} \tag{3.20}$$

式中，$\mu_{i,r}$ 为 Agent 在第 r 轮劝说时的第 i 种情感的强度；$\psi_i(\mu_{i,T-1})$ 为情感 i 在 T–1 时刻的情感强度的衰减；$\varphi(T)$ 为外界刺激对情感强度的影响；$O_{p,T}$ 为性格对情感的影响。

在情感评价基础上，需要进一步构建相应的让步过程以配合完成劝说。该让步建模中，关键是对各劝说属性的让步步长进行计算。因此，根据上文的分析，可构建该让步函数如式（3.21）所示：

$$L_p = n_p + \varepsilon\left[\frac{|\mu_{\max}|}{m} + 0.5\right], \quad p = 1,2,\cdots,n \tag{3.21}$$

式中，n_p 为劝说属性值；$\dfrac{|\mu_{\max}|}{m} + 0.5$ 为四舍五入后的取整函数，为 L_p 相应的让步步长；当 $\mu_{\max} < m$ 时，Agent 情感未被激发，$\varepsilon = 0$ 。

3.3.3　算例

1）不考虑情感的劝说过程分析

某行业的供应链管理中，采购商（买方）为 Agent *a*，销售商（卖方）为 Agent *b*，双方就某产品的价格（单位：元）和交货期（单位：天）两个属性进行传统的劝说谈判（伍京华等，2020e），双方对这两个属性各自的要求如表 3.1 和表 3.2 所示。

表 3.1　买方 Agent *a* 对产品属性的报价和交货期最高限度

报价和交货期最高限度	价格/元	交货期/天
报价和交货期	30	3
最高限度	36	5

表 3.2　卖方 Agent *b* 对产品属性的报价和交货期最低限度

报价和交货期最低限度	价格/元	交货期/天
报价和交货期	45	7
最低限度	35.5	4.5

按已有的谈判模式，第一轮报价中，Agent *b* 的报价 45 元高于 Agent *a* 的最高限度 36 元，Agent *a* 的报价 30 元低于 Agent *b* 的最低限度 35.5 元。双方的谈判结果有两种：①谈判失败；②双方进行让步谈判。假设双方的让步步长如表 3.3 所示。

表 3.3　已有的劝说中双方 Agent 对产品属性的让步步长

Agent	价格/元	交货期/天
Agent *a*	1	0.5
Agent *b*	1.5	0.5

考虑到最快的劝说结果，只有在双方 Agent 不断进行让步的情况下，双方 Agent 至少经过 7 次劝说谈判（第一次为报价）交互后才会得到成交的最优结果：价格 36 元，交货期 5 天。这个谈判结果相对 Agent *a* 来说，是 Agent *a* 的最高限

度，但并不是其最优的谈判结果，因为此结果并没有达到 Agent *b* 的报价的最低限度（35.5 元，4.5 天）。

2）考虑情感的劝说过程分析

Agent *a* 和 Agent *b* 通过网址（http://www.apesk.com/bigfive/index.asp?language = cn）进行大五人格测试，图 3.2 和图 3.3 分别为双方 Agent 得到的性格测试结果。对得到的结果进行处理后通过 MATLAB 计算出性格因素影响下的双方 Agent 的情感。

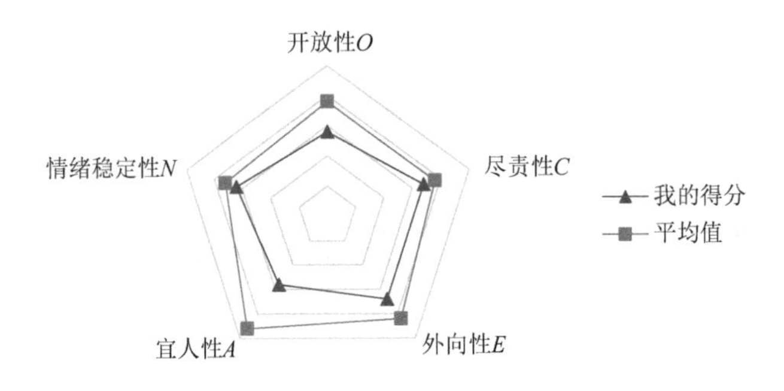

图 3.2　Agent *a* 大五人格测试结果

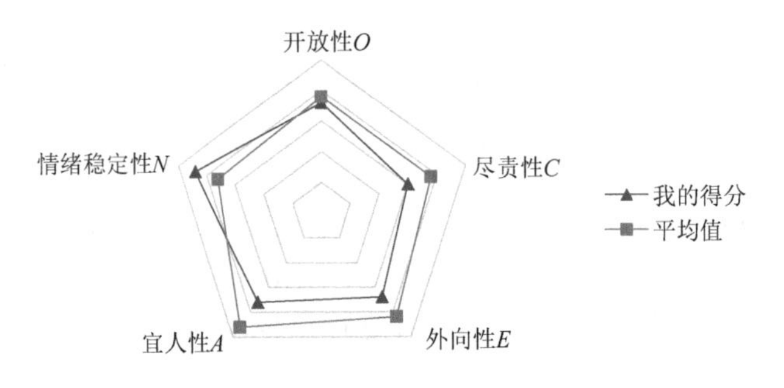

图 3.3　Agent *b* 大五人格测试结果

表 3.4 给出了 Agent *a* 大五人格测试数据。

表 3.4　Agent *a* 大五人格测试数据

测试数据	*O*	*C*	*E*	*A*	*N*
Agent *a* 得分	14	17	17	14	16
平均值	19	19	21	23	18

为了得到–1～1的数值，将得到的结果减去平均值再除以10，得到大五人格向量 $\text{OCEAN}=[-0.5,-0.2,-0.4,-0.9,-0.2]$，运用 MATLAB 算出心情向量为 $\text{PAD}=[-0.577\ \ -0.459\ \ -0.111]$。然后，计算PAD三维心情空间映射到用于商务谈判的情绪模型的值OCC，其表达式为 $\text{OCC}=\text{PAD}\times\Pi^{\text{T}}$，运用 MATLAB 算出情绪值为 $\text{OCC}=\begin{bmatrix}-0.3337 & -0.1961 & -0.0221 & -0.4018 & -0.3559 & -0.3337\\ 0.3781 & 0.1416 & 0.1716 & 0.1938 & -0.0043 & 0.0375\end{bmatrix}$，最后将OCC情绪空间映射到四种基本情感上，得到的情感值为

$$\mu_{\text{joy},T}=\frac{1}{n}\sum_{j=1}^{n}O_j=\frac{1}{6}\sum_{j=1}^{6}O_j=-0.2739$$

$$\mu_{\text{sadness},T}=\frac{1}{n}\sum_{j=1}^{n}O_j=\frac{1}{2}\sum_{j=1}^{2}O_j=-0.2860$$

$$\mu_{\text{anger},T}=\frac{1}{n}\sum_{j=1}^{n}O_j=\frac{1}{3}\sum_{j=1}^{3}O_j=-0.1254$$

$$\mu_{\text{fear},T}=\frac{1}{n}\sum_{j=1}^{n}O_j=0.1416$$

则 Agent a 的情感值为 $\mu_{4,T}=[-0.2739\ \ -0.2860\ \ -0.1254\ \ 0.1416]$，情感阈值为 $m=|O_o-O_n|/10=0.3$，则 Agent a 的初始情感劝说强度为 $\mu_{4,r}=[-0.2688\ 0.3450\ 0.2085\ 0.2199]$，情感阈值为0.3。

表3.5给出了Agent b 大五人格测试数据。

表3.5　Agent *b* 大五人格测试数据

测试数据	O	C	E	A	N
Agent b 得分	18	15	17	18	22
平均值	19	19	21	23	18

和上述算法相同，通过MATLAB计算出Agent b 最终的情感劝说强度为

$$\mu_{4,r}=[-0.1851\ 0.1594\ 0.0520\ 0.1059],\quad m=|O_o-O_n|/10=0.5 \tag{3.22}$$

由情感阈值可以判断出，双方Agent都处于平静状态，且Agent a 的情绪较Agent b 不稳定，更容易受外界的影响。

为了便于研究，本章在相关文献（Santos et al.，2011；伍京华等，2011b）的基础上，对劝说策略进行分类，见表3.6。

表 3.6　劝说策略分类

策略	分类			
积极策略	呼吁	引诱	鼓励	奖励
消极策略	警告	威胁	批评	惩罚

根据构建的策略模型，分别设定 Agent a 和 Agent b 的 $S_{i,j}$ 和 $\varphi(T)$ 如表 3.7 和表 3.8 所示。其中，$\mu_{1,T}$ 表示喜悦，$\mu_{2,T}$ 表示悲伤，$\mu_{3,T}$ 表示愤怒，$\mu_{4,T}$ 表示恐惧。

表 3.7　Agent a 的 $S_{i,j}$ 和 $\varphi(T)$

基本情感	$\lvert\mu_{max}\rvert < 0.3$	$0.3 \leqslant \lvert\mu_{max}\rvert < 0.45$	$0.45 \leqslant \lvert\mu_{max}\rvert < 0.6$	$0.6 \leqslant \lvert\mu_{max}\rvert < 0.75$	$\lvert\mu_{max}\rvert \geqslant 0.75$
$\mu_{1,T}$	呼吁（0.2）	引诱（0.4）	鼓励（0.6）	奖励（0.8）	
$\mu_{2,T}$	呼吁（0.2）	无（0）	警告（−0.2）	威胁（−0.4）	批评（−0.6）
$\mu_{3,T}$	呼吁（0.2）	警告（−0.2）	威胁（−0.4）	批评（−0.6）	惩罚（−0.8）
$\mu_{4,T}$	呼吁（0.2）	引诱（0.3）	鼓励（0.4）	奖励（0.6）	奖励（0.8）

表 3.8　Agent b 的 $S_{i,j}$ 和 $\varphi(T)$

基本情感	$\lvert\mu_{max}\rvert < 0.5$	$0.5 \leqslant \lvert\mu_{max}\rvert < 0.75$	$0.75 \leqslant \lvert\mu_{max}\rvert < 1$	$1 \leqslant \lvert\mu_{max}\rvert < 1.25$	$\lvert\mu_{max}\rvert \geqslant 1.25$
$\mu_{1,T}$	呼吁（0.2）	引诱（0.4）	鼓励（0.6）	奖励（0.8）	
$\mu_{2,T}$	呼吁（0.2）	无（0）	警告（−0.2）	威胁（−0.4）	批评（−0.6）
$\mu_{3,T}$	呼吁（0.2）	警告（−0.2）	威胁（−0.4）	批评（−0.6）	惩罚（−0.8）
$\mu_{4,T}$	呼吁（0.2）	引诱（0.3）	鼓励（0.4）	奖励（0.6）	奖励（0.8）

为了方便研究，取 $\varepsilon = 0.5$，得到双方 Agent 的情感劝说的让步步长如表 3.9 和表 3.10 所示。

表 3.9　Agent a 的让步步长

情感值	$\lvert\mu_{max}\rvert < 0.3$	$0.3 \leqslant \lvert\mu_{max}\rvert < 0.45$	$0.45 \leqslant \lvert\mu_{max}\rvert < 0.6$	$0.6 \leqslant \lvert\mu_{max}\rvert < 0.75$
价格/元	1	1.5	2	2.5
交货期/天	0.5	1	1.5	2

表 3.10　Agent b 的让步步长

情感值	$\lvert\mu_{max}\rvert < 0.5$	$0.5 \leqslant \lvert\mu_{max}\rvert < 0.75$	$0.75 \leqslant \lvert\mu_{max}\rvert < 1$	$1 \leqslant \lvert\mu_{max}\rvert < 1.25$
价格/元	1.5	2	2.5	3
交货期/天	0.5	1	1.5	2

假设每一轮持续的时间为$T \in [2,10]$（单位：min），进行基于 Agent 情感选择策略的劝说谈判过程如图 3.4 所示。

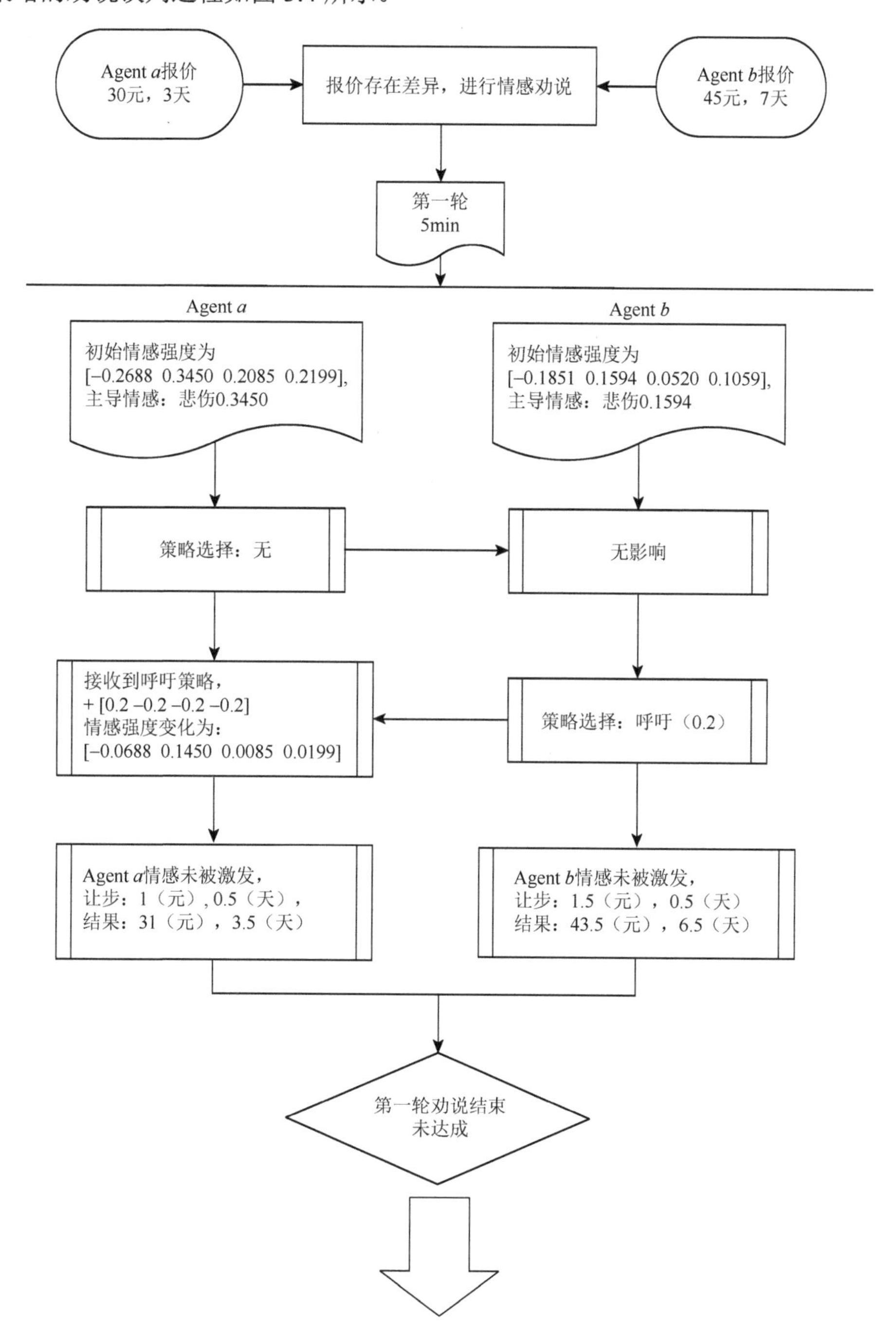

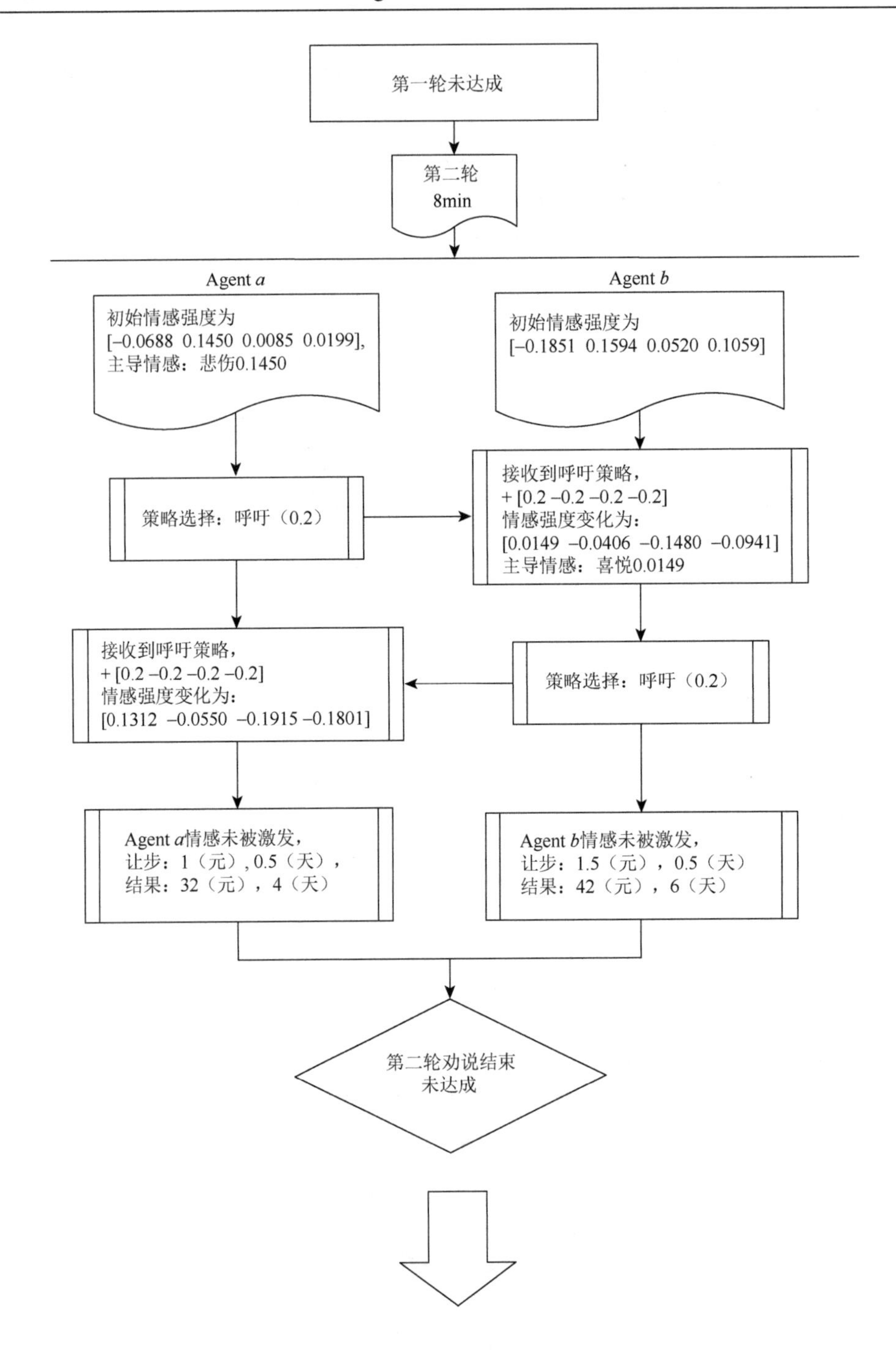

第一轮未达成
第二轮
8min
Agent a
初始情感强度为
[–0.0688 0.1450 0.0085 0.0199],
主导情感：悲伤0.1450
Agent b
初始情感强度为
[–0.1851 0.1594 0.0520 0.1059]
策略选择：呼吁（0.2）
接收到呼吁策略，
+ [0.2 –0.2 –0.2 –0.2]
情感强度变化为：
[0.0149 –0.0406 –0.1480 –0.0941]
主导情感：喜悦0.0149
接收到呼吁策略，
+ [0.2 –0.2 –0.2 –0.2]
情感强度变化为：
[0.1312 –0.0550 –0.1915 –0.1801]
策略选择：呼吁（0.2）
Agent a情感未被激发，
让步：1（元）, 0.5（天），
结果：32（元），4（天）
Agent b情感未被激发，
让步：1.5（元），0.5（天）
结果：42（元），6（天）
第二轮劝说结束
未达成

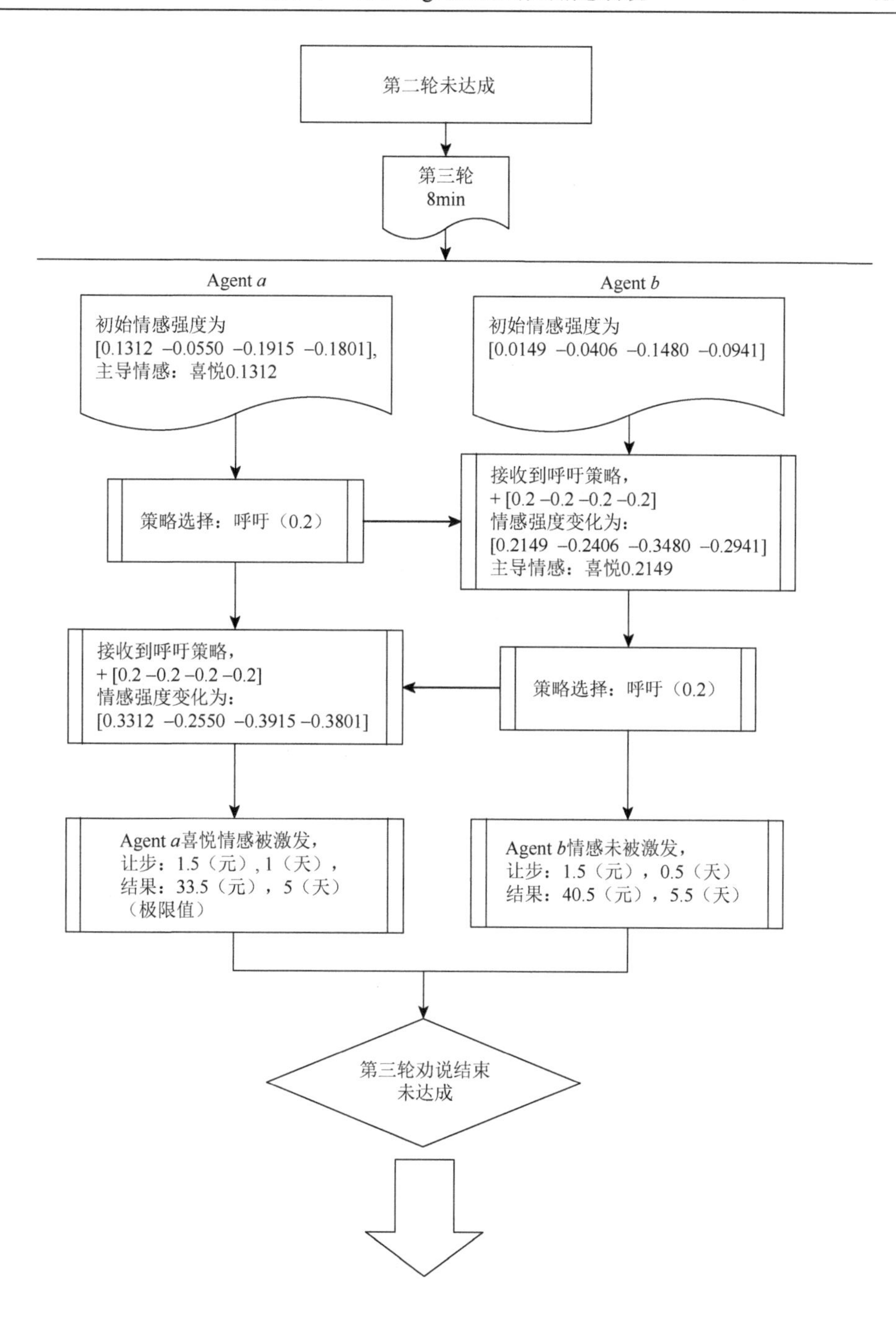
第二轮未达成
第三轮
8min
Agent a
Agent b
初始情感强度为
[0.1312 −0.0550 −0.1915 −0.1801],
主导情感：喜悦0.1312
初始情感强度为
[0.0149 −0.0406 −0.1480 −0.0941]
策略选择：呼吁（0.2）
接收到呼吁策略，
+ [0.2 −0.2 −0.2 −0.2]
情感强度变化为：
[0.2149 −0.2406 −0.3480 −0.2941]
主导情感：喜悦0.2149
接收到呼吁策略，
+ [0.2 −0.2 −0.2 −0.2]
情感强度变化为：
[0.3312 −0.2550 −0.3915 −0.3801]
策略选择：呼吁（0.2）
Agent a喜悦情感被激发，
让步：1.5（元）, 1（天），
结果：33.5（元），5（天）
（极限值）
Agent b情感未被激发，
让步：1.5（元），0.5（天）
结果：40.5（元），5.5（天）
第三轮劝说结束
未达成

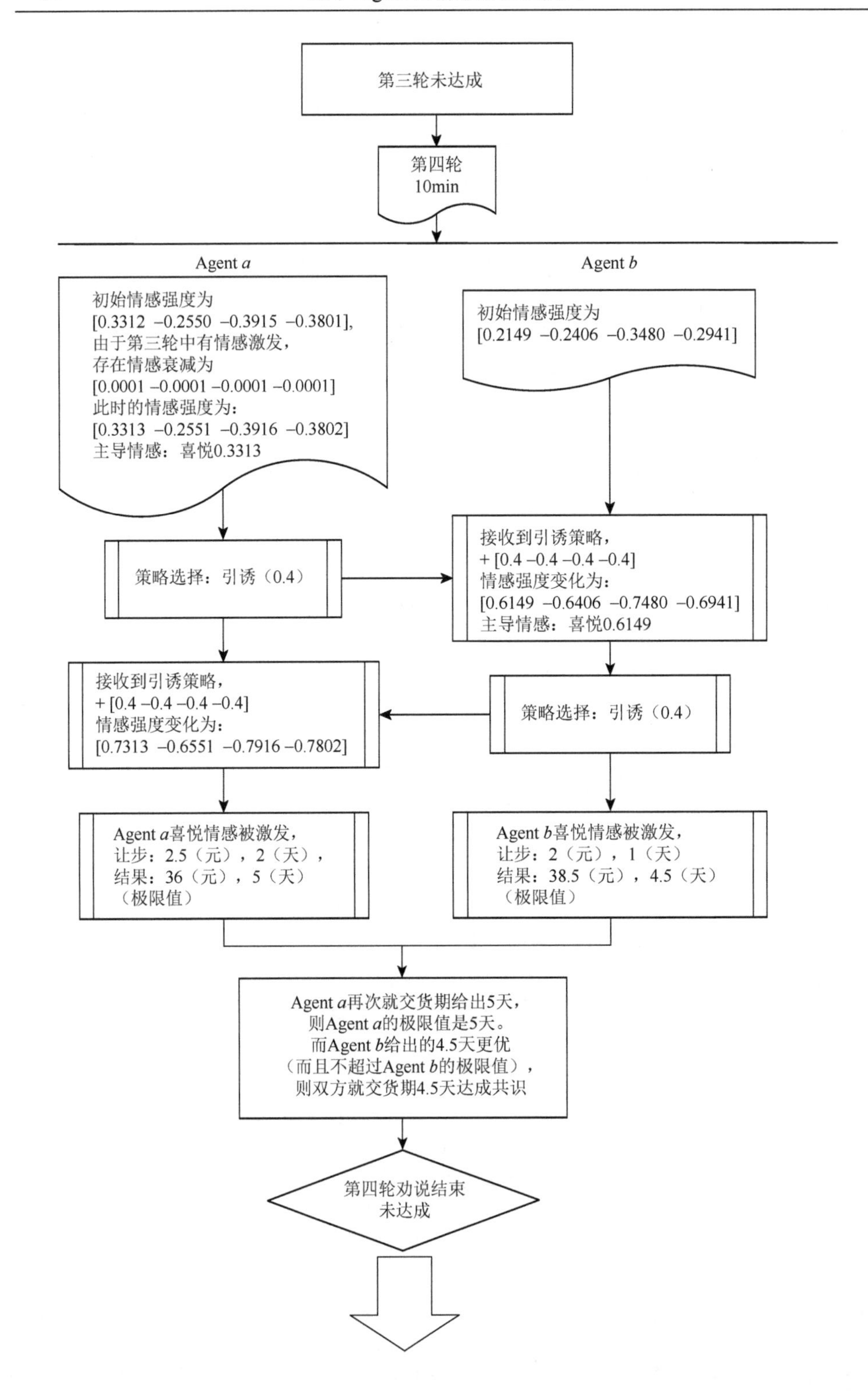

第三轮未达成
第四轮
10min
Agent a
Agent b
初始情感强度为
[0.3312 –0.2550 –0.3915 –0.3801],
由于第三轮中有情感激发，
存在情感衰减为
[0.0001 –0.0001 –0.0001 –0.0001]
此时的情感强度为：
[0.3313 –0.2551 –0.3916 –0.3802]
主导情感：喜悦0.3313
初始情感强度为
[0.2149 –0.2406 –0.3480 –0.2941]
策略选择：引诱（0.4）
接收到引诱策略，
+ [0.4 –0.4 –0.4 –0.4]
情感强度变化为：
[0.6149 –0.6406 –0.7480 –0.6941]
主导情感：喜悦0.6149
接收到引诱策略，
+ [0.4 –0.4 –0.4 –0.4]
情感强度变化为：
[0.7313 –0.6551 –0.7916 –0.7802]
策略选择：引诱（0.4）
Agent a喜悦情感被激发，
让步：2.5（元），2（天），
结果：36（元），5（天）
（极限值）
Agent b喜悦情感被激发，
让步：2（元），1（天）
结果：38.5（元），4.5（天）
（极限值）
Agent a再次就交货期给出5天，
则Agent a的极限值是5天。
而Agent b给出的4.5天更优
（而且不超过Agent b的极限值），
则双方就交货期4.5天达成共识
第四轮劝说结束
未达成

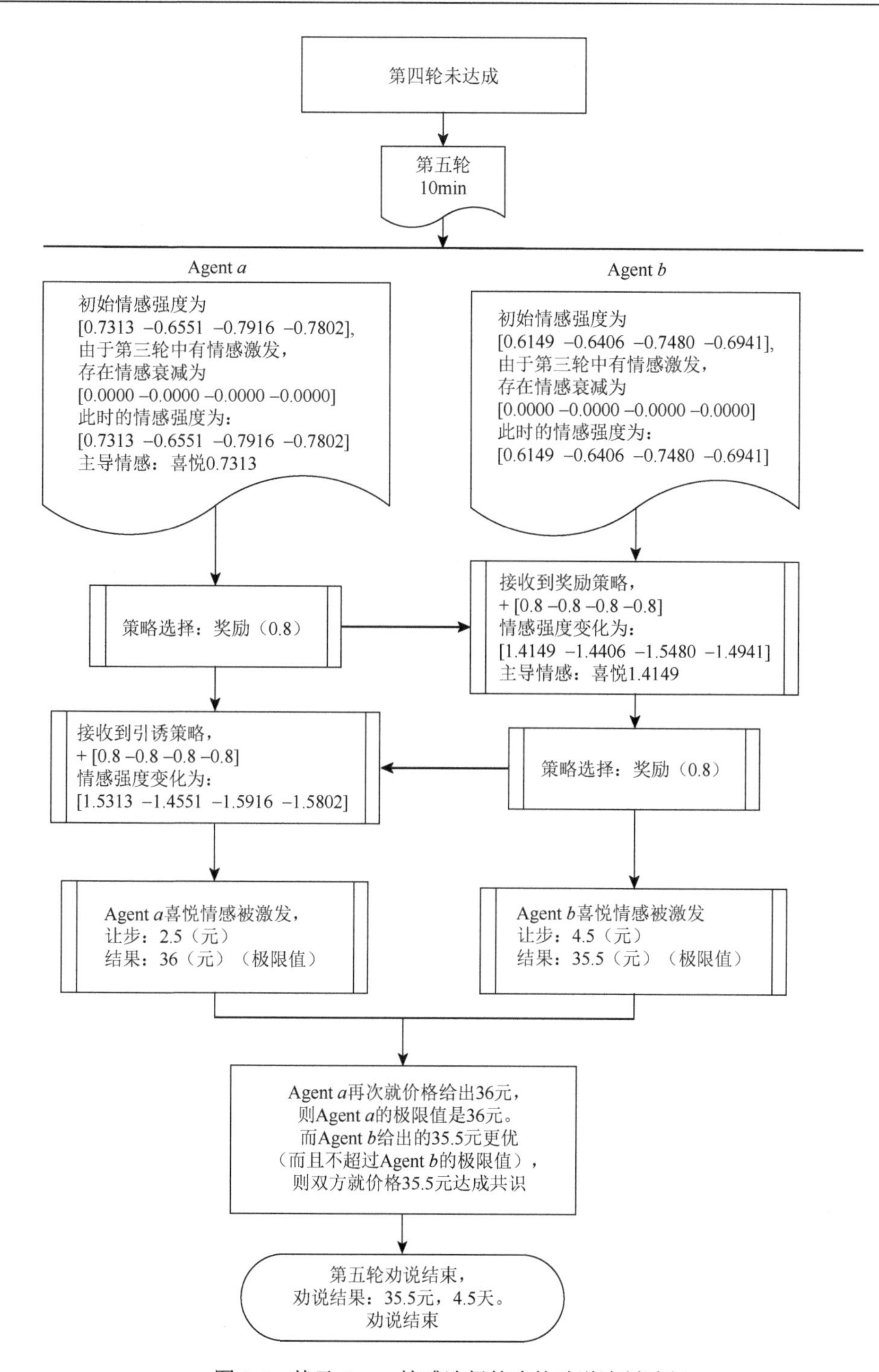

图 3.4　基于 Agent 情感选择策略的劝说谈判过程

在已有的劝说中，双方 Agent 至少经过了 7 轮劝说达成共识，最优的劝说结果是价格 36 元，交货期 5 天，而在基于 Agent 的情感劝说中，双方 Agent 按照情感策略选择和情感让步，经历了 5 步达成共识，得到最后的劝说结果是价格 35.5 元，交货期 4.5 天。

对比来看，基于 Agent 的情感劝说在考虑情感因素之后，不仅依据情感来进行策略选择，而且在让步上更加灵活，因此会更快地达到劝说共识，而且得到的劝说结果会更加优化。结果证实了将情感融入 Agent 劝说之后，会使劝说过程变得更加智能，更加接近人类的思维和情感变化。

3.3.4　结论与讨论

（1）本节将情感与 Agent 结合，本节的研究将更具有代表性的 Agent 的情感和劝说等人工智能特性应用到了日常商务活动的智能化自动谈判中，既是对人工智能领域的实际应用，也探索了可更加合理、有效地解决实际商务谈判问题的方案。

（2）本节运用情感映射，将 Agent 的情感特性融入了基于 Agent 的劝说中。对 Ekman（1982）的经典情感分类进行了改进，并通过考虑相应的情感影响因素如情感阈值、刺激因子、情感衰减等更进一步对情感强度进行量化，建立了更为复杂且情感计算更具说服力的情感强度模型。

（3）本节研究对企业商务智能中的自动谈判领域及人工智能情感研究领域都有一定的理论和实践意义。

在理论方面，本节首先引入 Agent 的性格、心情、情绪，结合大五性格模型等具有代表性的心理学模型，结合提出的情感映射概念，对情感进行量化并推动情感理论及模型的应用研究；其次利用 Agent 在情感劝说动态变化影响下理性调整自身情感劝说的优势，模拟人类商务谈判中的思想和理性行为，是对商务智能中基于 Agent 的劝说研究的进一步拓展，对丰富和发展商务智能领域的理论及模型具有重大意义。

在实践方面，实际商务谈判环境复杂，谈判结果不确定性高，开发符合企业谈判需求的系统一直是企业管理人员尤其是相应的系统开发人员所追求的重点。本节充分考虑了 Agent 的情感的人工智能特性，对企业实际谈判人员的情感及情感变化进行模拟，从而体现该研究的应用价值。

综上，本节提出的模型具有一定的通用性，建议企业在实际应用中结合自身的业务特点，对实际谈判中的情感进行更进一步的分类，采用以上模型进一步开发和使用更适合本企业管理特色的同类系统。此外，建议企业管理者在开发使用该类系统前，能充分掌握采用该类系统能给企业带来的益处，同时能将其作为企业管理理念，对企业所有人员进行培训。

3.4　基于 Agent 的映射的情感劝说提议产生及更新模型

考虑到当前对基于 Agent 技术的自动化劝说研究中存在情感量化不深入、环境刺激因素不全面的问题，本节将情感引入基于 Agent 的劝说行为产生模型。首先，定义基于 Agent 的情感映射，结合层次分析法和 Agent 性格参数，建立基于 P-GMM 的 Agent“性格—心情”映射模型；使用距离归一化方法和描述心情的 PAD 三维空间心情模型和描述主体情绪特点的用于商务谈判的情绪模型，得到用于“心情—情绪”模型的修正矩阵；其次，以 Ekman（1982）的分类为基础，联合以上两个心理因素映射模型，得到产生情感特征的模型；再次，对谈判场景中 Agent 主体可能发出的行为进行分类，考虑 Agent 的心情更新和情绪衰减，构建基于 Agent 的映射的情感劝说行为产生模型；最后，采用相应的算例，做出对比分析和敏感性分析。

基于上述情感的分类和相关文献（Subagdja et al.，2019），利用人际劝说的相关理论，我们对谈判主体的劝说行为进行了划分，主要规定了 6 种行为，具体有：奖励型情感劝说行为（以 Rewarding 表示）、鼓励型情感劝说行为（以 Encouraging 表示）、呼吁型情感劝说行为（以 Appealing 表示）、同情型情感劝说行为（以 Sympathizing 表示）、警告型情感劝说行为（以 Warning 表示）、惩罚型情感劝说行为（以 Punitiveness 表示）。情感劝说提议的提出方根据主导情感，确认劝说倾向性，如倾向于鼓励型或警告型劝说，接收方会对提出方做出的谈判行为产生开心或害怕等情感，迫使提议接收方在提议时让步幅度更大，甚至是直接接受提议。例如，在以 Agent 为基础的劝说谈判中，卖方在某轮次的主导情感是悲伤，而此时他恰好是谈判提议的提出方，就发出了消极谈判提议“如果再不接受卖方的提议，或者要求的商品质量过高，将会相应地提高商品价格”。综上，本节参考 Kakimoto 和 Fujita（2018）的研究，定义了 Agent 第 k 轮的劝说提议系数 A_k，提议系数的值可以设置如下：$A_k^{\text{Rewarding}}=1$，$A_k^{\text{Encouraging}}=0.6$，$A_k^{\text{Appealing}}=0.4$，$A_k^{\text{Sympathizing}}=0.2$，$A_k^{\text{Warning}}=-0.2$，$A_k^{\text{Punitiveness}}=-0.5$。

3.4.1　基于 Agent 的映射的情感劝说提议产生过程

依照模糊认知逻辑的相关理论（沈慧磊，2017；王勇等，2008），首先需要对 Agent 的认知进行定义，本书认为在劝说谈判的过程当中，Agent 所具有的认知程度和意识目的就是主体的认知。基于 Agent 的映射的情感劝说提议产生模型见图 3.5，逻辑语言表达式描述提议产生受到多种因素影响：

$$G(T)=\{\text{Act}\mid\mu_{\max t},O_e,P_e(t),m_e(t),\text{KI},\text{NH},\text{RB}\}\tag{3.23}$$

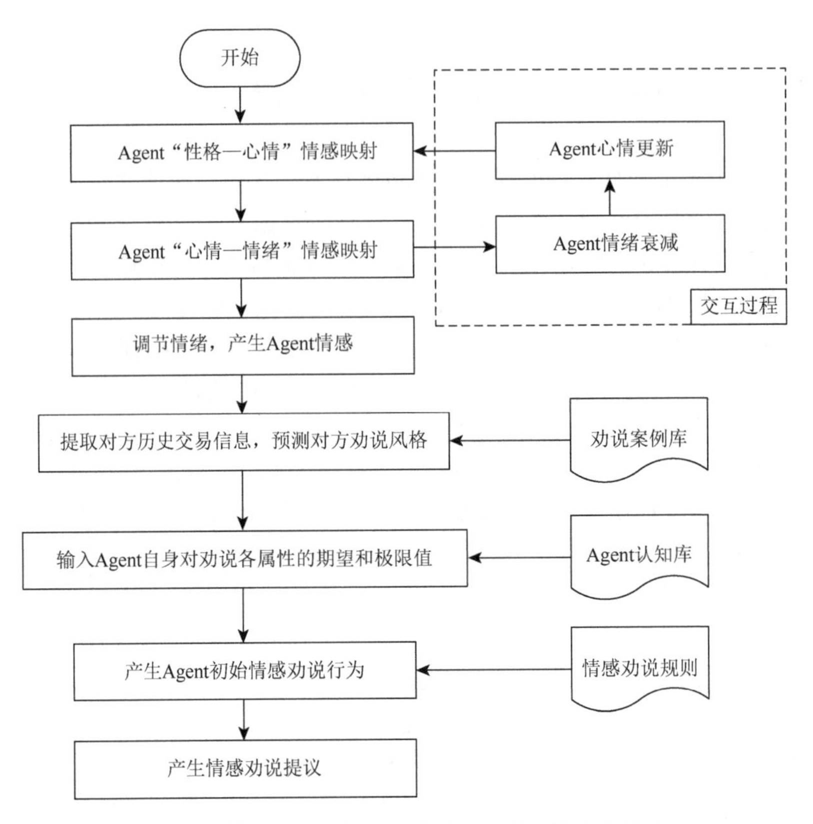

图 3.5　基于 Agent 的映射的情感劝说提议产生模型

式中，$G(T)$ 为劝说主体在时间为 T 时产生的提议；$\mu_{\max t}$ 为劝说主体在时间为 t 时的主导情感；Act 为劝说主体的谈判行为，并且 $\mu_{\max t}$ 与其他心理特征因素存在的关系为 $\{O_e, P_e(t), m_e(t)\} \to \mu_{\max t}$，这个表达式代表了 Agent 劝说主体的主导情感 $\mu_{\max t}$ 与其他心理因素之间的映射关系，其他心理因素包括性格 O_e、心情 $P_e(t)$ 和情绪 $m_e(t)$；KI 为 Agent 智能主体的认知；RB 表示在主体发出提议时的规则约定；NH 为历史交易的案例库数据，NH 中包含交易双方在之前所有交易中的劝说过程和交易结果（包括成功和失败）。作为谈判的主体，可以以历史交易案例库中的数据为基础，对对方的交互提议、劝说风格等进行预测。本书主要考虑 Agent 的劝说风格，本书对它的定义是对方 Agent 主体发出劝说提议的一种倾向性特点，这种倾向性是相对的，并不是针对某一个劝说主体而言，而是针对两个 Agent 主体之间相对比的结果。根据历史交易案例库中的劝说过程，本书把劝说风格的类型分成三种：冒险型劝说风格（adventurous persuasion style）、谨慎型劝说风格（cautious persuasion style）、合作型劝说风格（cooperative persuasion style）。

量化的劝说风格评价值由式（3.24）表述：

$$U = \frac{P_{\text{success}} \bullet \text{Ard}}{\overline{r} - 1} \tag{3.24}$$

式中，Ard 为提议均差；P_{success} 为交易成功率；$\overline{r}$ 为平均交易轮数，平均让步步长为 $\text{Ard}/(\overline{r}-1)$。谈判中的劝说风格评价因子用式（3.25）表示，其中 U_a 为买方的劝说风格评价值，U_b 为卖方的劝说风格评价值，具体如下：

$$\text{PU}_i = \frac{U_i}{U_a + U_b}, \quad i = a,b \tag{3.25}$$

如果 $\text{PU}_b > \text{PU}_a$，说明卖方相对明显的是冒险特质；如果 $\text{PU}_b < \text{PU}_a$，说明卖方相对明显的是合作特质。买卖双方的相对劝说风格用 PU_b 和 PU_a 判断，具体如下。

（1）若 $\text{PU}_b - \text{PU}_a \in [-1,-0.6]$，代表 PU_b 在[0, 0.2]范围内，而 PU_a 在[0.8, 1]范围内，这时候双方的劝说风格评价值相差很大，卖方的相对劝说风格为冒险型，买方为合作型。

（2）若 $\text{PU}_b - \text{PU}_a \in (-0.6,-0.2]$，代表 PU_b 在[0.2, 0.4]范围内，而 PU_a 在[0.6, 0.8]范围内，这时候双方的劝说风格评价值相差比较大，卖方的相对劝说风格为冒险型且买方为谨慎型，或者卖方为谨慎型且买方为合作型。

（3）若 $\text{PU}_b - \text{PU}_a \in (-0.2,0.2)$，代表 PU_b 和 PU_a 都在[0.4, 0.6]范围内，这时双方的劝说风格评价值相差较小，买卖双方的相对劝说风格可看成相同。

（4）若 $\text{PU}_b - \text{PU}_a \in [0.2,0.6)$，代表 PU_b 在[0.6，0.8]范围内，而 PU_a 在[0.2, 0.4]范围内，与情况（2）类似，这时卖方的相对劝说风格为合作型且买方为谨慎型，或者卖方为谨慎型且买方为冒险型。

（5）若 $\text{PU}_b - \text{PU}_a \in [0.6,1]$，代表 PU_b 在[0.8, 1]范围内，而 PU_a 在[0, 0.2]范围内，与情况（1）类似，卖方的相对劝说风格为合作型，买方为冒险型。

式（3.23）中的变量 RB 是一个集合，表示在主体发出提议时的规则约定，$\{\text{NH},\text{KI},E_{\max,t}\} \xrightarrow{\text{RB}} \text{Act}$。初始提议受到各属性期望值、初始主导情感和初始劝说行为的影响，根据以上规则，本书规定初始提议的产生函数 $T_1\langle t_1,t_2,\cdots,t_n\rangle$ 如式（3.26）所示：

$$T_1\langle t_1,t_2,\cdots,t_n\rangle = \begin{cases} T_{\text{Expectations}}\langle t_1,t_2,\cdots,t_n\rangle + A_1\cdot\tau_{E_{\max}}\langle t_1,t_2,\cdots,t_n\rangle\cdot T_{\text{Expectations}}\langle t_1,t_2,\cdots,t_n\rangle, & \text{买方} \\ T_{\text{Expectations}}\langle t_1,t_2,\cdots,t_n\rangle - A_1\cdot\tau_{E_{\max}}\langle t_1,t_2,\cdots,t_n\rangle\cdot T_{\text{Expectations}}\langle t_1,t_2,\cdots,t_n\rangle, & \text{卖方} \end{cases} \tag{3.26}$$

式中，T_1 为初始提议值的一个集合；$t_1,t_2,\cdots,t_n$ 为交易涉及的各劝说属性；$T_{\text{Expectations}}$ 为交易期望值的集合；$\tau_{E_{\max}}\langle t_1,t_2,\cdots,t_n\rangle$ 为让步幅度；A_1 为劝说提议系数，例如，

当某个谈判主体的情感是高兴并且更加在意的谈判属性是质量时，对于质量有可能会做出 5%让步，对于价格可能会做出 20%让步。根据 Agent 对各属性的在意程度可以产生一个针对属性的排序：$t_{(1)},t_{(2)},\cdots,t_{(n)}$，$n>10$，其中的排序规则是在意程度由强至弱，因此得到表 3.11 所示的情感让步幅度规则（伍京华等，2020e）。

表 3.11　情感让步幅度规则

情感	$t_{(1)}$	$t_{(2)}$	…	$t_{(n)}$
喜悦（joy）	10%	20%	+ 10%	1
愤怒（anger）	2%	4%	+ 2%	1
害怕（fear）	8%	16%	+ 8%	1
悲伤（sadness）	6%	12%	+ 6%	1

3.4.2　基于 Agent 的映射的情感劝说提议更新

在进行自动化谈判劝说的过程中，根据无后效应，Agent 上一时间的提议、当前轮次的提议、主导情感和劝说行为都会对 Agent 当前轮次的提议更新产生影响，得出式（3.27）所示的提议更新原理：

$$T_k\langle t_1,t_2,\cdots,t_n\rangle=\begin{cases}T_{k-1}\langle t_1,t_2,\cdots,t_n\rangle+A_k\cdot\tau_{E_{\max,k}}\langle t_1,t_2,\cdots,t_n\rangle\cdot T_{k-1}\langle t_1,t_2,\cdots,t_n\rangle, & \text{买方}\\ T_{k-1}\langle t_1,t_2,\cdots,t_n\rangle-A_k\cdot\tau_{E_{\max,k}}\langle t_1,t_2,\cdots,t_n\rangle\cdot T_{k-1}\langle t_1,t_2,\cdots,t_n\rangle, & \text{卖方}\end{cases} \tag{3.27}$$

式中，T_k 和 T_{k-1} 都是一个集合的形式，T_k 代表主体在当前轮次的提议值，T_{k-1} 代表主体在上一轮次的提议值；$\tau_{E_{\max,k}}\langle t_1,t_2,\cdots,t_n\rangle$ 代表让步幅度；A_k 表示第 k 轮发出的劝说提议系数。

（1）心情更新。在心情地图中，Agent 主体的心情经历和性格特征都会对自身心情产生一些影响，导致其动态地更新变化（万超岗等，2008），根据无后效应（陈振颂和李延来，2014），本书用 Agent 上一轮的情绪作为其情绪经历，联合考虑情绪经历 $m_{\max}^{k-1}$ 和 Agent 主体的心情特征 P_e^{k-1}，将具体的心情更新函数定义为

$$P_e^k=\omega_1 P_e^{k-1}+\omega_2 m_{\max}^{k-1} \tag{3.28}$$

式中，P_e^k 为完成心情更新之后的值；$\omega_1+\omega_2=1$，ω_1 和 ω_2 分别代表心情和情绪经历的权重；$m_{\max}^{k-1}$ 代表情绪经历，取值是主导情绪在 PAD 三维空间模型中对应的值。

（2）主导情绪衰减。根据情感第三定律，本书选用指数函数形式来描述主导情绪的衰减情况，如式（3.29）所示：

$$m_k^{\max} = m_{k-1}^{\max} \cdot \mathrm{e}^{-\beta\Delta t}, m_{k-1}^{\max} = \arg\max_{m_{k-1}} |m_{k-1}| \tag{3.29}$$

式中，$m_{k-1}^{\max}$ 为 Agent 在劝说交互过程中上一轮的主导情绪值；β 为衰减率；Δt 为上一轮劝说持续的时间；$m_k^{\max}$ 为衰减后的当前轮次的主导情绪值；m_{k-1} 为下一轮情绪值。

综合以上内容，提议产生的相关流程机制可用图 3.6 表示。

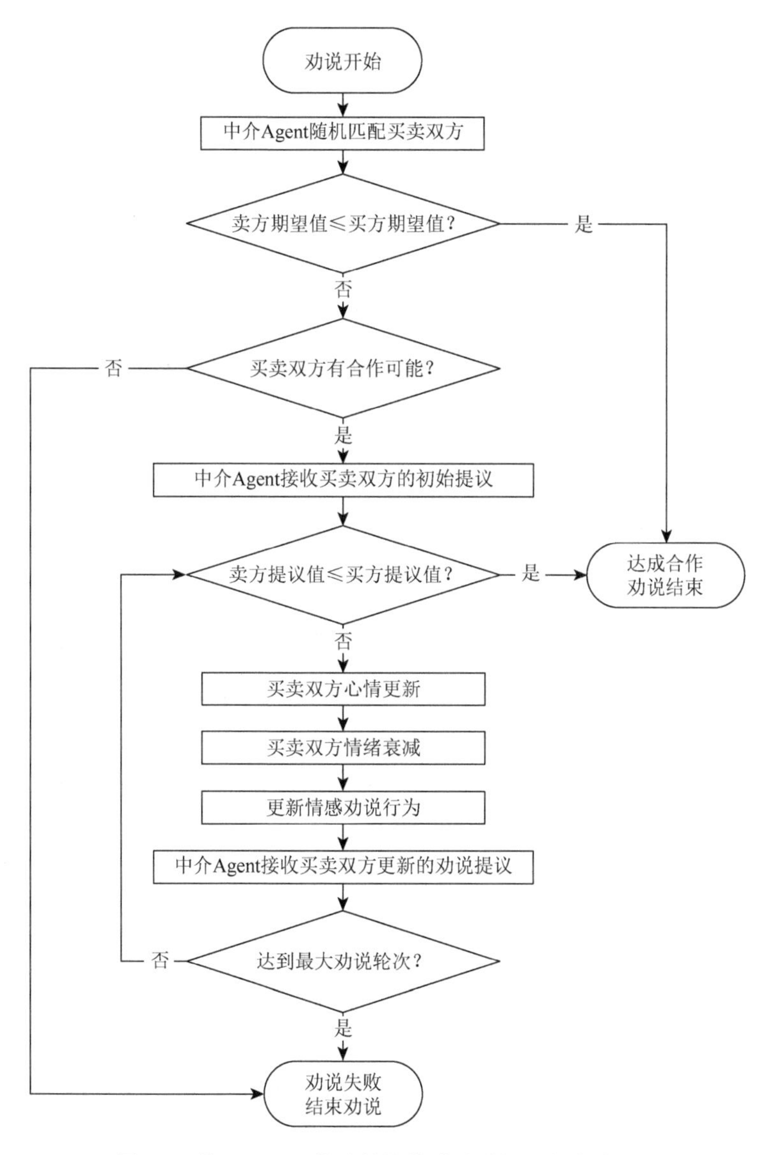

图 3.6　基于 Agent 的映射的情感劝说提议产生流程图

3.4.3 算例

1. 基础数据

本节针对某行业管理中的购货商和供应商的利益交换场景展开实验，假定 Agent b 是卖方（供应商），Agent a 是买方（购货商），就某产品的价格（元）和交货期（天）进行劝说提议信息的交换。如果买方 Agent a 收到的关于价格和交货期的劝说值小于或等于自身提议值（或卖方 Agent b 收到的关于价格或交货期的劝说值大于或等于自身提议值），就可以成功交易，结束情感劝说，成交值为买卖双方最终提议的平均值（伍京华等，2021b）。最大劝说轮次为 10，假设买卖双方受资金的限制都更关注价格属性，买卖双方 Agent 对价格和交货期的期望值和极限值如表 3.12 所示，买卖双方 Agent 以往交易案例信息见表 3.13，劝说行为的产生规则见表 3.14、表 3.15。

表 3.12　买卖双方 Agent 对价格和交货期的期望值和极限值

买卖双方	价格/元		交货期/天	
	期望值	极限值	期望值	极限值
Agent a（买方）	30	36	3	5
Agent b（卖方）	45	35	7	4

表 3.13　买卖双方 Agent 以往交易案例信息

买卖双方	案例	（期望价格，期望交货期）	（成交价格，成交交货期）	劝说轮次	劝说结果
Agent a	1	（30, 3）	（35, 5）	5	成功
	2	（35, 3）	（41, 6）	7	成功
	3	（29, 2）	（35, 6）	8	成功
	4	（31, 3）	（38, 7）	6	成功
	5	（30, 2）	（33, 4）	4	成功
Agent b	1	（45, 9）	（37, 5）	6	成功
	2	（47, 10）	—	4	失败
	3	（46, 9）	（38, 6）	5	成功
	4	（45, 8）	—	5	失败
	5	（47, 10）	（37, 7）	7	成功

表 3.14　买方情感劝说行为的产生规则

$PU_b - PU_a$	$E_{joy,t}$	$E_{anger,t}$	$E_{fear,t}$	$E_{sadness,t}$
[−1, −0.6]	Rewarding	Appealing	Encouraging	Sympathizing
(−0.6, −0.2]	Rewarding	Appealing	Sympathizing	Encouraging
(−0.2, 0.2)	Encouraging	Warning	Appealing	Sympathizing
[0.2, 0.6)	Appealing	Warning	Sympathizing	Encouraging
[0.6, 1]	Appealing	Punitiveness	Sympathizing	Warning

表 3.15　卖方情感劝说行为的产生规则

$PU_b - PU_a$	$E_{joy,t}$	$E_{anger,t}$	$E_{fear,t}$	$E_{sadness,t}$
[−1, −0.6]	Appealing	Punitiveness	Warning	Sympathizing
(−0.6, −0.2]	Appealing	Warning	Sympathizing	Encouraging
(−0.2, 0.2)	Encouraging	Warning	Appealing	Sympathizing
[0.2, 0.6)	Rewarding	Appealing	Sympathizing	Encouraging
[0.6, 1]	Rewarding	Appealing	Encouraging	Sympathizing

为了展现本节模型的效果和优势，本节利用计算机技术中的 Python 编程语言，通过实现真实的系统模拟，对没有加入情感因素和映射方法的基于 Agent 的劝说行为产生模型（persuasion behavior generation model based on agent，PMBA）和本节的基于 Agent 的映射的情感劝说提议产生模型（emotional persuasion proposal generation model based on agent’s mapping，PGMBA）进行了系统实现，具体如下。

1）PMBA

在传统的基于 Agent 的劝说过程中，Agent 通常按照固定的劝说行为，根据固定的让步步长进行劝说交互，在这种情况下，买卖双方的劝说更新函数如下：

$$T_k\langle t_1,t_2,\cdots,t_n\rangle=\begin{cases}T_{k-1}\langle t_1,t_2,\cdots,t_n\rangle+[\upsilon_1 \quad \upsilon_2 \quad \cdots \quad \upsilon_n]，买方\\T_{k-1}\langle t_1,t_2,\cdots,t_n\rangle-[\upsilon_1 \quad \upsilon_2 \quad \cdots \quad \upsilon_n]，卖方\end{cases} \tag{3.30}$$

式中，υ_1 为针对属性 1 的固定让步步长，可根据案例库中 Agent 1 和 Agent 2 的历史交易信息得到，即 $\upsilon_i=\text{Ard}/(\overline{r}-1)$，计算得到 Agent 1 的 υ_1 和 υ_2 分别为 1.0514 和 0.6076，Agent 2 的 υ_1 和 υ_2 分别为 1.7556 和 0.58333，劝说交互结果如表 3.16 所示。

表 3.16　采用 PMBA 的劝说交互结果

轮次	买方提议值	卖方提议值
1	(30.00, 3.00)	(45.00, 7.00)
2	(31.05, 3.61)	(43.24, 6.32)
3	(32.10, 4.22)	(41.49, 5.63)

续表

轮次	买方提议值	卖方提议值
4	（33.15, 4.82）	（39.73, 4.95）
5	（34.21, 5.00）	（37.98, 4.27）
6	（35.26, 5.00）	（36.22, 4.27）
7	（36.00, 5.00）	（35.00, 4.27）

由表 3.16 可以看出不考虑情感和映射时，买卖双方 Agent 以固定的让步步长，经过 7 轮达成交易，成交值为双方最终提议的平均值，即[35.5, 4.635]。

2）PGMBA

采用本节提出的 PGMBA 进行交互实验，Agent *a* 和 Agent *b* 的历史成交数据如表 3.17 和表 3.18 所示，运行结果如表 3.19 所示。

表 3.17　Agent *a* 采用 PGMBA 的历史成交数据

期望（价格、交货期）	成交（价格、交货期）	劝说次数	结果
（30, 3）	（35, 5）	5	成功
（35, 3）	（41, 6）	7	成功
（29, 2）	（35, 6）	8	成功
（31, 3）	（38, 7）	6	成功
（30, 2）	（33, 4）	4	成功

表 3.18　Agent *b* 采用 PGMBA 的历史成交数据

期望（价格、交货期）	成交（价格、交货期）	劝说次数	结果
（45, 9）	（37, 5）	6	成功
（47, 10）	—	—	失败
（46, 9）	（38, 6）	7	成功
（45, 8）	—	—	失败
（47, 10）	（37, 7）	5	成功

表 3.19　采用 PGMBA 的劝说结果

轮次	Agent *a* 劝说行为	Agent *a* 提议值	Agent *a* 主导情感	Agent *b* 主导情感	Agent *b* 劝说行为	Agent *b* 提议值
1	Appealing	（30, 3）	恐惧	高兴	Encouraging	（45, 7）
2	Appealing	（30.96, 3.19）	感激	高兴	Encouraging	（42.3, 6.16）
3	Appealing	（31.95, 3.39）	自责	高兴	Encouraging	（39.76, 5.42）
4	Appealing	（32.97, 3.61）	恐惧	高兴	Encouraging	（37.38, 4.77）
5	Appealing	（34.03, 3.84）	愤怒	高兴	Encouraging	（35.13, 4.19）
6	Appealing	（35.12, 4.09）	感激	高兴	Encouraging	（35, 4）

具体的情感劝说交互过程如表 3.20 所示。

表 3.20　采用 PGMBA 的劝说过程

轮次	Agent *a*（买方）			Agent *b*（卖方）		
	主导情感	劝说行为	提议	主导情感	劝说行为	提议
1	恐惧	Appealing	(30.00, 3.00)	高兴	Encouraging	(45.00, 7.00)
2	高兴	Encouraging	(30.96, 3.45)	高兴	Encouraging	(42.30, 6.16)
3	恐惧	Appealing	(31.95, 3.97)	高兴	Appealing	(39.76, 5.22)
4	恐惧	Appealing	(32.97, 4.56)	高兴	Encouraging	(37.38, 4.57)
5	高兴	Encouraging	(34.03, 4.09)	高兴	Encouraging	(35.13, 4.00)
6	恐惧	Appealing	(35.12, 4.09)	高兴	Encouraging	(35.00, 4.00)

由表 3.19 可以看出，采用 PGMBA 时，买卖双方 Agent 根据主导情感和劝说行为，动态地产生劝说提议，经过 6 轮达成交易。从表 3.20 中可以看出，双方成交值为双方最终提议的平均值，即[35.06, 4.045]。

2. 分析

1）对比分析

观察以上实验结果可得，使用 PMBA 和 PGMBA，买卖双方各属性成交速度对比图如图 3.7 所示，买卖双方成交值对比图如图 3.8 所示。

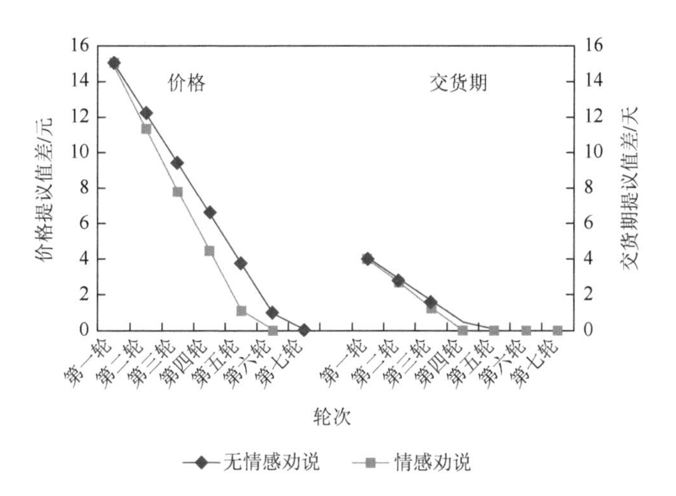

图 3.7　买卖双方各属性成交速度对比图

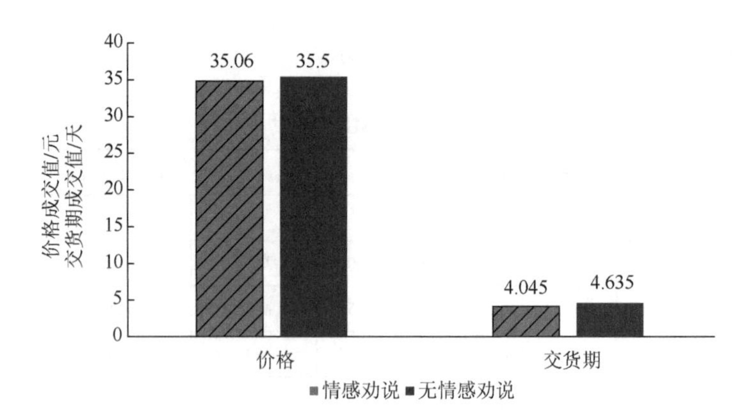

图 3.8　买卖双方成交值对比图

综合分析两种模型的实验结果，可得：①使用 PMBA 的交互轮数为 7 轮，使用 PGMBA 的交互轮数为 6 轮，可见，使用加入情感和映射的劝说交互速度更快；②使用 PGMBA 的价格成交值和交货期成交值均低于 PMBA，可见，使用本节模型相对于买方 Agent 更加有利；③由图 3.7 可得，调整合适的参数后，无论价格还是交货期，使用 PGMBA 都比使用 PMBA 的收敛速度更快。因此，加入情感和映射的劝说交互过程更加符合实际劝说场景，对买方来说更具有有效性。

2）敏感性分析

在实验的情感劝说交互过程中，与 Agent 情感相关联，进而影响劝说行为的参数主要有心情更新权重 ω_1、ω_2 和让步幅度 $\tau_{E_{\max}}$，由于 $\omega_2 = 1-\omega_1$，因此可变化的参数为 $\omega_1^{\text{Agent } a}$、$\omega_1^{\text{Agent } b}$ 和 $\tau_{E_{\max}}$。本节通过不同的参数组合，使用 Python 得到了劝说中单个参数变化对应的劝说结果的变化情况。图 3.9 和图 3.10 展示了心情更新权重 ω_1、ω_2 和让步幅度 $\tau_{E_{\max}}$ 的敏感性分析结果。

图 3.9 是 $\omega_1^{\text{Agent } b}$ 取最优且双方 $\tau_{E_{\max}}$ 取表 3.20 中的值时，$\omega_1^{\text{Agent } a}$ 的变化对劝说交互过程的影响，图 3.10 是 $\omega_1^{\text{Agent } a}$ 取最优且双方 $\tau_{E_{\max}}$ 取表 3.20 中的值时，$\omega_1^{\text{Agent } b}$ 的变化对劝说交互过程的影响。从图 3.9 和图 3.10 中可以看出，随着 ω_1 的减小，劝说的收敛速度加快。由于 ω_1 和 ω_2 分别是上一轮次心情和情绪对当前轮次心情的影响权重，可得到结论：情绪经历（即上一轮次情绪）对当前心情的影响权重越大，劝说收敛速度越快。

图 3.11 是 $\omega_1^{\text{Agent } a}$ 和 $\omega_1^{\text{Agent } b}$ 都取最优时，单一劝说属性的 $\tau_{E_{\max}}$ 变化对劝说收敛速度的影响，图中纵轴的取值是劝说成功所需轮数的倒数，当达到 0.5 时，代表只需两轮即可劝说成功，达成合作。从图 3.11 可以看出，交货期的 $\tau_{E_{\max}}$ 固定时，随着价格让步幅度的增大，劝说的收敛速度加快。同样，价格的 $\tau_{E_{\max}}$ 固定时，随着交货期让步幅度的增大，劝说的收敛速度也加快。

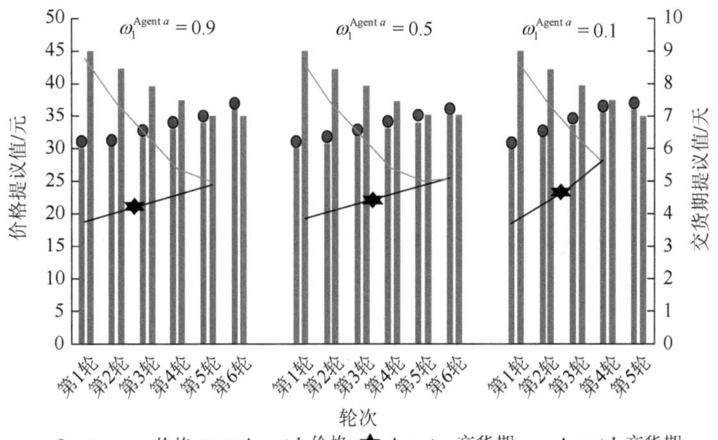

图 3.9　$\omega_1^{\text{Agent }b}$ 和 $\tau_{E_{\max}}$ 固定，$\omega_1^{\text{Agent }a}$ 可变

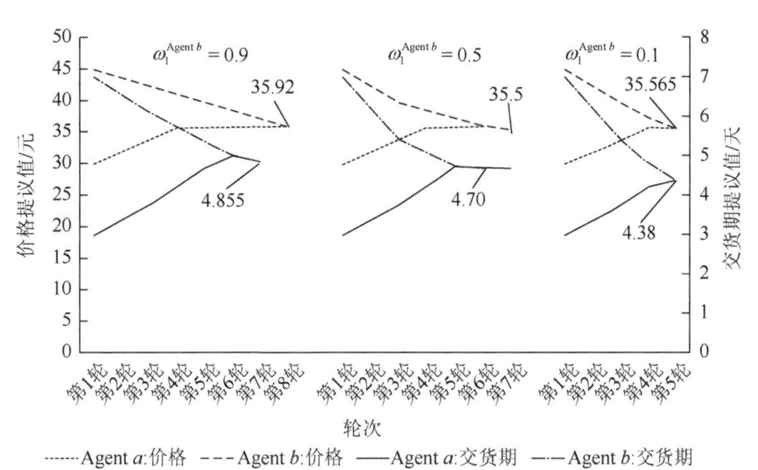

图 3.10　$\omega_1^{\text{Agent }a}$ 和 $\tau_{E_{\max}}$ 固定，$\omega_1^{\text{Agent }b}$ 可变

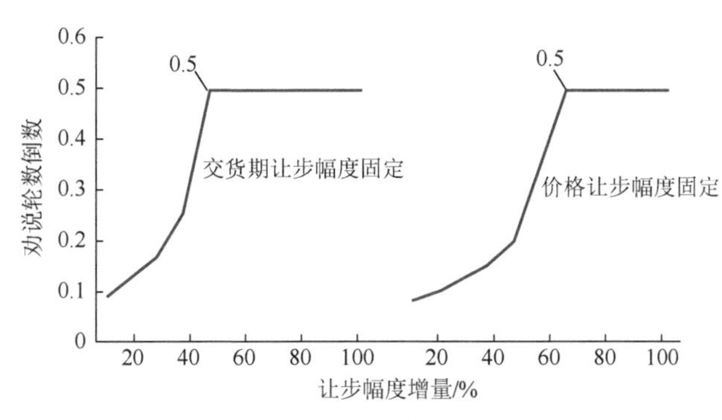

图 3.11　$\omega_1^{\text{Agent }a}$ 和 $\omega_1^{\text{Agent }b}$ 固定，$\tau_{E_{\max}}$ 可变

综上可得：ω_1 越小，劝说收敛速度越快，$\tau_{E_{\max}}$ 越大，劝说收敛速度越快。

3.4.4 结论与讨论

1）研究结论

在传统的基于 Agent 的劝说过程中，Agent 通常按照固定的劝说行为，根据固定的让步步长进行劝说交互，产生的 Agent 劝说与实际劝说提议的产生过程相差甚远，这导致 Agent 不适用于动态变化的劝说环境，相比现有研究，本节做出的改进和相应的结论如下。

首先，将情感引入基于 Agent 的劝说模型中，让劝说 Agent 模拟人类情感产生过程，其优势在于：使 Agent 更加拟人化，劝说过程更加符合实际，有助于赋予 Agent 创造性的思考能力和独立的决策能力。

其次，将映射的概念引入基于 Agent 的情感劝说领域，并结合心理学中情感的概念，得出了基于 Agent 的情感映射概念，由于性格、心情、情绪和情感的产生并不是独立存在的，它们之间相互影响，通过映射的方法将这些情感特征联系起来，使 Agent 所产生的情感更符合情感的实际产生过程，更适用于动态变化的劝说环境。

最后，基于 Agent 的情感产生模型和多层情感模型相比，加入个性化参数的情感映射模型和加入修正矩阵的情感映射模型可以更加精准地映射得到心情和情绪特征值；考虑心情更新、情绪衰减和情绪调节更加精确的量化情感，可以真实地模拟人类情感的产生，提高了对动态变化劝说环境的适应性。

2）管理启示

基于 Agent 的情感劝说的研究对企业商务智能中的自动谈判领域及人工智能情感研究领域都有一定的理论和实践意义。

在理论方面，在较大程度上将管理中的不确定性问题尤其是 Agent 的情感转化为参与谈判的企业各方都乐于接受的确定性问题，降低了情感导致的不确定性，从而推动了情感和商务智能领域的理论及模型的应用研究。

在实践方面，充分考虑了基于 Agent 的情感的人工智能特性，对企业实际谈判人员的情感及情感变化进行模拟，不仅可以部分或全部代替人完成商务谈判，降低企业成本，还能保证谈判 Agent 模拟的真实性，优化和提高企业商务谈判速度及效率，改善和提高企业商务绩效及决策水平，并具有应用到企业管理中的价值。

3.5　基于 Agent 的映射的情感劝说提议策略模型、评价模型及让步模型

3.5.1　基于 Agent 的映射的情感劝说提议策略模型

基于 Agent 的映射的情感劝说提议策略包括初始提议产生策略和提议更新策略两个核心部分，因此相应的模型建立也应围绕这二者展开。伍京华等（2020e）对基于 Agent 的映射的情感劝说进行了初步研究，伍京华等（2021b）进一步对相应的行为产生进行了研究，都对该领域做出了一定贡献，但对其中的提议策略尤其是初始提议产生策略和提议更新策略的研究都还有较大的提升空间。

遗传算法以生物进化为原型，具有很好的全局搜索能力，适于建立相应的初始提议产生模型，但由于其局部搜索能力较差（雷绍雍和刘靖旭，2020），所以还有一定的改进空间。情感强度第三定律认为情感强度与时间呈负指数函数关系，适于建立相应的提议更新策略模型，但由于其仅考虑负变化（Hortensius et al.，2018），所以也存在一定的改进空间。因此，本节结合以上分析和本书研究主题及背景，在伍京华等（2020e，2021b）的研究基础上进一步研究基于 Agent 的映射的情感劝说提议策略，首先利用最优个体保留策略和自适应规则，引入遗传算法后进行改进，提出相应的初始提议产生策略；其次利用反三角函数对情感强度第三定律进行改进，并提出提议更新策略影响因子，从而提出相应的提议更新策略模型。

1. 基于改进遗传算法的初始提议产生策略

在基于 Agent 的映射的情感劝说中，以 Agent a 代表买方 Agent，Agent b 代表卖方 Agent，将 Agent 的最终目标分为买卖双方整体利益最大化、买方利益最大化和卖方利益最大化，可得相应目标函数为

$$\max U=\begin{cases}\max(U_a+U_b), & \text{object}=\text{整体利益最大化}\\ \max U_b, & \text{object}=\text{Agent } b\text{利益最大化}\\ \max U_a, & \text{object}=\text{Agent } a\text{利益最大化}\end{cases} \tag{3.31}$$

式中，object 为 Agent 情感劝说的最终目标；U_a、U_b 分别为买卖双方 Agent 的综合效用评价值，通过下面的式（3.32）计算：

$$U_a=\sum_{i=1}^{n}\omega_i f_a(x_i)$$

$$U_b = \sum_{i=1}^{n} \omega_i f_b(x_i)$$

$$f(x_i) = \begin{cases} \dfrac{x_{i,\text{limit}} - x_i}{x_{i,\text{limit}} - x_o}, & \text{成本型} \\ \dfrac{x_i - x_{i,\text{limit}}}{x_o - x_{i,\text{limit}}}, & \text{效益型} \end{cases} \tag{3.32}$$

式中，ω_i 为 Agent 针对情感劝说属性 i 的权重；$f_a(x_i)$ 和 $f_b(x_i)$ 分别为买卖双方 Agent 针对情感劝说属性 i 的提议的效用评价值；x_i 为情感劝说提议值，其取值在买卖双方 Agent 情感劝说属性的有效区间内；x_o 和 $x_{i,\text{limit}}$ 分别为买方 Agent 或卖方 Agent 的情感劝说期望值和极值，且 $x_i \subset \left[\min\left\{x_o^a, x_{i,\text{limit}}^a\right\}, \max\left\{x_o^a, x_{i,\text{limit}}^a\right\}\right] \cap \left[\min\left\{x_o^b, x_{i,\text{limit}}^b\right\}, \max\left\{x_o^b, x_{i,\text{limit}}^b\right\}\right]$。在以上基础上，引入遗传算法并进行改进，得到初始提议产生策略，具体步骤如下。

（1）构建适应度函数。买卖双方 Agent 根据自身情感劝说行为输入各属性的初始值，得到目标函数及其有效范围（即有效情感劝说区间）。

（2）计算适应度。采用如式（3.33）所示的比例选择法对初始种群的个体适应度进行排序：

$$p_i = \frac{\text{fit}_i}{\sum_{i=1}^{n} \text{fit}_i} \tag{3.33}$$

式中，p_i 为个体适应度比例；fit_i 为单一个体适应度值；$\sum_{i=1}^{n} \text{fit}_i$ 为种群的整体适应度值。买卖双方 Agent 的适应度表达式为

$$\text{fit}(x_1, x_2, \cdots, x_n) = \mu_{a,\max} \sum_{i=1}^{n} \omega_i^a v_a(x_i) + \mu_{b,\max} \sum_{i=1}^{n} \omega_i^b v_b(x_i) \tag{3.34}$$

式中，$\mu_{a,\max}$、$\mu_{b,\max}$ 分别为买卖双方 Agent 的主导情感；$v_a(x_i)$ 和 $v_b(x_i)$ 分别为种群中买卖双方 Agent 的个体效用评价值。

按照最优个体保留策略，在排好序的个体中选择适应度较高的个体进行复制。

（3）交叉操作。采用式（3.35）进行交叉操作：

$$u(g+1) = P_c(g) x_i(g) \tag{3.35}$$

式中，$u(g+1)$ 为第 $g+1$ 代交叉操作的属性提议值；$x_i(g)$ 为第 g 代第 i 个属性的情感劝说提议值；$P_c(g)$ 为第 g 代的交叉率，根据下面的式（3.36）对交叉率进行动态调整：

$$P_c(g) = P_c(1) - (g-1) \times c / G \tag{3.36}$$

式中，c 为交叉率的交叉系数；G 为最大繁衍代数；$P_c(1)$ 为首代交叉率。

（4）计算变异系数。采用下面的式（3.37）进行交叉操作，对情感劝说提议值进行缩放：

$$v'(g+1)=x_i(g)+P_m(g)\frac{x_i(g)-x_i(g-1)}{2} \tag{3.37}$$

式中，$x_i(g-1)$ 为第 g–1 代第 i 个属性的情感劝说提议值，根据式（3.38）对变异率进行动态调整：

$$P_m(g)=P_m(1)-(g-1)\times m/G \tag{3.38}$$

$P_m(g)$ 为第 g 代的变异率；m 为变异率的变异系数。

（5）形成新种群。假设交叉和变异操作后产生的种群为 M，按照最优个体保留策略产生的种群为 N，将 M 和 N 相加，形成新种群 $M+N$。个体间的码距按下面的式（3.39）计算：

$$d_{ij}=\sqrt{\sum_{k=1}^{l}(x_{ik}-x_{jk})^2} \tag{3.39}$$

式中，$i=1,2,3,\cdots,M+N-1$；$j=i+1,\cdots,M+N$；x_{ik} 为第 k 轮第 i 个个体的提议值；x_{jk} 为第 k 轮第 j 个个体的提议值；l 为变量个数。由此可得个体间初始距离 L 为

$$L=\sum_{i=1}^{M+N-1}\sum_{j=2}^{M+N}d_{ij}/C_{M+N}^2 \tag{3.40}$$

式中，L 为个体间的初始距离；d_{ij} 为个体 i 和 j 的码距，且有

$$L'=L/g \tag{3.41}$$

式中，L' 为第 g 代繁衍个体间的距离。

如果 $g>G$，结束并输出结果，否则转步骤（1）。

2. 基于情感强度第三定律的提议更新策略

在上述初始提议产生之后，基于Agent的映射的情感劝说中的Agent还应针对不同属性，根据情感类型和强度产生不同的提议更新策略，促使自动谈判顺利完成。结合情感强度第三定律（Hortensius et al.，2018），情感强度与时间呈指数函数关系，适于构建该策略，但该定律仅考虑情感衰减，系统性和全面性均有待提高。因此，本节在此基础上，进一步考虑情感强度增强，同时结合情感劝说对谈判对方Agent的刺激，引入行为影响因子（Zhang et al.，2020）并进行改进后提出提议更新策略影响因子，从而设立主导情感更新函数如下：

$$\begin{aligned}\mu_a^{k,\max}&=\mu_a^{k-1,\max}\cdot e^{-\beta\Delta t}+r_a^k\\ \mu_b^{k,\max}&=\mu_b^{k-1,\max}\cdot e^{-\beta\Delta t}+r_b^k\end{aligned} \tag{3.42}$$

式中，β 为变化率；Δt 为上一轮情感劝说持续时间；r_a^k 和 r_b^k 分别为买方和卖方

第 k 轮次的提议更新策略影响因子，$r_a^k, r_b^k \in [0,1]$；$\mu_a^{k-1,\max}$ 和 $\mu_b^{k-1,\max}$ 分别为买方和卖方上一轮次的主导情感值；$\mu_a^{k,\max}$ 和 $\mu_b^{k,\max}$ 分别为买方和卖方当前轮次的主导情感值。

$$\mu^{k-1,\max} = \underset{E_{k-1}}{\arg\max} \left| \mu_{k-1} \right| \tag{3.43}$$

$$r_a^k = \frac{1}{n}\sum_{i=1}^{n}\left|\frac{x_{ai}^k - x_{ai}^{k-1}}{x_{bi}^k - x_{bi}^{k-1}}\right|$$

$$r_b^k = \frac{1}{n}\sum_{i=1}^{n}\left|\frac{x_{bi}^k - x_{bi}^{k-1}}{x_{ai}^k - x_{ai}^{k-1}}\right| \tag{3.44}$$

x_{ai}^k 和 x_{bi}^k 分别表示 Agent a 和 Agent b 第 k 轮针对属性 i 的提议值；x_{ai}^{k-1} 和 x_{bi}^{k-1} 分别表示 Agent a 和 Agent b 第 $k-1$ 轮针对属性 i 的提议值。

综合以上研究及相关文献（Yang et al.，2018），可构建相应的情感劝说提议更新策略如下：

$$T_b^k\left\langle x_1, x_2, \cdots, x_n \right\rangle = T_b^{k-1}\left\langle x_1, x_2, \cdots, x_n \right\rangle - \left|\mu_b^{k,\max}\right| \cdot r_b^{k-1}$$

$$T_a^k\left\langle x_1, x_2, \cdots, x_n \right\rangle = T_a^{k-1}\left\langle x_1, x_2, \cdots, x_n \right\rangle + \left|\mu_a^{k,\max}\right| \cdot r_a^{k-1}$$

$$\Pi_a = \left\{ \Psi_a^k \mid T_a^k\left\langle x_1, x_2, \cdots, x_n \right\rangle, \text{object}, i, \psi_i, U \right\} \tag{3.45}$$

$$\Pi_b = \left\{ \Psi_b^k \mid T_b^k\left\langle x_1, x_2, \cdots, x_n \right\rangle, \text{object}, i, \psi_i, U \right\}$$

式中，$\mu_a^{k,\max}$ 和 $\mu_b^{k,\max}$ 为买卖双方 Agent 在第 k 轮次主导情感的情感强度值；$T_a^k\left\langle x_1, x_2, \cdots, x_n \right\rangle$ 和 $T_b^k\left\langle x_1, x_2, \cdots, x_n \right\rangle$ 为买卖双方 Agent 在第 k 轮次的属性提议值；Π_a 和 Π_b 为买卖双方 Agent 的映射规则；Ψ_a^k 和 Ψ_b^k 为买卖双方 Agent 的情感劝说策略；i 为 Agent 的情感劝说属性；ψ_i 为 Agent 的情感劝说策略强度；U 为 Agent 的综合效用评价值。其中，当 object 不同时，Ψ_a^k 和 Ψ_b^k 的计算方法如式（3.46）～式（3.48）所示。

（1）object＝整体利益最大化时：

$$\Psi_a^k = \Psi_b^k = \left(\frac{T_a^k\left\langle x_1, x_2, \cdots, x_n \right\rangle|_i}{\psi_i} + \frac{T_b^k\left\langle x_1, x_2, \cdots, x_n \right\rangle|_i}{\psi_i} \right) / (U_a + U_b) \tag{3.46}$$

（2）object＝Agent a 利益最大化时：

$$\Psi_a^k = \frac{T_a^k\left\langle x_1, x_2, \cdots, x_n \right\rangle|_i}{\psi_i\left(U_a + U_b\right)}$$

$$\Psi_b^k = \frac{T_b^k\left\langle x_1, x_2, \cdots, x_n \right\rangle|_i}{\psi_i U_b} \tag{3.47}$$

（3）object＝Agent b 利益最大化时：

$$\Psi_a^k = \frac{T_a^k \langle x_1, x_2, \cdots, x_n \rangle|_i}{\psi_i U_a}$$
$$\Psi_b^k = \frac{T_b^k \langle x_1, x_2, \cdots, x_n \rangle|_i}{\psi_i (U_a + U_b)} \tag{3.48}$$

3. 模型的算法及流程图

综合以上研究，可将上述基于Agent的映射的情感劝说提议策略模型以算法及图3.12的流程图形式表示如下。

算法3.1：基于Agent的映射的情感劝说提议策略模型的具体实现

输入：k、x_0^a、$x_{0,\text{limit}}^a$、x_0^b、$x_{0,\text{limit}}^b$、ω_0^a、ω_0^b

输出：U_a、U_b、U、$\{x_0^a,\cdots,x_i^a,\cdots,x_n^a\}$、$\{x_0^b,\cdots,x_i^b,\cdots,x_n^b\}$

1：$T=k=0$
2：生成基于遗传算法的初始提议值（算法3.2）；
3：IF $U>U$的最小值 THEN
4：　IF $U<=U$的期望值 THEN
5：　　买方和卖方情感更新，计算式（3.42）；
6：　　买方和卖方更新提议更新策略影响因子，计算式（3.44）；
7：　　买方和卖方更新情感劝说提议值，计算式（3.45）；
8：　　IF $T<=T_{\max}$ THEN
9：　　　$k=k+1$；
10：　　　Cycle step4 to step9
11：　　ELSE
12：　　　情感劝说失败，情感劝说结束；
13：　　ENDIF
14：　ELSE
15：　　达成协议，情感劝说结束；
16：　ENDIF
17：ELSE
18：　情感劝说失败，情感劝说结束；
19：ENDIF

算法3.2：基于遗传算法的初始提议产生的具体实现

输入：G、x_0^a、$x_{0,\text{limit}}^a$、x_0^b、$x_{0,\text{limit}}^b$、ω_0^a、ω_0^b

输出：g、$\{x_0^a,\cdots,x_i^a,\cdots,x_n^a\}$、$\{x_0^b,\cdots,x_i^b,\cdots,x_n^b\}$

1：$g=0$
2：随机生成的初始种群$p(g)$，计算式（3.33）和式（3.34）；
3：个体适应度降序排列，选择N个适合度较大的个体；
4：根据$p(g)$选择种群 $p_1(g)$；
5：根据式（3.35）和式（3.36）获得种群$p_2(g)$；
6：计算式（3.37）和式（3.38）获得种群$p_3(g)$；
7：对$M+N$个新个体适应度降序排列，计算式（3.39）和式（3.40），选择前M 个个体得到$p_4(g)$；
8：IF $g<=G$ THEN
9：　$g=g+1$；

```
10：  p(g) = p4(g)；
11：  Cycle step4 to step10
12：ELSE
13：  最佳解决方案是初始方案；
14：ENDIF
15：END
```

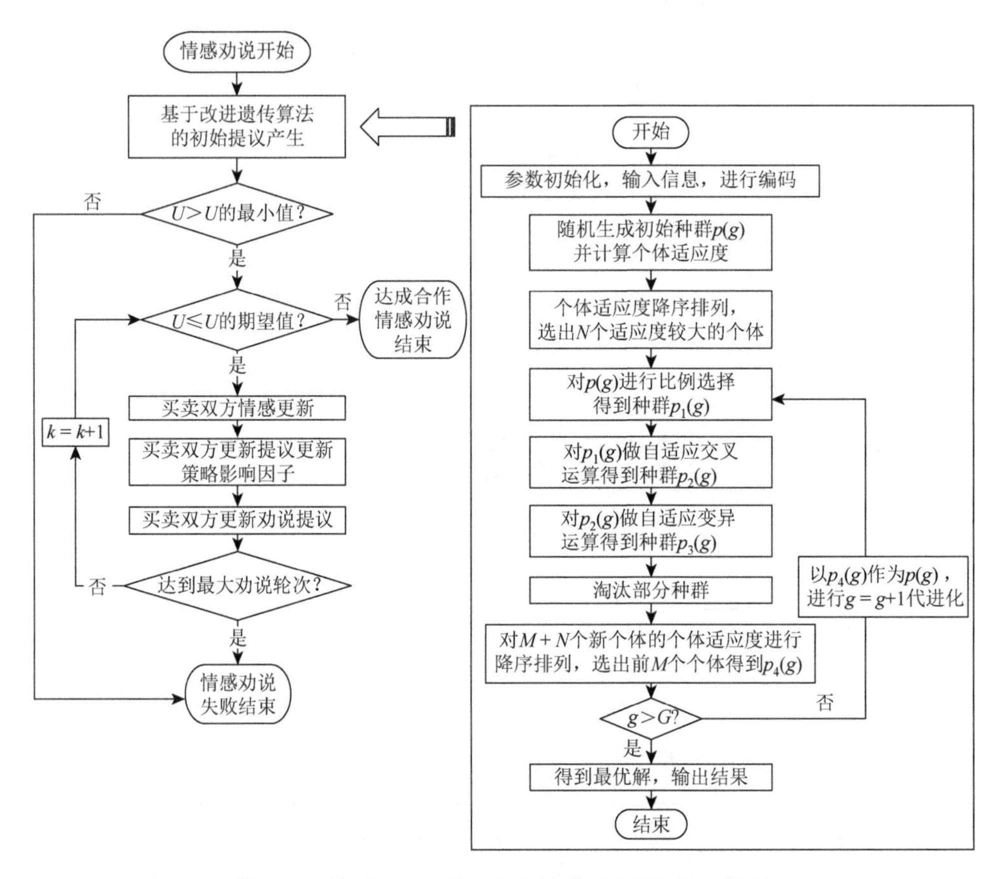

图 3.12　基于 Agent 的映射的情感劝说提议策略模型

3.5.2　基于 Agent 的映射的情感劝说提议评价模型

本节针对基于 Agent 的情感提议评价研究中情感因素欠缺定量测度以及情感与劝说过程联系薄弱的问题，以期通过建立量化的情感与劝说之间的合理映射实现提升情感劝说效率的目的。首先，对 Agent 模拟人的情绪和情感重新进行分类，引入情感偏好隶属度，结合情感强度第一定律和无后效应，建立基于 Agent 的“情绪—情感”和“情感—情感偏好隶属度”的自下而上的逐层级的对应关系，系统地完成相应的模型建设。其次，将情感偏好隶属度与累积前景理论进行联系，设计研究出以其为基础的评价方案，进而得到以 Agent 为基础的劝说提议的评价模型。

1. 基于 Agent 的“情绪—情感”的映射

本节模型的“情绪—情感”映射关系中，Agent 情感包括悲伤（sadness）、愤怒（anger）、高兴（joy）三种类型，因此可以用一个三维向量表示情感：$F^{\text{Agent}}(t)$。Mehrabian（1996b）研究得出，由 PAD 模型映射到用于商务谈判的情绪模型的映射矩阵 $M_{\text{PAD}\to\text{OCC}}$ 如式（3.49）所示：

$$M_{\text{PAD}\to\text{OCC}}=\left[M_{ij}\right]_{1\times 11}=\begin{bmatrix} M_{\text{Distress}} \\ M_{\text{Pity}} \\ M_{\text{Remorse}} \\ M_{\text{Disappointment}} \\ M_{\text{Resentment}} \\ M_{\text{Anger}} \\ M_{\text{Reproach}} \\ M_{\text{Joy}} \\ M_{\text{Hope}} \\ M_{\text{Satisfaction}} \\ M_{\text{Admiration}} \end{bmatrix}=\begin{bmatrix} -0.40 & -0.20 & 0.40 \\ -0.30 & -0.40 & -0.40 \\ -0.30 & -0.10 & -0.60 \\ -0.51 & -0.59 & 0.25 \\ -0.64 & 0.60 & -0.43 \\ -0.40 & 0.20 & 0.50 \\ -0.20 & 0.50 & -0.30 \\ 0.40 & 0.30 & 0.30 \\ 0.40 & 0.20 & 0.10 \\ 0.30 & 0.10 & 0.20 \\ 0.20 & 0.20 & -0.10 \end{bmatrix} \tag{3.49}$$

式中，M_{ij} 表示第 i 行第 j 列的情感向量。

根据 Scherer（2005）的研究，由于 Agent 情感会受到外界环境以及性格、情绪的影响，如下式所示：

$$\begin{cases} C_t\langle f\mid\mu(I)\rangle=C_t\left\langle\left(F^{\text{Agent }a}(t)\right)\vee\left(F^{\text{Agent }b}(t)\right)\vee\left(T_{\text{standard}}\right)\mid\mu(I)\right\rangle, & t=1 \\ C_t\langle f\mid\mu(I)\rangle=C_t\left\langle\left(T_{\text{comp},t}\right)\vee\left(T_{\text{self},t-1}\right)\vee\left(T_{\text{standard}}\right)\mid\mu(I)\right\rangle, & t>1 \end{cases} \tag{3.50}$$

式中，C_t 表示 t 时刻情感被影响的程度；$\mu(I)$ 表示 Agent 对属性 I 的情感偏好隶属度；f 表示事件 $\mu(I)$ 发生的概率；$F^{\text{Agent }a}(t)$ 和 $F^{\text{Agent }b}(t)$ 分别表示 Agent a 和 Agent b 产生的初始情感劝说提议，T_{standard}、$T_{\text{comp},t}$ 和 $T_{\text{self},t-1}$ 分别表示 Agent 当前情感劝说提议值、对手当前轮次的情感劝说提议值和自身前一轮次的情感劝说提议值。

假设性格导致的 Agent 情感为 I，加入情绪影响的 Agent 情感为初始情感 $I=\{I_1,I_2,\cdots,I_n\}$，依据 Zhou（2018）研究的线性情感映射关系，本节得到 Agent 的初始情感强度如下：

$$E^0=\frac{E_p}{\sum_{p=1}^{3}E_p} \tag{3.51}$$

式中，E_p 表示当前轮次情感。

初始情感中各类型的情感强度如式（3.52）～式（3.54）所示：

$$E_{\text{sadness}}^0=E_{p,\text{sadness}}/\sum_{j'=1}^{4}m_{j'} \tag{3.52}$$

式中，E_{sadness}^0 为 PAD 模型映射到用于商务谈判的情绪模型中“悲伤”的初始情感强度，$E_{p,\text{sadness}}$ 为当前谈判轮次“悲伤”的情感强度。

$$E_{\text{anger}}^0=f\left(M_{E_{\text{anger}}},E_{p,\text{anger}}\right)=E_{p,\text{anger}}/\sum_{j'=1}^{3}m_{j'} \tag{3.53}$$

$$E_{\text{joy}}^0=f\left(M_{E_{\text{joy}}},E_{p,\text{joy}}\right)=E_{p,\text{joy}}/\sum_{j'=1}^{4}m_{j'} \tag{3.54}$$

式中，E_i^0 为 Agent 第 i 种情感的初始情感劝说的情感强度，且情感强度的范围是 $[-1,1]$；i 为三种情感类型中的第 i 种情感类型，i 表示悲伤（sadness）、高兴（joy）和愤怒（anger）；j' 为每种情感所对应的情绪类型中的第 j' 种情绪类型；E_p 为性格直接导致的 Agent 情感强度，有三种类型，受性格直接影响的各类型 Agent 情感强度分别是 E_{sadness}^0、E_{anger}^0、E_{joy}^0；$m_{j'}=\left\{\left[M-(m_{\text{PAD}\to\text{OCC}})_{j'}\right]^{\text{T}}\left[M-(m_{\text{PAD}\to\text{OCC}})_{j'}\right]\right\}^{\frac{1}{2}}$，$(m_{\text{PAD}\to\text{OCC}})_{j'}$ 表示某一情感类型所对应的情绪类型中的第 j' 种情绪的映射矩阵值。

相关文献（Buechele et al.，2019；Radu et al.，2013）表明，情感强度会随时间衰减，且情感强度衰减形式接近指数形式 $y=\text{e}^{-x}$。根据无后效应，t 时刻 Agent 主体的情感强度数值的计算只受最近的之前一段时间 t–1 的情感强度值的影响，t–2 及更早之前的情感强度到 t 时刻的情感强度变化值与 t–1 时刻到 t 时刻的情感强度变化值相比可以忽略不计（陈培友等，2014）。同时，情感强度易受外界刺激的影响，韦伯-费希纳定律表明，情感是高级生物大脑中主观反应的价值差异，即 $\left(x_1,p_1;x_2,p_2;\cdots;x_j,p_j;\cdots;x_n,p_n\right)$，$U(f)=\sum_{j=0}^{n}\pi_j^+(p_j)v(x_j)+\sum_{j=m}^{n}\pi_j^-(p_j)v(x_j)$ 是情感强度系数，$x_1,\cdots,x_n$ 是价值差异值，$\pi_j^+(p_j)$ 和 $\pi_j^-(p_j)$ 均表示价值 p_j 的权重。谈判场景中价值率的计算如下：

$$\Delta p=\left|I_{\text{opponent}}-I_{\exp}\right|/(I_{\text{limit}}-I_{\exp}) \tag{3.55}$$

式中，I_{opponent} 为对方提议值；$I_{\exp}$ 为期望提议值；I_{limit} 为可接受的极限提议值。由于本书价值差异是根据谈判对手的提议值计算的，而其提议值包含了对方发出的情感劝说强弱，为了便于理解，本节可参考情感强度的概念，将情感劝说情景下的价值率相对差定义为情感劝说强度。

综上，在劝说的过程中，更新劝说主体的情感强度需要考虑的第一点是情感随时间的衰减，还要考虑情感劝说强度对 $p_m,\cdots,p_0,\cdots,p_n$ 产生的影响，具体见式（3.56）：

$$E_i^T = E_i^{T-1} \cdot \mathrm{e}^{-\Delta t} + \beta \ln(1+\Delta p) \tag{3.56}$$

式中，E_i^{T-1} 为劝说主体在上一轮次的情感强度值；Δt 为上一轮情感劝说持续的时间；β 为情感强度系数；Δp 为情感劝说强度。

2. 基于 Agent 的“情感—情感偏好隶属度”的映射

在情感劝说过程中，Agent 情感偏好指的是 Agent 会在情感劝说过程中根据自身的当前情感选择对当前轮次有促进作用的情感类型的特性。情感偏好隶属度指的是情感偏好选择情感的情感强度。不同性格的主体在相同环境、相同刺激下会产生不同的情感选择或展现不同的情感强度（Ackert et al.，2020）。外界刺激影响下，Agent 主体情感强度会发生变化，从而引起对应空间的改变，当该空间得到稳定后，可以反映出 Agent 主体的情感偏好隶属度。线性映射能较好地反映 Agent 模拟人的情感与情感偏好隶属度的映射关系，但需要根据具体研究背景中情感强度变化对其产生的影响进行设定。因此，本书在此基础上，给出基于 Agent 的“情感—情感偏好隶属度”的映射模型如下：

$$\mu(I) = \frac{\arg\max\left|E_i(I)\right| - a_i}{b_i - a_i} \tag{3.57}$$

式中，$\mu(I) \in [0,1]$ 为 Agent 对属性 I 的情感偏好隶属度；$E_i(I) \in [a_i, b_i]$ 为 Agent 针对属性 I 的情感 i 的强度值；a_i、b_i 分别为 Agent 针对属性 I 的情感 i 的强度的最小值和最大值。

3. 基于累积前景理论的 Agent 情感劝说评价

结合以上研究，以卖方 Agent b 对买方 Agent a 提出的情感劝说评价为例，具体的评价步骤如下。

（1）确定指标 I，即各个情感劝说属性的提议值，用 $I = \{I_1, I_2, \cdots, I_n\}$ 表示该集合。

（2）确定参考点 I'，即针对各个情感劝说属性的期望值，用 $I' = \{I_1', I_2', \cdots, I_n'\}$ 表示该集合。

（3）确定收益值 x，$x > 0$ 表示收益，$x < 0$ 表示损失。以卖方 Agent 为例，

成本型属性的收益值为 $x_j = I_j' - I_j$，效益型属性的收益值为 $x_j = I_j - I_j'$，且买卖双方的成本型属性和效益型属性收益值正好相反。

（4）确定价值函数 $V(x_j)$，因该函数是效益型属性的凹函数和成本型属性的凸函数，所以 $V(x_j)=\begin{cases} x_j^{\mu_j^{\mathrm{T}}(I)}, & x_j \geqslant 0 \\ -\lambda(-x_j)^{\mu_j^{\mathrm{T}}(I)}, & x_j < 0 \end{cases}$，$\lambda > 0$，$\lambda$ 为损失规避参数。

（5）确定属性的权重值，效益型属性用 $\omega^{+}(p)$ 表示，其计算方式为 $\omega^{+}(p)=\dfrac{p^{y}}{\left[p^{y}+(1-p)^{y}\right]^{1/y}}$，成本型属性用 $\omega^{-}(p)$ 表示，其计算方式为 $\omega^{-}(p)=\dfrac{p^{\delta}}{\left[p^{\delta}+(1-p)^{\delta}\right]^{1/\delta}}$。其中，$p$ 为情感劝说各属性出现的概率，y、δ 分别是实数参数。

（6）累积前景 $(x_1,p_1;x_2,p_2;\cdots;x_j,p_j;\cdots;x_n,p_n)$ 的价值为 $U(f)=\sum_{j=0}^{n}\pi_j^{+}(p_j)v(x_j)+\sum_{j=m}^{0}\pi_j^{-}(p_j)v(x_j)$。其中，$x_0,\cdots,x_n$ 是情感劝说前景所涉及的 $n+1$ 个效益型属性值；$x_m,\cdots,x_0$ 是情感劝说前景所涉及的 $m+1$ 个成本型属性值；π_j^{+} 和 π_j^{-} 分别是效益型属性和成本型属性的决策权重；$p_m,\cdots,p_0,\cdots,p_n$ 分别为属性值 $x_m,\cdots,x_0,\cdots,x_n$ 在整个过程中出现的概率，且 $p_m+\cdots+p_0+\cdots+p_n=1$，如式（3.58）和式（3.59）所示：

$$\pi_j^{+}(p_i)=\begin{cases} \omega^{+}\left(\sum_{k=j}^{n}p_{\langle k\rangle}\right)-\omega^{+}\left(\sum_{k=j+1}^{n}p_{\langle k\rangle}\right), & 0\leqslant j\leqslant n-1 \\ \omega^{+}(p_{\langle j\rangle}), & j=n \end{cases} \tag{3.58}$$

$$\pi_j^{-}(p_j)=\begin{cases} \omega^{-}\left(\sum_{k=j}^{n}p_{\langle k\rangle}\right)-\omega^{-}\left(\sum_{k=j+1}^{n}p_{\langle k\rangle}\right), & m+1\leqslant j\leqslant 0 \\ \omega^{-}(p_{\langle j\rangle}), & j=m \end{cases} \tag{3.59}$$

且 $x_{\langle m\rangle} < x_{\langle m+1\rangle} < \cdots < x_{\langle -1\rangle} < 0 < x_{\langle 1\rangle} < \cdots < x_{\langle n-1\rangle} < x_{\langle n\rangle}$，$p_{\langle k\rangle}$ 表示第 k 个概率。

（7）Agent 对对方的情感劝说提议集 $T_{\mathrm{comp},t}$ 与自身上一轮的提议集 $T_{\mathrm{self},t-1}$、期望提议集 T_{standard} 进行评价，得出三种可能评价集 $f=(T_{\mathrm{comp},t})\vee(T_{\mathrm{self},t-1})\vee(T_{\mathrm{standard}})$。当 $x_3 < x_2 < x_1 \leqslant 0$ 或 $x_3 > x_2 > x_1 \geqslant 0$ 时，$U(f)=\pi_3 v(x_3)+\pi_2 v(x_2)+\pi_1 v(x_1)$，且 $\pi_1 = 1-\omega(p_3+p_2)$，$\pi_2=\omega(p_3+p_2)-\omega(p_3)$，$\pi_3=\omega(p_3)$。其中，期望提议集根据情感劝说开始前双方输入的期望值得到。

Agent 当前的情感劝说提议受上一轮次情感劝说提议、当前情感的影响，且会受到上一轮次累积前景理论评价结果的影响，因此定义 Agent 情感劝说提议更新函数如下：

$$F^{\text{Agent}}(t)=\begin{cases}T_{\text{standard}}, t=0\\ F^{\text{Agent}}(t-1)+E_i^t \max\left\{\left|T_{\text{comp},t-1}-T_{\text{self},t-1}\right|,\left|T_{\text{comp},t-1}-T_{\text{standard}}\right|,\left|T_{\text{self},t-1}-T_{\text{standard}}\right|\right\}, t\neq 0\end{cases} \tag{3.60}$$

根据以上基于累积前景理论的评价步骤以及情感劝说提议更新函数可得到如式（3.61）所示的评价结果，其中，$U(f)$ 表示累积前景价值，$Z[U(f)]$ 表示评价结果：

$$Z[U(f)]=\begin{cases}U(T_{\text{comp},t})\geqslant U(T_{\text{self},t-1})\geqslant U(T_{\text{standard}})\\ U(T_{\text{comp},t})\geqslant U(T_{\text{standard}})\geqslant U(T_{\text{self},t-1})\\ U(T_{\text{self},t-1})>U(T_{\text{comp},t})>U(T_{\text{standard}})\\ U(T_{\text{standard}})>U(T_{\text{comp},t})>U(T_{\text{self},t-1})\\ U(T_{\text{standard}})>U(T_{\text{self},t-1})=U(T_{\text{comp},t})\\ U(T_{\text{self},t-1})>U(T_{\text{standard}})=U(T_{\text{comp},t})\\ U(T_{\text{self},t-1})>U(T_{\text{standard}})>U(T_{\text{comp},t})\\ U(T_{\text{standard}})>U(T_{\text{self},t-1})>U(T_{\text{comp},t})\end{cases} \tag{3.61}$$

Agent 在情感劝说过程中产生的情感与评价结果之间的关系可以用表 3.21 所示的评价规则判断。

表 3.21　评价规则

$Z[U(f)]$	悲伤	愤怒	高兴
$U(T_{\text{comp},t})\geqslant U(T_{\text{self},t-1})\geqslant U(T_{\text{standard}})$ 或 $U(T_{\text{comp},t})\geqslant U(T_{\text{standard}})\geqslant U(T_{\text{self},t-1})$	接受对方的提议，双方达成合作	接受对方的提议，双方达成合作	接受对方的提议，双方达成合作
$U(T_{\text{self},t-1})>U(T_{\text{comp},t})>U(T_{\text{standard}})$ 或 $U(T_{\text{standard}})>U(T_{\text{comp},t})>U(T_{\text{self},t-1})$	奖励型策略	呼吁型策略	奖励型策略
$U(T_{\text{standard}})>U(T_{\text{self},t-1})=U(T_{\text{comp},t})$	呼吁型策略	威胁型策略	奖励型策略
$U(T_{\text{self},t-1})>U(T_{\text{standard}})=U(T_{\text{comp},t})$	威胁型策略	惩罚型策略	呼吁型策略
$U(T_{\text{self},t-1})>U(T_{\text{standard}})>U(T_{\text{comp},t})$ 或 $U(T_{\text{standard}})>U(T_{\text{self},t-1})>U(T_{\text{comp},t})$	惩罚型策略	惩罚型策略	呼吁型策略

表 3.21 中，$U(T_{\text{comp}, t})$代表对方情感劝说提议集合的累积前景价值，$U(T_{\text{self}, t-1})$代表 Agent 自身上一轮次的情感劝说提议集合的累积前景价值，$U(T_{\text{standard}})$代表 Agent 期望提议集合的累积前景价值，即标准提议集合的累积前景价值，评价结果指的是这三者之间的大小关系组合，共 8 种。其中行代表的是不同的评价结果，列代表的是 Agent 的三种不同的情感，分别是悲伤、愤怒、高兴；每一轮根据悲伤、高兴和愤怒累积前景价值的不同组合判断是否接受对方提议，若对方情感劝说提议集合的累积前景价值大于 Agent 自身上一轮次的情感劝说提议集合的累积前景价值，并且对方情感劝说提议集合的累积前景价值大于标准提议集合的累积前景价值，则均可接受对方的提议，双方达成合作；若对方情感劝说提议集合的累积前景价值在 Agent 自身上一轮次的情感劝说提议集合的累积前景价值和标准提议集合的累积前景价值之间，则根据不同的情感产生不同的劝说策略；同样，若对方情感劝说提议集合的累积前景价值与 Agent 自身上一轮次的情感劝说提议集合的累积前景价值相等，但均小于标准提议集合的累积前景价值，也根据不同的情感产生不同的劝说策略，例如，情感为高兴，则会产生最大的让步，因此是奖励型劝说策略；情感为愤怒，则让步会更小甚至是反向让步，因此是威胁型劝说策略；情感为悲伤，则会产生二者之间的适中让步，因此是呼吁型劝说策略。

综合以上研究，对情感劝说提议进行相应评价的流程可用图 3.13 描述。

3.5.3 基于 Agent 的映射的情感劝说提议让步模型

1. 模型描述

基于 Agent 的情感劝说是由基于 Agent 的自动谈判发展而来的，主要是将有关人类情感的研究引入基于 Agent 的劝说型自动谈判中，考虑了情感因素对 Agent 决策行为的影响。本节主要对基于 Agent 的情感劝说中双方 Agent 的让步行为展开研究，通过 Agent 的情感劝说使双方 Agent 在彼此的劝说影响下不断调整各自的劝说策略，同时也促使对方 Agent 不断做出更加适配的情感劝说让步决策，以形成良性互动的商务智能自动谈判模式。

基于 Agent 的情感劝说的过程本质上是买卖双方为了达到各自的最大利益而展开的非完全竞争性的谈判，即双方的期望结果是达成合作。因此，本节将买卖的合作目标定义为双方整体效用最大且各自效用之差最小情况下的双赢合作，依据定义可得目标函数如下：

$$\text{object} = \begin{cases} \max(U_a + U_b) \\ \min(U_a - U_b) \end{cases} \tag{3.62}$$

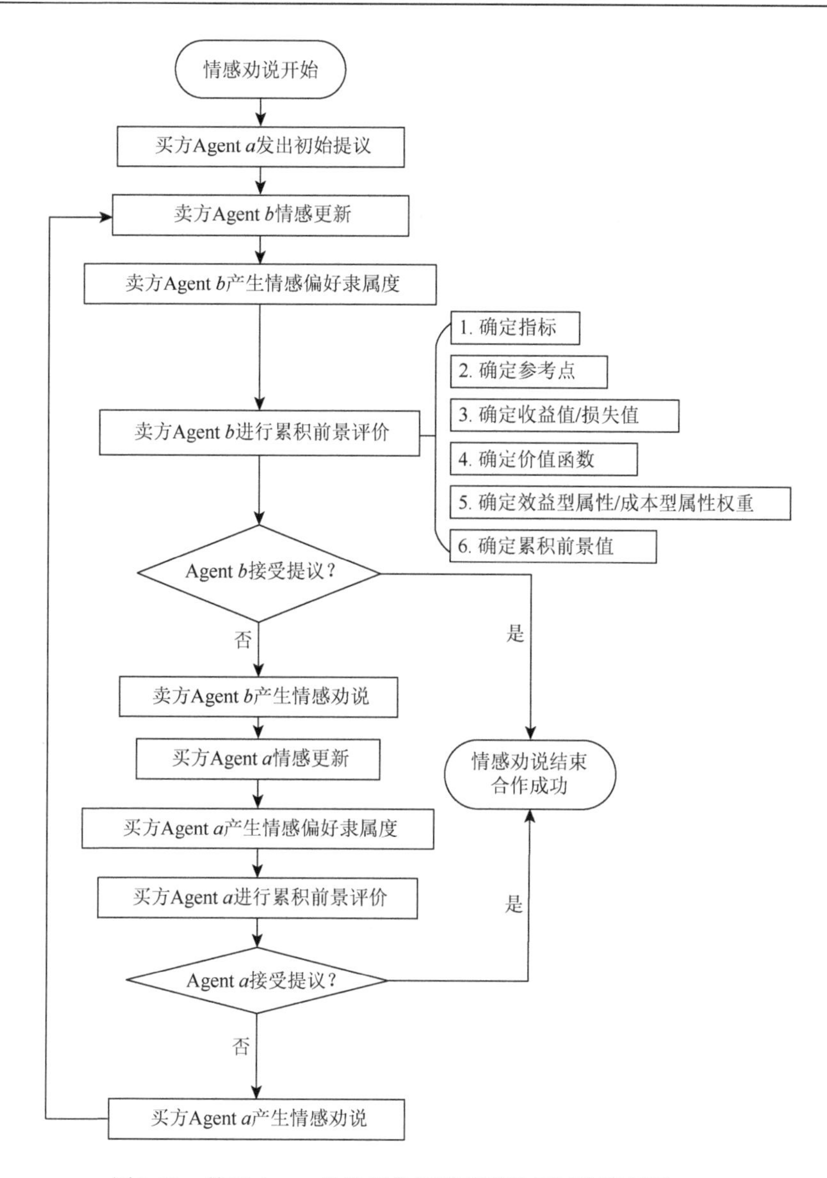

图 3.13　基于 Agent 的映射的情感劝说提议评价流程图

式中，U_a、U_b 分别为买、卖双方的综合效用值，通过下面的公式计算得到

$$U_a = \sum_{j=1}^{n} \omega_j^a u_a\left(P_b^j\right)$$

$$U_b = \sum_{j=1}^{n} \omega_j^b u_b\left(P_a^j\right)$$

$$u(x_j)=\begin{cases}\dfrac{P_{\text{limit}}-P^j}{P_{\text{limit}}-P_{\text{expect}}}, & \text{成本型}\\[2ex] \dfrac{P^j-P_{\text{limit}}}{P_{\text{expect}}-P_{\text{limit}}}, & \text{效益型}\end{cases} \tag{3.63}$$

式中，ω_j^a 和 ω_j^b 分别为买方 Agent a 和卖方 Agent b 针对属性 j 的权重；$u_a\left(P_b^j\right)$ 和 $u_b\left(P_a^j\right)$ 分别为买方 Agent a 和卖方 Agent b 针对属性 j 所获得的效用；P_b^j 和 P_a^j 分别为卖方和买方针对属性 j 的提议值；P_{limit} 为 Agent 的极限值，P_{expect} 为 Agent 的期望值。

本节对模型的建模过程中涉及的通用变量和符号进行了定义和说明，并归纳为表 3.22 所示。

表 3.22　通用变量和符号的定义与说明

通用变量和符号	定义与说明
Agent a、Agent b	表示买方 Agent、卖方 Agent
$\{a_1,a_2,\cdots,a_j\}$	表示情感劝说属性，j 表示情感劝说属性的个数
$\{\omega_1,\omega_2,\cdots,\omega_j\}$	表示各情感劝说属性的权重集合
$\omega_{j_1\leftarrow j_2}$	表示情感劝说属性 j_1 相对于情感劝说属性 j_2 的权重优先级
P_a^i、P_b^i	表示买方在第 i 轮的情感劝说提议、卖方在第 i 轮的情感劝说提议，i 代表处于情感劝说第 i 轮
P_{limit}、P_{except}	表示买方或卖方可接受的情感劝说极限值和情感劝说期望值
t	表示情感劝说时间序列
$T_{\max}$	表示情感劝说时间约束，即情感劝说时长的最大限制
$U_{a\leftarrow b}^i$、$U_{b\leftarrow a}^i$	表示在情感劝说第 i 轮对手提议对自身产生的效用值
γ	表示在情感劝说过程中直接影响让步策略选择的 Agent 让步倾向
Tur	时间紧急度，表示时间在 Agent 情感劝说过程中的影响程度

2. 让步倾向系数建模

Agent 在情感、情感劝说属性权重和优先级、不同时间紧急度的影响下，会产生不同的让步倾向，即在冲突中做出退让或妥协的趋势，本节将采用让步倾向系数 γ 来量化这种倾向程度，在此基础上，结合 Jonker 和 Aydoğan（2018）的研究，对让步策略进行划分，完成让步倾向系数 γ 到让步策略的映射。

针对让步倾向系数 γ 的影响因素——情感，本节将采用基于 Agent 的“个性—心情—情绪—情感”的多层情感映射模型生成情感，该模型产生的情感可用 4 维向量 $E=[E_{\text{joy},t}\quad E_{\text{anger},t}\quad E_{\text{fear},t}\quad E_{\text{sadness},t}]$ 表示，其中 $E_{\text{joy},t}$、$E_{\text{anger},t}$、$E_{\text{fear},t}$ 和 $E_{\text{sadness},t}$ 数值的大小分别代表了高兴、愤怒、害怕和悲伤四种情感的情感强度。

针对让步倾向系数 γ 的影响因素——情感劝说属性权重和优先级，情感劝说各个属性的权重和优先级体现了情感劝说属性之间的内部相互影响，如买方 Agent a 愿意牺牲价格换取发货时间。因此，本节将情感劝说属性权重$\{\omega_1,\omega_2,\cdots,\omega_j\}$对应的情感劝说属性按照优先级划分，分别表示为$p_0,p_1,\cdots,p_{j-1}$，其中，$p_0$～$p_{j-1}$每隔一级相差 1，例如，情感劝说属性$j_1$相对于$j_2$的优先级计算为$\omega_{j_1\leftarrow j_2}=p_{j_1}-p_{j_2}$。

针对让步倾向系数γ的影响因素——时间紧急度，即 Agent 对谈判时间紧急程度的态度，Agent 对时间的认知态度是谈判过程中无法忽视的重要因素，对 Agent 的情感劝说和让步具有重要影响，并且不同 Agent 基于对时间的态度或认知的不同，将可能持有不同的时间紧急度。在 Agent 的情感劝说过程中，Agent 对时间紧急度 Tur 的认知情况主要可归纳为以下四类：①若 Agent 谈判时间充足但缺少时间认知，则其时间紧急度可能稳定不变；②若 Agent 存在正常的时间感知，则随着时间的推移，Agent 的时间紧急度稳定增长；③若 Agent 在初始谈判过程中，采取试探的态度，后急于达成一致，则时间紧急度为先缓后急的类型；④若 Agent 在初始谈判过程中，先做出较大的让步，当情感劝说即将达成时，Agent 试图缓慢让步，则时间紧急度为先急后缓的类型。依据上述分类，本节建立如下的时间紧急度函数：

$$\mathrm{Tur}=\begin{cases}a, & \text{稳定型}\\ t, & \text{缓慢增长型}\\ \mathrm{e}^t-1, & \text{先缓后急}\\ \ln(t+1), & \text{先急后缓}\end{cases}\tag{3.64}$$

式中，a为一个常数；t为当前时间。

综上，针对买卖双方 Agent 之间的谈判情景，让步倾向系数γ的产生规则可用一个七元组映射得出：

$$\text{Generate }\gamma=<a,b,\mathrm{Tur},E_a,E_b,\omega_j,\omega_{j_1\leftarrow j_2}>\tag{3.65}$$

式中，a、b分别为 Agent a、Agent b，表示买方 Agent 和卖方 Agent；Tur 为时间紧急度；E_a和E_b分别为 Agent a 和 Agent b 的情感；ω_j为情感劝说属性j的权重值；$\omega_{j_1\leftarrow j_2}$为情感劝说属性$j_1$相对于情感劝说属性$j_2$的权重优先级。

通过将让步倾向系数与 Jonker 和 Aydogan（2018）的研究结合，即让步倾向系数γ与友好型让步策略、礼貌型让步策略、静止型让步策略、自私型让步策略、糟糕型让步策略一一对应，可得对应关系如表 3.23 所示。

表 3.23　让步倾向系数γ与让步策略的对应关系

让步倾向系数γ	让步策略
$\gamma\in(0.1,0.2]$	友好型让步策略
$\gamma\in(0,0.1]$	礼貌型让步策略
$\gamma=0$	静止型让步策略

续表

让步倾向系数 γ	让步策略
$\gamma \in [-0.1, 0)$	自私型让步策略
$\gamma \in [-0.2, -0.1)$	糟糕型让步策略

3. 基于改进的人工蜂群算法的提议属性选择

电子商务环境下传统谈判中双方信息不对称导致谈判效率低下，有悖于电子商务谈判对速度快、整体效益高的要求，而人工蜂群算法流程与基于 Agent 的情感劝说中的属性选择问题的求解过程类似，且该算法参数较少，全局收敛性也较好，适用于多维问题的求解，可以有效地使谈判双方 Agent 在不确定性较大的环境中匹配到使当前整体效用最大的谈判提议属性，从而实现更加高效的沟通。

结合人工蜂群算法的基本原理和基于 Agent 的情感劝说的让步过程中待协商属性选择问题，可以假设卖方的情感劝说属性$\left\{\left\{a_1^i, a_2^i, \cdots, a_N^i\right\}、\left\{b_1^i, b_2^i, \cdots, b_N^i\right\}、\left\{c_1^i, c_2^i, \cdots, c_N^i\right\} \mid A_{\text{Agent } b}\right\}$为蜜源，买方的情感劝说属性$\left\{\left\{a_1^i, a_2^i, \cdots, a_M^i\right\}、\left\{b_1^i, b_2^i, \cdots, b_M^i\right\}、\left\{c_1^i, c_2^i, \cdots, c_M^i\right\} \mid A_{\text{Agent } a}\right\}$为蜜蜂，蜜源的花蜜量由基于 Agent 的情感劝说目标函数值，即双方效用来决定。设买卖双方每轮每个情感劝说属性各有 N 个选择，与电子商务谈判实际情况相结合，买方和卖方数量不一定相等，谈判结果也不一定是买方和卖方一一对应，因此将 N 个卖方的情感属性模拟为 rN 个蜜源（$r=1, 2, \cdots, n$），即每个卖方 Agent 情感劝说属性有 r 次被选择的机会，此处 r 的值取决于实际问题的计算规模，r 取值越大，计算结果趋向于整体效用值更优，但是计算时间也越长。

基于 Agent 的人工蜂群算法在进行情感劝说时的目标函数如式（3.62）和式（3.63）所示，计算中，如果买方 Agent 的属性值高于当前匹配的卖方 Agent 的属性值，则卖方 Agent 的效用系数为$\beta_j = 0$，反之$\beta_j = 1$。若买方 Agent 的 M 项属性中有 M_1 项属性值低于卖方 Agent 属性，则β_i值用式（3.66）求解：

$$\beta_i = \frac{\alpha_j}{1 + \sum_{t=1}^{M-M_1} \omega_t} \tag{3.66}$$

式中，$\alpha_j \in (0,1)$；ω_t的值表示高于当前 Agent 的属性的权重。

设引领蜂数量与买方数量相等，为X，跟随蜂数量也为X。首先，对卖方 Agent 的情感劝说属性和买方 Agent 的情感劝说属性进行一次随机匹配，将匹配结果作为引领蜂的初始位置。其次，通过式(3.67)求出当前的目标函数值f_{total}：

$$\max f_{\text{total}} = \sum_{i=1}^{2N+M} (\beta_i \sum_{i=1}^{M} U_i \omega_i) \tag{3.67}$$

式中，U_i为当前 Agent 第 i 个属性的效用；ω_i为当前 Agent 第 i 个属性的权重。

再次，引入让步倾向系数γ，用于匹配当前能够最大限度地提升谈判整体效用的待协商提议属性。利用式（3.68）对 Agent 的各提议属性值进行调整，权重越大的属性值被调整的概率越小，比较调整后和调整前的目标函数值，可得最优解。

$$最优解 = \sum_{i=1}^{M}\left(U_i + \frac{\gamma\varphi_i}{1+\omega_t}(U_{\max}^i - U_{\min}^i)\right) \tag{3.68}$$

式中，$U_{\max}^i$为属性 i 的最大效用；$U_{\min}^i$为属性 i 的最小效用；$\varphi_i \in (0,1)$为属性调整系数，第 i 个属性权重越大，则φ_i越小，根据实际问题规模取值，若实际问题规模较大，则φ_i取值较大，可以加速收敛。在引领蜂选择的基础上，跟随蜂利用式（3.69）在 rN 个位置中选择蜜源：

$$p_i = f_j / \sum_{j=1}^{tN} Ef_j,\quad f_j = \sum_{j=1}^{M} U_j\omega_j \tag{3.69}$$

式中，N为最大蜜源数；Ef_j为目标函数f_j的期望。

遍历所有蜜源，当一个蜜源效用值在N_{limit}代内没有变化时，当前位置的跟随蜂变为侦查蜂。寻找从未被选择过的蜜源x，利用式（3.70）进行试探性匹配，若$f_1 > 0$，则当前位置被蜜源x替换；如果所有蜜源都被选择过，则随机挑选一个蜜源 k 利用式（3.71）进行试探性交换匹配，若$f_2 > 0$，则当前位置被蜜源k替换：

$$f_1 = \beta_t \sum_{i=1}^{M} U_{ti}\omega_{ti} - \beta_t \sum_{i=1}^{M} U_{ji}\omega_{ji} \tag{3.70}$$

$$f_2 = \beta_k \sum_{i=1}^{M} U_{ki}\omega_{ki} - \beta_j \sum_{i=1}^{M} U_{ji}\omega_{ji} \tag{3.71}$$

式中，$k = \text{rand}(0,1)\times 2N$；$\beta_t$为当前时间 t 的效用系数；β_j和β_k分别为 Agent 在蜜源 j 和蜜源 k 的效用系数；U_{ti}为当前 t 时刻 Agent 第 i 个属性的效用；ω_{ti}为当前 t 时刻 Agent 第 i 个属性的权重；U_{ki}为 Agent 在蜜源 k 处第 i 个属性的效用；ω_{ki}为 Agent 在蜜源 k 处第 i 个属性的权重；U_{ji}为 Agent 在蜜源 j 处第 i 个属性的效用；ω_{ji}为 Agent 在蜜源 j 处第 i 个属性的权重。

最后，计算当前目标函数值f_{total}是否达到要求，达到要求则输出结果，否则算法继续。

综上，在情感、情感劝说属性权重和优先级、不同时间紧急度这四维属性的影响下量化让步倾向系数γ并与让步策略实现关联后，通过改进的人工蜂群算法实现了当前整体效用最大化提议选择的过程，建立了 Agent 属性与总效用之间的动态联系。

4. 基于逻辑斯谛（Logistic）映射的情感劝说让步

采用上述改进的人工蜂群算法进行让步将从众多离散提议值中得到的最优成交结果作为情感劝说结果，但是该结果有可能并不是所有连续型提议值中的最优成交结果，即可能是局部最优的结果，这可能会导致最终谈判结果与最理想的交易结果之间存在一定的误差。考虑到 Logistic 映射是一种递归关系映射，其混沌特性被广泛应用于扩频通信、混沌密码领域，以及一些动力学极限情况下产生的稳定状态和混沌终态上。这里，本节将 Logistic 映射应用在情感劝说领域来解决改进的人工蜂群算法不适用于连续域搜索的问题。具体数学表达式如式（3.72）所示，将式（3.72）与情感劝说目标函数式（3.62）和式（3.63）相结合，可得到遍历所有提议值情况下的最优成交值，提高了人工蜂群算法的全局搜索能力，从而避免了人工蜂群算法总是陷入局部最优的情况：

$$\left[x_1(t+1),x_2(t+1),\cdots,x_j(t+1)\right]=\mu\left[x_1(t),x_2(t),\cdots,x_j(t)\right]\left(1-\left[x_1(t),x_2(t),\cdots,x_j(t)\right]\right) \tag{3.72}$$

式中，$\left[x_1(t),x_2(t),\cdots,x_j(t)\right]$为最优成交值占极限值的比例；$\mu$为一个可调参数，且为了保证递归值始终收敛于$(0,1)$，需要保证$\mu\in(1,3)$。另外，当$\mu$取固定值时，给定一个初始值$x(0)$可以得到不同的 Logistic 映射对应的混沌终态，即谈判过程中提议有效区间内的对应值，当给定$\mu=2.7$，$x(0)$分别为 0.1 和 0.8 时，对应的$x(t)$与t之间的关系如图 3.14 所示。

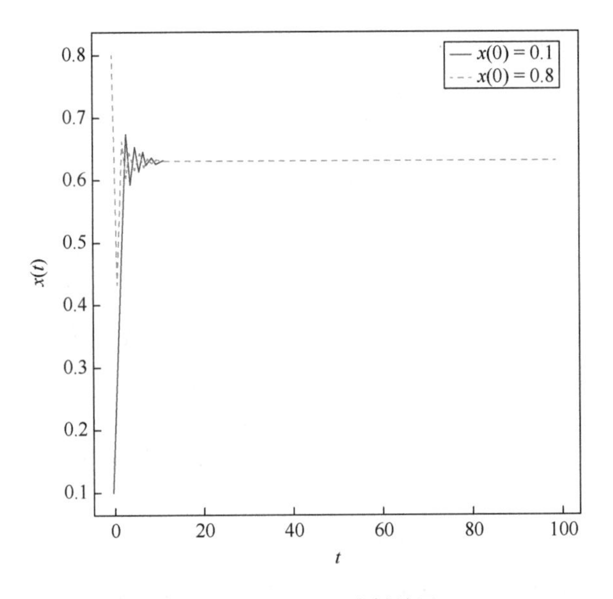

图 3.14　Logistic 映射结果

综上，本节通过改进的人工蜂群算法动态地选择能使谈判总效用最大的待协商提议属性，再结合 Logistic 映射进一步增强人工蜂群算法在情感劝说中的适用性，避免了结果总是陷入局部最优的情况，与此同时，考虑让步倾向系数和总效用之间的动态联系性，建立基于让步倾向系数到让步策略的映射，完成基于 Agent 的情感劝说的让步过程。上述模型可通过图 3.15 所示的流程图来详细表示。

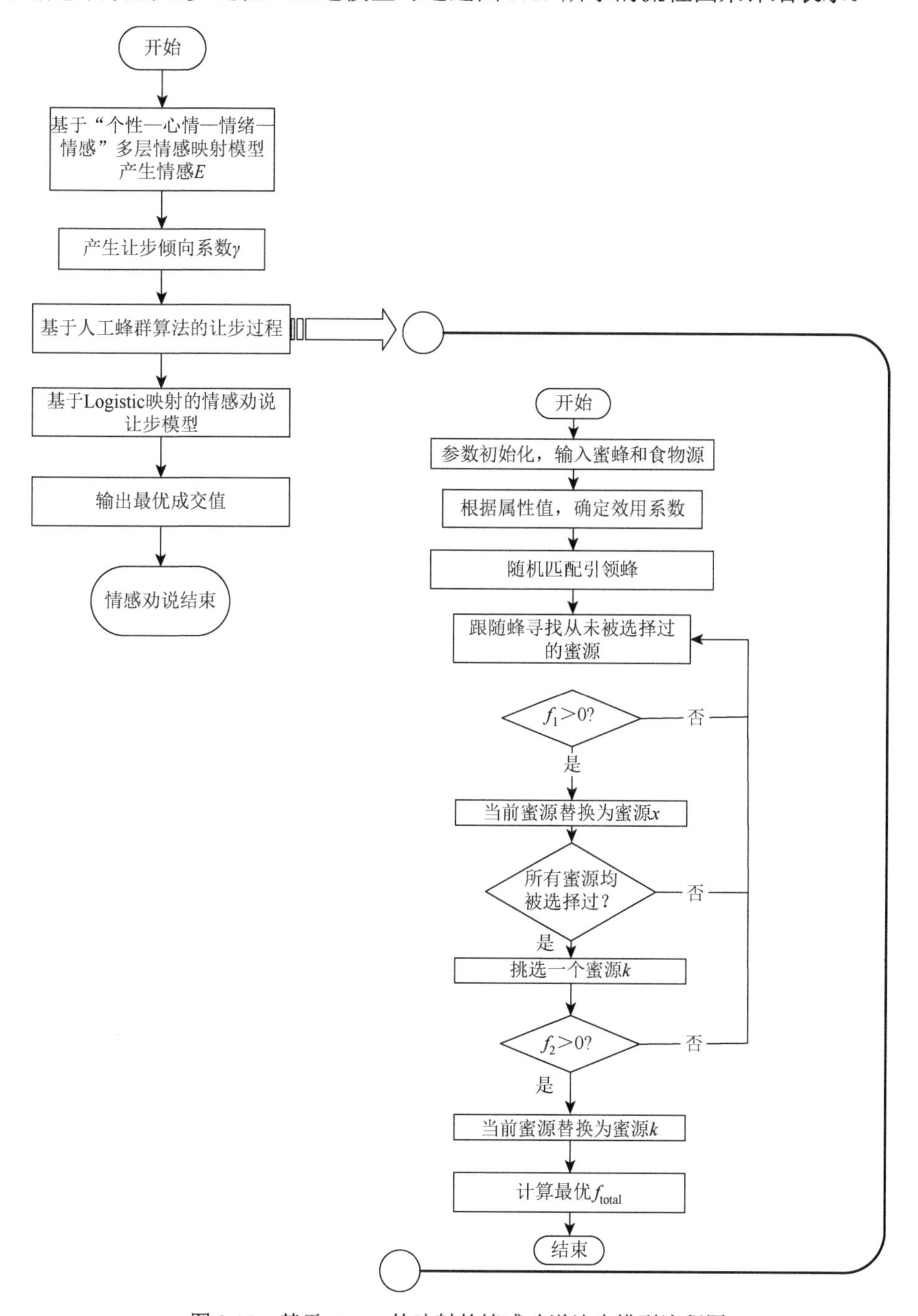

图 3.15　基于 Agent 的映射的情感劝说让步模型流程图

第 4 章　基于 Agent 的决策的情感劝说

本章主要介绍基于 Agent 的决策的情感劝说。决策贯穿于人们商务活动的始终，涉及的范围复杂且不确定，不仅受情感影响，也会反过来对情感产生影响。情感是人类智能的重要组成部分，在不同情景下能够在很大程度上影响决策行为的产生与调整。时间是以人为主导的谈判中的另一个重要因素，通常被用作劝说策略的一部分来促进对方合作。动态变化的环境要求 Agent 在交互中不断增强策略学习的能力，以实现最大效用或最优交易目标。熟悉度在获得更好的交互意识和交流模式方面起着至关重要的作用。谈判中的熟悉度表明对手的观点和 Agent 自己的观点之间的接近程度。Agent 可以根据对手在交互中提出的谈判属性值来估计熟悉度。对手的提议值越接近 Agent 的期望值，Agent 感知的熟悉度越强，这反过来意味着 Agent 越愿意在谈判中做出让步。本章结合贯穿于基于 Agent 的情感劝说中 Agent 需要做出的各项决策，从阶段划分的角度出发，根据对方情感及情感劝说变化动态调整的思路，将决策阶段划分为评价行为、状态更新、调整目标、产生行为四个阶段，同时引入了决策的另一个新的子部分，即推理，并运用管理学、决策科学、商务智能、心理学及相关理论和知识对以上四个阶段进行建模。

针对评价行为阶段，运用韦伯-费希纳定律，根据 Agent 的情感劝说动态调整的影响，建立基于 Agent 的决策的情感劝说评价行为模型。针对状态更新阶段，结合情感强度第三定律，描述情感衰减特性，计算不同时间的情感强度，从而构建基于 Agent 的决策的情感劝说状态更新模型。针对调整目标阶段，考虑相似性以及情感和熟悉度三个社会元素对 Agent 谈判行为的影响，比较自动谈判中提议值与期望值之间的相似性，以提高 Agent 的感知能力，动态调整目标，从而构建基于 Agent 的决策的情感劝说调整目标模型。针对产生行为阶段，考虑情感和时间等因素对谈判的影响，根据不同情感类型和时间信念，选择不同的劝说策略，从而构建基于 Agent 的决策的情感劝说产生行为模型。针对推理模型，考虑运用推理规则，改进时间依赖策略，从而构建提议更新算法。

4.1　决策理论与方法概述

主要的决策理论和方法可以归纳为三类。

一是多属性决策理论。多属性决策理论认为经济主体具有一个关于各种属性的效用函数，并通过优化最大总效用来做出消费决策。效用函数由每个属性的权重和评估函数组成，它通过为标准的不同满足程度分配数字指标来量化决策者的偏好。在谈判中，谈判对象具有多属性，常见的属性主要分为效益型属性和成本型属性。其中，效益型属性的值越大越好；成本型属性的值越小越好。

二是合作理论与非合作理论。受博弈论的启发，纳什提出了两种谈判问题的理论：合作理论与非合作理论。合作理论提出了一些有益的公理，暗示了谈判的独特解决方案，允许谈判者彼此达成具有约束力的协议。非合作理论是假设博弈中的每个参与者都独立行动，没有和其他人结盟，证明了每个有限非合作博弈都有一个平衡点。

三是基于启发式的决策方法。启发式方法寻求以非穷尽的方式搜索谈判空间，旨在产生足够好的而不是最优的解决方案。启发式谈判策略旨在引导谈判 Agent 在自动谈判中向对手提出还价。为了优化还价并主导谈判过程，一些机器学习方法，如非线性回归、人工神经网络、强化学习和贝叶斯学习等用于预测对手的未来报价，以增强 Agent 的谈判能力。

4.1.1　贝叶斯决策方法

贝叶斯决策方法是一种基本的统计方法，它利用决策所伴随的概率和成本来进行各种决策之间的权衡。贝叶斯决策方法包括贝叶斯学习算法。贝叶斯学习提供了定量的方法来衡量证据如何支持其他假设，是基于概率统计理论的一种预测学习方法，通过对数据的分析得出其中的概率分布，并由此概率结合先验知识对数据进行预估，进行策略选择，更新后的概率分布在下次交互中为对方的先验知识。

基于贝叶斯学习生成的后验概率分布为

$$P_k\left(X_i \mid \pi\right)=\frac{P^{k-1}(X_i)P\left(\pi \mid X_i\right)}{\sum_{i=1}^{n} P\left(\pi \mid X_i\right)P^{k-1}(X_i)} \tag{4.1}$$

式中，P^{k-1} 表示前一轮事件发生的概率；信念集合为 $X=\left\{X_i \mid i=1,2,\cdots,n\right\}$，其先验知识对保留提议值的概率估计为 $P(X_i)$，$\sum_{i=1}^{n} P(X_i)=1$，在保留价格为 X_i 的条件下按照 π 报价的概率分布为 $P\left(\pi \mid X_i\right)$。

在第 k 轮次，保留提议值的重新预估为

$$\mathrm{XP}=\sum_{i=1}^{n}P_{k-1}\left(X_i \mid \pi\right)\times X_i \tag{4.2}$$

4.1.2 强化学习算法

强化学习基于的一个关键假设是 Agent 和环境的交互可看作一个马尔可夫决策过程，即 Agent 当前所处的状态和所选择的动作，决定一个固定的状态转移概率分布、下一个状态，并得到一个即时回报。强化学习强调 Agent 与环境之间的相互影响、相互作用，从环境中动态学习行为策略，利用试错机制来做出优化的行为策略，并从环境中获得最大的累计奖励值。Q 学习是强化学习运用最广泛的算法之一，根据 Q 学习算法的定义，有

$$Q(s,a)=Q(s,a)+\alpha\left[r(s,a)+\gamma\max Q(s',a')-Q(s,a)\right] \tag{4.3}$$

式中，$Q(s, a)$为在状态 s 下执行动作 a 的期望回报值；α 为学习更新率；γ 为时间折扣因子；$Q(s',a')$ 为在下一个状态 s' 下执行下一个动作 a' 的期望回报值；$r(s,a)$ 为在状态 s 下执行动作 a 的奖励值。

4.2 基于 Agent 的情感劝说的决策过程分析

4.2.1 情感与决策过程

一般来说，基于 Agent 的情感劝说可以描述为一个五元组：$\mathrm{ErgNeg}=(\mathrm{Ep}, S, \mathrm{Act}, U, E)$，其中，Ep 为参与情感劝说的 Agent 的集合，$\mathrm{Ep}=\{\mathrm{Ep}_1,\mathrm{Ep}_2,\cdots,\mathrm{Ep}_s\}$；$S$ 为 Agent 在情感劝说过程中所有状态的集合 $S=\{S_1,S_2,\cdots,S_m\}$，包括“对对方的提议持积极态度、对对方的提议不认可、同意对方的提议、不接受对方的提议……”，侧重于 Agent 接收到对方的提议后对对方的提议的认可程度，Act 为 Agent 的所有劝说行为集合，$\mathrm{Act}=\{\mathrm{Act}_1,\mathrm{Act}_2,\cdots,\mathrm{Act}_s\}$，$U$ 为情感作用下的属性评价值，E 为 Agent 情感状态的集合，$E=\{e_1,e_2,\cdots,e_k\}$，包括高兴、放松、焦虑、满意等。

基于 Agent 的情感劝说中，Agent 个性表示为 $P^*=(E,\mathrm{IN},\varDelta,N)$，$N$ 为 Agent 最初的情感状态，E 为情感状态集合，IN 为来自外界情感劝说伙伴 Agent 的事件，$\varDelta$ 为 Agent 情感转换函数，且有 $\varDelta: N\times\mathrm{IN}\rightarrow E$。

基于 Agent 的情感劝说的决策过程是针对某一特定的劝说问题，劝说 Agent 的情感决策表示从一个劝说行为接收到相应劝说产生的映射，即 $S\times\mathrm{IN}\rightarrow\mathrm{Act}$。

4.2.2　基于 Agent 的情感劝说的决策过程

情感是 Agent 劝说过程中的重要影响因素，本节着重研究 Agent 情感劝说决策过程。基于 Agent 的情感劝说的决策过程可以分为评价情感劝说行为、更新情感劝说状态、调整情感劝说目标、产生情感劝说行为四个阶段。下面将分别对这四个阶段进行定义和描述。

1）阶段 1：评价情感劝说行为

Agent 在某一劝说过程中，在感知到对方的情感劝说行为后，从不同维度对感知到的劝说行为进行评价，并将其量化为具体评价值。在评价情感劝说行为这个过程中，还包含感知情感劝说行为，Agent 在接收到对方的 Agent 的劝说行为后，会结合自身的情感状态，对已感知到的劝说行为进行情感评价，并将情感评价结果量化为各个维度的评价值。结合多属性期望效用理论，按照实际劝说情况，可以对这一过程的 Agent 某种情感评价结果进行量化。在此基础上引入情感阈值相关概念，构建情感触发函数，使 Agent 具有感知情感的能力。

2）阶段 2：更新情感劝说状态

在这一阶段，Agent 会根据自身现有的情感状态，按照自己的个性及历史情感劝说状态去更新情感劝说状态，由于情感状态会随着时间的变化而变化甚至消失，例如，引入情感淡化因子表示 Agent 特定情感状态的淡化程度，构建 Agent 的情感淡化函数，并建立考虑情感淡化的情感触发函数模型。

3）阶段 3：调整情感劝说目标

Agent 利用触发的情感对 Agent 当前的情感劝说状态进行评估，调整并重新确定情感劝说目标。在这一阶段，包括情感触发与评价和对情感劝说目标进行调整两个子阶段。首先，在 Agent 触发相应情感后，对当前情感劝说状态的评价会发生变化，因此定义情感评价因子，用来评价 Agent 对目前情感劝说状态的效用，然后对模型的基本情感与当前的目标建立映射关系，Agent 通过衡量当下的情感状态重新选择当前目标及劝说行为，达到调整情感劝说目标的目的。

4）阶段 4：产生情感劝说行为

Agent 确定当前要达到的情感劝说目标后，根据自身的规划能力确定并产生特定的情感劝说行为。这一阶段又分为情感劝说行为的分类和情感劝说行为的产生两个子阶段。在此基础上，进一步细化 Agent 的情感状态效用评价和劝说行为类型的匹配规则，确定要输出的 Agent 劝说行为的类别，并将该行为发送给对方 Agent。

为了便于对基于 Agent 的情感劝说的决策过程进行建模和分析，同时根据以上定义，可以将基于 Agent 的情感劝说的决策过程划分为图 4.1 的四个阶段。

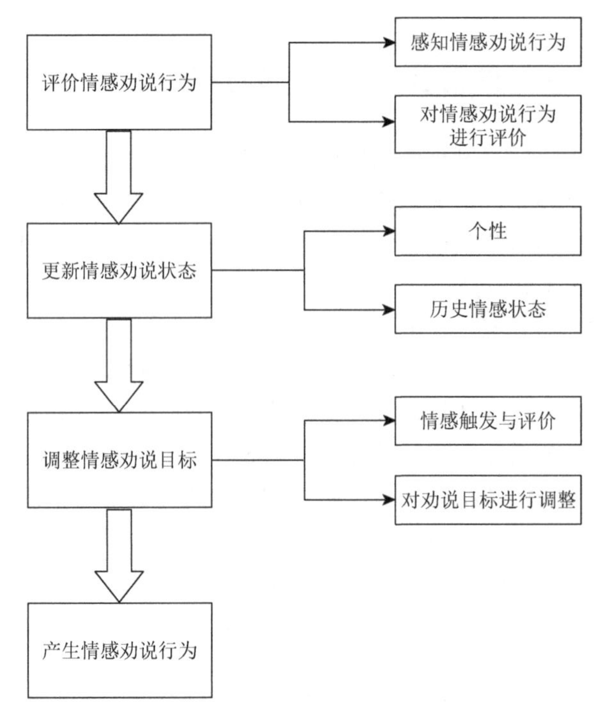

图 4.1　基于 Agent 的情感劝说的决策过程划分

4.3　基于 Agent 的决策的情感劝说评价行为模型

本节针对谈判行为的评价如何影响谈判决策展开研究，提出了一个基于 Agent 的决策的情感劝说评价行为模型。首先，本章将情感引入自动谈判，丰富了谈判互动中的情感对谈判过程和结果的影响的研究。其次，本章提出了一种动态的时间信念函数以及对方让步率的计算方法，使谈判 Agent 能够从情感、时间和行为这三方面动态学习对方的行为，从而选择适当的策略应对不断变化的谈判环境。

一些实验研究已经证实情感在谈判中起着重要作用。例如，Wang 和 Han（2014）设计了一个有 282 名参与者的谈判实验，以研究情感（积极和消极）如何影响谈判中的价值主张。他们的研究表明，消极情感的卖家比积极情感的卖家能获得更多的价值。Nelissen 等（2011）展开了两项实验研究，并指出，讨价还价中的出价是由提议者在考虑其出价时所期望的情感引导的。上述研究表明，情感驱动的谈判策略不仅会影响谈判者的提议行为，还会影响最终的谈判结果。因此，本节提出了一种基于对手提议的情感量化方法，然后设计了一种情感驱动的谈判策略来更新 Agent 的提议。

为了提出合适的提议，本章构建了一个整合三种评价行为的框架：情感、时间信念和对对手让步行为的评价。基于韦伯-费希纳定律，设计了一种评估对手提议 Agent 情感的量化方法。接下来，构造了一个时间信念函数，它可以动态地评估协商的速度。然后，使用 Q 学习算法将这两个评价与评价对手 Agent 让步行为相结合，以更新 Agent 的提议。此外，经过一系列数值实验，结合敏感性分析和比较分析的结果，该情感劝说模型在谈判效率和公平性方面优于现有的基于 Agent 的劝说方法。

Q 学习算法能够动态调整行为策略，能使参与谈判的 Agent 更好地适应环境的变化。因此，本章构建了情感 Agent 影响下的评价行为劝说模型，如图 4.2 所示。本章考虑一个由供应商和零售商组成的供应链，参与产品的生产和销售。两家公司将采购谈判指定给两个 Agent，以下称为卖方 Agent 和买方 Agent。卖方 Agent 或买方 Agent 均可开始谈判，然后交替提出提议。在收到对手 Agent 的提议后，Agent 从情感、时间和对手让步行为三个方面对其进行评估，以确定自己的谈判行为。然后，通过结合这三个方面，Agent 可以计算自身的期望还原率，即恢复到原始预期效用的程度，并使用 Q 学习多提议协商方法生成新提议。这种互动式谈判过程一直持续到达成共识或预先商定的最后期限。

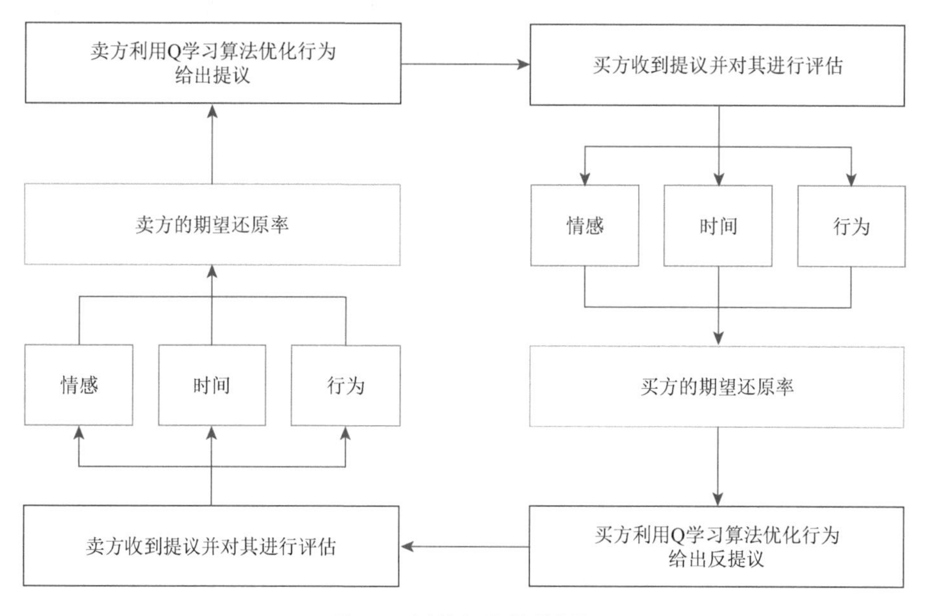

图 4.2　评价行为模型框架

4.3.1　基于对方提议的情感

情感通常产生于个体对重要事件的反应，其核心嵌入在评价结果中（Frijda，

1988)。谈判中的情感是在谈判者之间的互动中产生的。物理刺激来自谈判环境，情感可以视为这些刺激的人类感觉（Wu et al.，2022b)。因此，本节根据式（1.1）构建 Agent 每个属性 i 的情感 μ_i ，提议 i 的情感计算如下：

$$\mu_i = k_m \ln(1+\Delta p_i) \tag{4.4}$$

式中， Δp_i 为提议 i 的价值率的相对差；本节关注谈判中的物理刺激，因此假设 $k_m = 1$ 。

在谈判中，Agent 通常对每个谈判问题都有一个期望值，并将对手的提议值与自己的期望值进行比较。在这里，对手的提议值是物理刺激，而 Agent 的期望值是对该物理刺激的认知。因此，比较结果决定情感，价值率的相对差可以量化为

$$\Delta p_i = \begin{cases} \dfrac{x_i - x_o}{x_o}, & \text{效益型属性} \\ \dfrac{x_o - x_i}{x_o}, & \text{成本型属性} \end{cases} \tag{4.5}$$

式中， x_i 为对方针对提议 i 提出的提议值； x_o 为 Agent 对提议 i 的期望值。所有问题分为两类：效益型和成本型。对于效益型的提议，其值越大越好，对于成本型的提议，其值越小越好（Hwang and Yoon，1981)。对手的提议值与 Agent 的期望值差距越大时，情感越强烈。具体而言，对于买方 Agent 而言，价格是一个成本型问题。当卖方 Agent 提出报价时，买方 Agent 将其与自己的期望值进行比较。如果卖方 Agent 的价格高于其自身的预期，则会对买方 Agent 的情感产生负面刺激。

Tang 等（2016）提出了消极情感和积极情感之间的相加逻辑。将式（4.4）和式（4.5）应用于每个提议，可以获得 Agent 对每个提议的情感。然后，Agent 的最终情感是以下情感的总和：

$$\mu = \sum_{i=1}^{n} \mu_i \tag{4.6}$$

4.3.2　时间信念函数

本节针对时间信念做出以下假设。

（1）两个谈判 Agent 持有相似的时间信念。

（2）时间信念随着谈判的进行而减弱。

（3）Agent 在时间信念下的行为是指数函数。

（4）Agent 的让步是 Boulware 策略和 Conceder 策略之间的中间状态。

时间是对 Agent 行为的主要约束（Faratin et al.，1998)，Agent 通常有严格的

最后期限，在此之前必须完成谈判。如果 Agent 有一个必须达成协议的最后期限，那么随着期限的临近，它可能会更快地做出让步。让步行为可分为多项式函数和指数函数两种形式。多项式函数在开始时比指数函数让步更快，由于 Q 学习算法一开始让步太快，本节假设 Agent 的行为函数是指数函数，Agent 的让步是 Boulware 策略和 Conceder 策略之间的中间状态，不会很快回到它的保留值，在谈判过程中 Agent 的让步是稳定的。

时间依赖模型（Faratin et al.，1998）指出，如果需要在截止日期前达成协议，则需 Agent 的让步速度更快。时间信念表示谈判 Agent 认为对方接受其提议的概率，此概率与时间相关。一般而言，时间信念会随着谈判时间的增加而变化，如果谈判双方想要达成协议，就必须进行妥协，其期望值随着谈判时间的增加不断减小，因此，减函数的时间信念更加符合实际谈判场景。本节构建了以下的时间信念函数：

$$B_i^c(t) = 1 - \exp^{\left(1-\frac{\min(t,T)}{T}\right)^{\beta} \ln k} \tag{4.7}$$

式中，T 为 Agent 的谈判截止时间；k 为一个常数，当 k 趋近于零时，时间信念函数是从 1 到 0 的减函数；β 的取值范围为[0，1]：$\beta<1$ 时，Agent 坚持提议值直到时间耗尽，于是认同了其保留值，称为 Boulware 策略；当 $\beta>1$ 时，引导 Agent 快速达到其保留值，称为 Conceder 策略；$\beta=1$ 的曲线代表 Boulware 和 Conceder 之间的中间状态。

4.3.3　期望还原率

如果强化学习 Agent 妥协过快，可能会出现 Agent 为了达成一致而过多牺牲自身权益的情况，从而拉大该行业谈判的不平等，降低社会福利。因此，在此谈判期间，应提升谈判的效率和公平性。本章引入情感、时间和行为，选择合适的期望还原率，提出更优的劝说策略，发挥 Agent 的灵活、自主、决策行为以及谈判过程中互动的丰富性的特性，提高谈判的性能。

1. 情感影响下的期望还原率

根据 Agent 情感量化方法，随着谈判时间的增加，对手的提议与 Agent 自己的期望值之间的差距越来越小，基于对未来互惠的期望，Agent 更愿意做出让步（Ramirez-Fernandez et al.，2018）。因此，Agent 降低了自己的期望并增加了让步。最重要的是，本节认为期望还原率会受到 Agent 情感的影响。谈判开始时，对方的提议值与自身期望值的差距最大，情感最小，若此时 Agent 不急于达成谈判，则 Agent 让步最小，此时 $\lambda=\lambda_{\max}$；随着谈判时间的增加，情感逐渐增大，说明对方的提议值与自身的期望值差距减小，此时 Agent 加大让步，快速达成谈判，λ 减小。因此，情感影响下的期望还原率为

$$\lambda_e = \begin{cases} 1 \cdot \lambda_{\max}, & 0 \leqslant e < 0.5 \\ 0.5\lambda_{\max}, & 0.5 \leqslant e \leqslant 1 \end{cases} \quad (4.8)$$

式中，$\lambda_e = \alpha\lambda_{\max}$，其中 $\alpha \in [0,1]$；$e \in [0,1]$。Agent 可以根据自身达成谈判的意愿及情感阈值调整让步。例如，当 Agent 想要快速达成谈判时，α 的取值越小，Agent 在临近谈判截止时间时让步越大。

将每轮谈判的情感标准化，使其结果值映射到[0, 1]范围内，如下：

$$\mu^* = \frac{\mu - \mu_{\min}}{\mu_{\max} - \mu_{\min}} \quad (4.9)$$

式中，$\mu_{\min}$ 为情感最小值；$\mu_{\max}$ 为情感最大值；μ 为当前轮次情感值。随着谈判进程的推进，买方或卖方的提议值逐渐趋于其保留值。因此，本节根据历史交易值的最小值来预测最大的情感值，并再次对其进行标准化，使情感值在[0, 1]范围内。

2. 时间影响下的期望还原率

λ 是随着谈判时间的变化而动态改变的。在合理的谈判中，随着时间的增加，预期效用会降低，Agent 会做出更多的让步。因此，λ 随着时间的增加而减小。时间信念函数是关于时间 t 的减函数，$\lambda_{\max}$ 是正数，因此，λ 也是关于时间 t 的减函数，λ 与时间信念的关系可以用 $\lambda = B(t)\lambda_{\max}$ 表述。这与现实生活中的谈判是一致的。在谈判的开始，Agent 做出较小的让步，随着时间的增加，Agent 会做出越来越大的让步，以便更快地达成协议。

3. 行为影响下的期望还原率

在大多数双边谈判中，涉及的两方需要解决不止一个问题。例如，谈判者可能需要就以价格、质量、交货期、可靠性等问题为特征的对象或服务达成协议。此外，当谈判者对提议有不同的偏好时，双方可以通过调整综合让步达成比单一问题谈判更好的协议（Zhang et al.，2011）。因此，本节考虑对方的综合让步行为，对卖方提议进行评价。谈判方为每个提议设有偏好，利用多属性效用理论，提出基于两个相邻提议值之间的效用比例的让步率计算公式：

$$\theta = \frac{U_b^t - U_b^{t-1}}{U_b^{t-1} - U_b^{t-2}} \quad (4.10)$$

式中，U_b^t 为卖方 Agent 在第 t 轮谈判的总效用值；U_b^{t-1} 为卖方 Agent 在第 t–1 轮谈判的总效用值；U_b^{t-2} 为卖方 Agent 在第 t–2 轮谈判的总效用值。

$$U_b^t = \sum_{i=1}^{n} u\left(x_i^b(t)\right)\omega_i \quad (4.11)$$

式中，ω_i 为属性 i 的权重；$u\left(x_i^b(t)\right)$ 为卖方 Agent 在第 t 轮谈判的属性 i 的效用值；n 为属性的总个数。

$$u\left(x_i^b\right)=\begin{cases}\dfrac{x_i^b-x_{i,\min}^b}{x_{i,\max}^b-x_{i,\min}^b}, & \text{效益型属性}\\[2ex] \dfrac{x_{i,\min}^b-x_i^b}{x_{i,\max}^b-x_{i,\min}^b}, & \text{成本型属性}\end{cases} \tag{4.12}$$

式中，x_i^b 为卖方 Agent 谈判属性 i 的提议值；$x_{i,\min}^b$ 为卖方 Agent 属性 i 的最小值；$x_{i,\max}^b$ 为卖方 Agent 属性 i 的最大值。

当 $\theta=1$ 时，卖方保持稳定的让步率，所以买方也保持稳定的让步率，保持 λ 不变，直到卖家在随后的让步中变化明显。

当 $\theta>1$ 时，卖方加速让步。为了能够达成谈判，买方必须调整自身的策略。此时，卖方加快让步，买方会认为其接受自己出价的概率增大，时间信念较大，所以，买方减缓让步，增大 λ。

当 $\theta<1$ 时，卖方减缓整体让步速度。此时，卖方减缓让步，买方会认为其接受自己出价的概率小，时间信念较小，所以，买方增加让步，减小 λ。第 t 轮期望还原率 λ_θ 的表达式如下：

$$\lambda_\theta=\begin{cases}B(t-1)\lambda_{\max}, & \theta>1\\ B(t)\lambda_{\max}, & \theta=1\\ B(t+1)\lambda_{\max}, & \theta<1\end{cases} \tag{4.13}$$

式中，$\lambda_{\max}$ 为最大期望还原率。

综上，综合考虑情感、时间信念和对方让步对自身期望还原率的影响，可从以下公式得到 Agent 谈判过程中的期望还原率：

$$\lambda(t)=\omega_1\cdot\lambda_\theta(t)+\omega_2\cdot\lambda_e(t) \tag{4.14}$$

式中，ω_1 和 ω_2 分别为情感和让步行为对 Agent 期望还原率的影响权重。

期望还原率公式的计算过程如下，Agent 首先计算情感以及情感的范围，并根据式（4.8）计算情感因素影响下的期望还原率；其次，考虑时间信念对让步行为的影响，计算对方的让步率，判断对方的让步行为，根据式（4.13）计算时间信念和让步行为影响下的期望还原率；最后，根据式（4.14）计算不同的情感比较结果、时间信念与让步行为三个因素综合影响下的期望还原率，使用新的期望还原率来生成最终提交的提议。

4.3.4　基于 Q 学习的提议更新算法

本节运用 Q 学习算法更新成本型或效益型属性提议值，具体算法如下。

买卖双方 Agent 交替提交其提议，只有谈判成功后，他们才能获得相应的回报值r。假设第T轮谈判成功，成交值为x_i^T，i代表提议的各个属性。基于买卖双方 Agent 的提议取值区间，买方和卖方的回报值分别为式（4.15）和式（4.16）：

$$r_a=\begin{cases}x_i^T-x_{i,\min}^a, & \text{效益型属性}\\ x_{i,\max}^a-x_i^T, & \text{成本型属性}\end{cases} \tag{4.15}$$

$$r_b=\begin{cases}x_i^T-x_{i,\min}^b, & \text{效益型属性}\\ x_{i,\max}^b-x_i^T, & \text{成本型属性}\end{cases} \tag{4.16}$$

Agent 提出提议的过程可以看作 Agent 通过选择最优行动实现状态的迁移。

基于 Q 学习算法的Q函数定义为

$$Q\left(s(t),x(t)\right)=r\left(s(t),x(t)\right)+\gamma\max_{x(t+1)}Q\left(\delta\left(s(t),x(t)\right),x(t+1)\right) \tag{4.17}$$

式中，γ为时间折扣因子；$\delta(\cdot)$为状态转移函数；$s(t)$为 Agent 的谈判状态。

假设谈判在T轮取得成功，买方 Agent 的期望回报值为

$$Q_a=\begin{cases}\int_{x_{i,\min}^a}^{x_{i,\max}^a}\left(x_i^T-x_{i,\min}^a\right)F_i^a\mathrm{d}x_i^T=\dfrac{1}{x_{i,\max}^a-x_{i,\min}^a}\int_{x_{i,\min}^a}^{x_{i,\max}^a}\left(x_i^T-x_{i,\min}^a\right)\mathrm{d}x_i^T, & \text{效益型属性}\\ \int_{x_{i,\min}^a}^{x_{i,\max}^a}\left(x_{i,\max}^a-x_i^T\right)F_i^a\mathrm{d}x_i^T=\dfrac{1}{x_{i,\max}^a-x_{i,\min}^a}\int_{x_{i,\min}^a}^{x_{i,\max}^a}\left(x_{i,\max}^a-x_i^T\right)\mathrm{d}x_i^T, & \text{成本型属性}\end{cases} \tag{4.18}$$

式中，$F_i^a=1/\left(x_{i,\max}^a-x_{i,\min}^a\right)$表示买方 Agent 对提议成交值在其价值区间内概率分布的认识。

同理，卖方 Agent 的期望回报值为

$$Q_b=\begin{cases}\int_{x_{i,\min}^b}^{x_{i,\max}^b}\left(x_i^T-x_{i,\min}^b\right)F_i^b\mathrm{d}x_i^T=\dfrac{1}{x_{i,\max}^b-x_{i,\min}^b}\int_{x_{i,\min}^b}^{x_{i,\max}^b}\left(x_i^T-x_{i,\min}^b\right)\mathrm{d}x_i^T, & \text{效益型属性}\\ \int_{x_{i,\min}^b}^{x_{i,\max}^b}\left(x_{i,\max}^b-x_i^T\right)F_i^b\mathrm{d}x_i^T=\dfrac{1}{x_{i,\max}^b-x_{i,\min}^b}\int_{x_{i,\min}^b}^{x_{i,\max}^b}\left(x_{i,\max}^b-x_i^T\right)\mathrm{d}x_i^T, & \text{成本型属性}\end{cases} \tag{4.19}$$

式中，$F_i^b=1/\left(x_{i,\max}^b-x_{i,\min}^b\right)$表示卖方 Agent 对提议成交值在其价值区间内概率分布的认识。

第t阶段买方 Agent 的平均奖励值Q为

$$\bar{Q}_a\left(s(t),x(t)\right)=\frac{\sum_{j=t}^{T}B_i^a(j)\gamma^{j-t}Q_a}{T-t+1} \tag{4.20}$$

同理，第t阶段卖方 Agent 的平均奖励值Q为

$$\bar{Q}_b\left(s(t),x(t)\right)=\frac{\sum_{j=t}^{T}B_i^b(j)\gamma^{j-t}Q_b}{T-t+1} \tag{4.21}$$

将强化学习应用于谈判中，存在 Agent 妥协过快的问题，大大降低了 Agent 的期望，与实际谈判不符。因此，引入参数期望还原率 λ 来恢复原来的预期效用。此时买方 Agent 第 t 轮情感劝说的提议更新值为

$$x_i^a(t)=\begin{cases}x_{i,\min}^a+\lambda_a\bar{Q}_a, & \text{效益型属性}\\ x_{i,\max}^a-\lambda_a\bar{Q}_a, & \text{成本型属性}\end{cases} \tag{4.22}$$

式中，λ_a 为买方 Agent 的期望还原率。

同理，卖方 Agent 第 t 轮情感劝说的提议更新值为

$$x_i^b\left(t\right)=\begin{cases}x_{i,\min}^b+\lambda_b\bar{Q}_b, & \text{效益型属性}\\ x_{i,\max}^b-\lambda_b\bar{Q}_b, & \text{成本型属性}\end{cases} \tag{4.23}$$

式中，λ_b 为卖方 Agent 的期望还原率。

因为期望效用不能为负，所以 $\lambda\geqslant 0$。根据 Q 学习谈判策略，$\lambda\bar{Q}(t)$ 是期望效用值，依据期望效用公式，$\lambda\bar{Q}(t)$ 的最大值等于最大期望效用值 $U_{\max}$。因此，$\lambda_{\max}=U_{\max}/\bar{Q}(t)$，由式（4.20）和式（4.21）可知，当 $\beta=1$ 时，$\bar{Q}(t)$ 随着 t 的增加而减小，理论上当 $t=T$ 时，λ 最大。但是，当 $t=T$ 时，$\lambda\bar{Q}(1)=U_{\max}\bar{Q}(1)/\bar{Q}(T)>U_{\max}$，不合理，所以，$\lambda_{\max}=U_{\max}/\bar{Q}(1)$。综上，$\lambda\in\left[0,U_{\max}/\bar{Q}(1)\right]$。

综合以上研究，可得评价行为模型流程图如图 4.3 所示。

由图 4.3 可得评价行为模型的具体步骤如下。

（1）卖方发送初始提议。

（2）由于买方需要三轮卖方提议才能计算卖方的让步参数，如果是前两轮谈判，直接跳到第（3）步；否则，直接跳到第（5）步（卖方同理）。

（3）若卖方提议效用达到自身最低效用，买方接受该提议，谈判结束；否则，买方提出新提议并发送给卖方。

（4）卖方会根据时间信念生成卖方 λ，如果卖方的下一轮提议效用小于买方目前的提议效用，则卖方接受买方的目前提议，谈判结束；否则，提出新的提议，并返回到第（2）步。

（5）当谈判轮次为第三轮与最大轮次之间时，跳到第（6）步，否则谈判终止。

（6）买方根据卖方前三轮的提议计算卖方让步率，并计算自身情感，从而生成买方 λ，提出提议发送给卖方，返回至第（3）步；卖方根据买方前三轮提议计算买方让步，并计算自身情感，从而生成卖方 λ，提出提议发送给买方，返回至第（3）步。

买卖双方 Agent 根据以上步骤交替发送提议，若在谈判时间内，买方的提议效用大于卖方的下一轮提议效用，则情感劝说成功，否则失败。

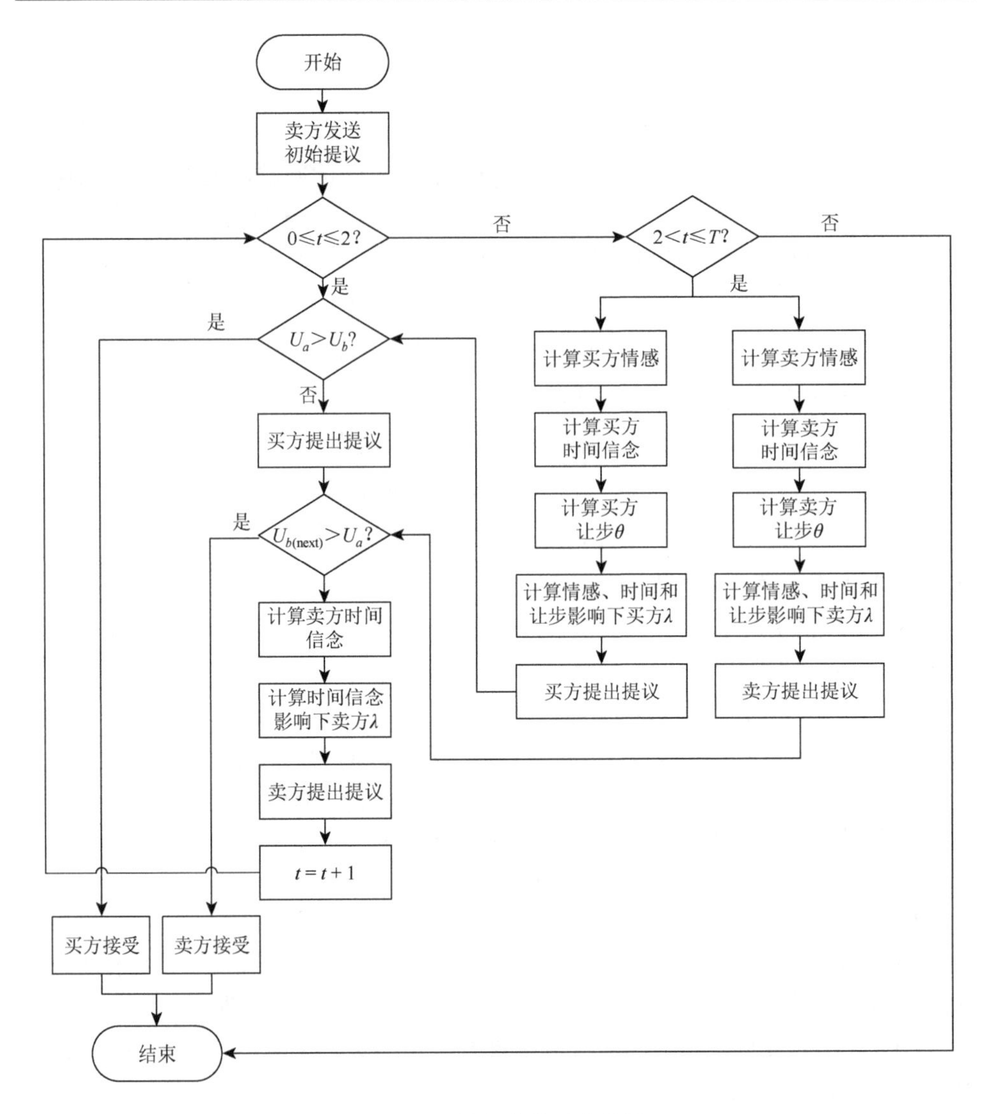

图 4.3　评价行为模型流程图

4.3.5　算例

1. 简况

本节将使用多组实验来验证本节所提出模型的有效性，研究情感的影响，研究本节所提出的情感建模方法对欺骗性提议的敏感性并验证情感驱动的谈判策略的性能。由于不可能讨论无限可能的环境，因此本节只考虑可以评估 Agent 的谈判性能的代表性环境来测试本节提出的算法。在相同的环境中，如果一个 Agent

使用本节的算法可以获得更高的成功率并且比没有使用该算法的协商结果更好，那么可以证明本节算法的有效性和正确性。

本节以某行业供应链管理中代表买卖双方的 Agent 就某种商品的采购为情感劝说背景，买卖双方就多种提议进行谈判。两个谈判者存在三个谈判问题：价格、交货期和质量。为了不失一般性，本章假设每个 Agent 的让步率为 $\beta=1$，其中，本章参考 Cao 等（2015）的研究，设置 $k_m=1$，$k=0.1$，经过反复实验设置 $\gamma=0.95$，三个问题的权重分别为 0.8、0.1、0.1。谈判截止日期为 20 轮（Wu et al.，2020a）。

2. 基础数据

买卖双方 Agent 对各属性的期望值按固定步长递增的顺序如表 4.1 所示。表 4.1 中的卖方和买方的数据分别按照每一列进行组合。为了让谈判数据涵盖更多关于三个谈判问题的值，本章从左到右排列组合三个问题，生成最小值和最大值的组合，例如，卖方 Agent 的第一个组合是[320, 340]，[20, 30]，[15, 20]。买卖双方都有 21 组数据。因此，买卖双方的总数据为 21×21 = 441 组。排除无法协商的数据，剩下 100 个组合供实验使用。

表 4.1　买卖双方谈判属性期望值实验数据

谈判方	属性	期望值范围						
卖方	价格/(元/吨)	320	340	360	380	400	420	440
	质量	20	30	40	50	60	70	80
	交货期/天	15	20	25	30	35	40	45
买方	价格/(元/吨)	300	320	340	360	380	400	420
	质量	30	40	50	60	70	80	90
	交货期/天	10	15	20	25	30	35	40

3. 计算

1）情感驱动的谈判策略和非情感驱动的谈判策略

在情感驱动的谈判策略下，卖方、买方 Agent 根据以下公式更新其属性 i 的第 t 轮提议 $x_i^b(t)$、$x_i^a(t)$：

$$x_i^b(t)=\begin{cases}x_{i,\min}^b+\left(\omega_1\cdot\lambda_b^\theta(t)+\omega_2\cdot\lambda_b^e(t)\right)\bar{Q}_b, & \text{效益型属性}\\ x_{i,\max}^b-\left(\omega_1\cdot\lambda_b^\theta(t)+\omega_2\cdot\lambda_b^e(t)\right)\bar{Q}_b, & \text{成本型属性}\end{cases} \tag{4.24}$$

$$x_i^a(t)=\begin{cases}x_{i,\min}^a+\left(\omega_1\cdot\lambda_a^\theta(t)+\omega_2\cdot\lambda_a^e(t)\right)\bar{Q}_a, & \text{效益型属性}\\ x_{i,\max}^a-\left(\omega_1\cdot\lambda_a^\theta(t)+\omega_2\cdot\lambda_a^e(t)\right)\bar{Q}_a, & \text{成本型属性}\end{cases} \tag{4.25}$$

式中，$\lambda_b^\theta(t)$ 和 $\lambda_a^\theta(t)$ 分别为让步行为影响下的卖方和买方的期望还原率；λ_b^e 和 λ_a^e 分别为情感影响下的卖方和买方的期望还原率。

在非情感驱动的谈判策略下，卖方（买方）Agent 根据以下公式更新提议：

$$x_i^b(t)=\begin{cases}x_{i,\min}^b+\lambda_b^{\max}\bar{Q}_b, & \text{效益型属性}\\ x_{i,\max}^b-\lambda_b^{\max}\bar{Q}_b, & \text{成本型属性}\end{cases} \tag{4.26}$$

$$x_i^a(t)=\begin{cases}x_{i,\min}^a+\lambda_a^{\max}\bar{Q}_a, & \text{效益型属性}\\ x_{i,\max}^a-\lambda_a^{\max}\bar{Q}_a, & \text{成本型属性}\end{cases} \tag{4.27}$$

式中，$\lambda_b^{\max}$ 和 $\lambda_a^{\max}$ 分别为卖方和买方的期望还原率的最大值。

也就是说，与本章提出的协商模型相比，这种非情感驱动的谈判策略包括期望还原率和 Q 学习算法，但没有情感。

然后，在每个组合上运行所提出的情感驱动的谈判模型和非情感驱动的谈判模型，并比较所选性能指标的结果。图 4.4～图 4.8 显示了在有情感和无情感策略下这些指标的密度估计分布图。

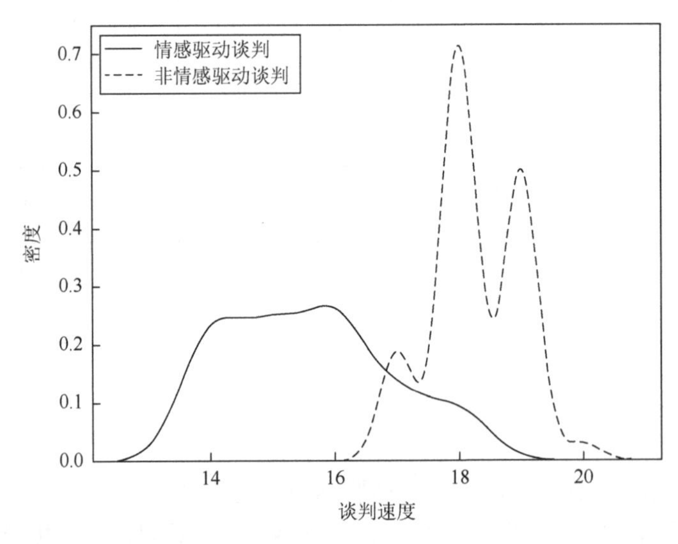

图 4.4　有情感与无情感策略下谈判速度的密度估计

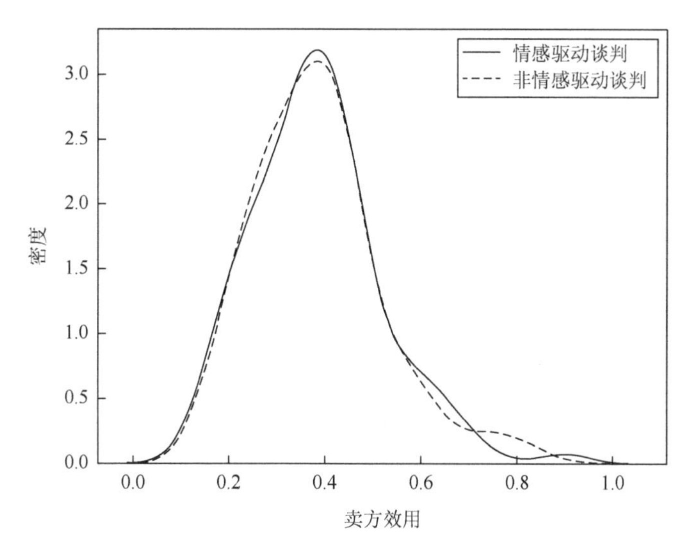

图 4.5　有情感与无情感策略下卖方效用的密度估计

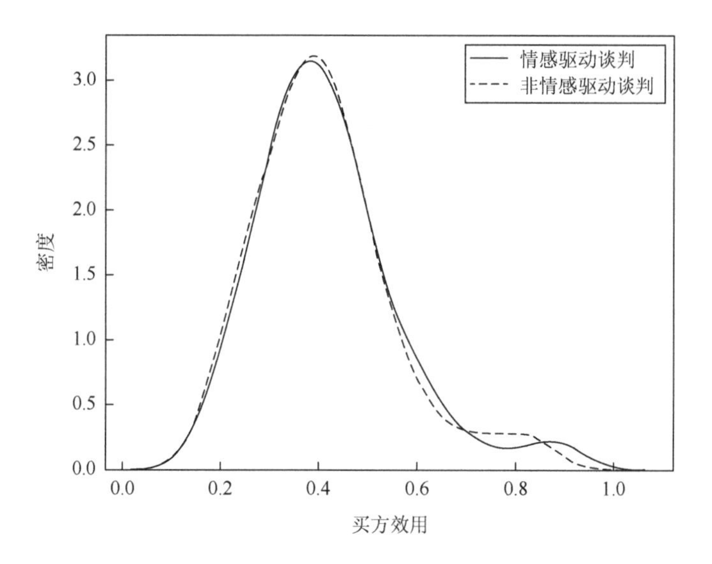

图 4.6　有情感与无情感策略下买方效用的密度估计

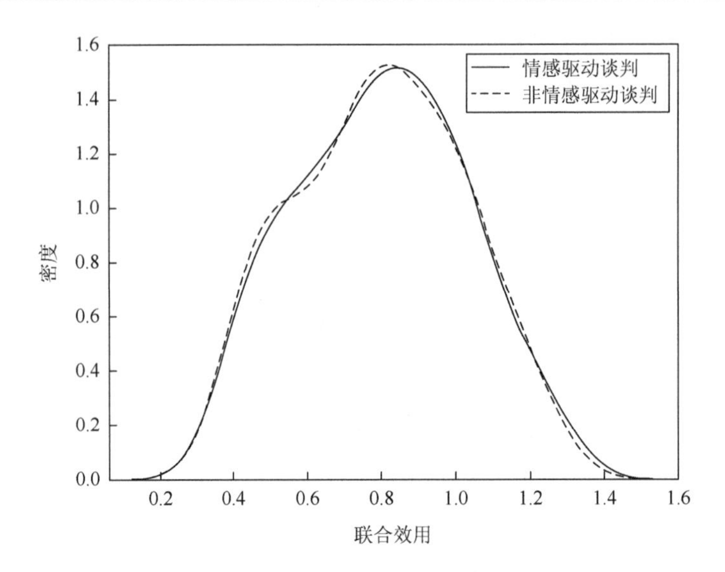

图 4.7　有情感与无情感策略下联合效用的密度估计

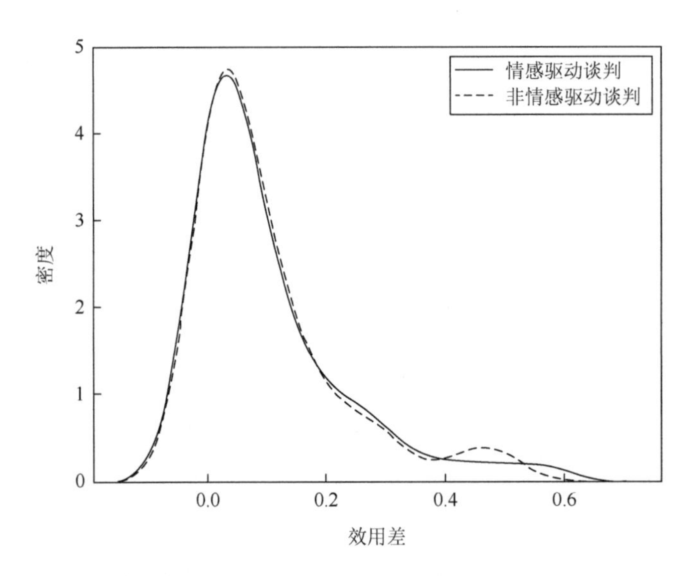

图 4.8　有情感与无情感策略下效用差的密度估计

本节还做了两样本科尔莫戈罗夫-斯米尔诺夫（Kolmogorov-Smirnov）检验，以检验有情感策略和无情感策略下每个指标之间的差异，测试结果总结在表 4.2 中，括号内的数值为每个指标的标准差。

表 4.2　有情感与无情感的谈判策略比较结果

性能指标	谈判策略		科尔莫戈罗夫-斯米尔诺夫检验统计量的值
	情感驱动	非情感驱动	
谈判速度	15.560（1.274）	17.06（0.705）	0.000
卖方效用	0.383（0.134）	0.385（0.135）	0.994
买方效用	0.417（0.142）	0.411（0.138）	0.968
联合效用	0.800（0.225）	0.796（0.224）	1.000
效用差	0.102（0.128）	0.100（0.122）	0.815

上述分析表明，本节提出的评价行为谈判策略可以显著减少谈判成功所需的轮次，从而提高谈判效率。另外，本节提出的谈判策略在效用上与非情感驱动的谈判策略具有可比性。现有研究已经证明，具有期望还原率的 Q 学习驱动的提议更新算法优于 Q 学习策略，新的比较实验表明，本节提出的情感驱动的谈判策略可以保持相同的效用水平（个体、联合效用和效用差），同时显著减少谈判轮次以达成共识。时间是谈判的一个重要约束条件，比较结果表明，在谈判策略中考虑情感是值得的。

2）实际对手提议和欺骗对手提议下的情感

为了模拟欺骗性报价，本节设计了一种欺骗性策略，即在每一轮谈判中故意将对手的提议值加上或减去一个在 0～5 中随机选择的数字，以形成误导。例如，当模型预测对手应该相对于其上一轮提议减少 5 时，对手实际上减少了更少甚至保持其提议不变。

然后，当买方 Agent 和卖方 Agent 被允许使用这种欺骗性策略时，本节在每种参数组合下再次运行所提出的模型。记录了每一轮谈判中双方的情感值，并与双方不使用欺骗性策略时的情感值进行比较，如图 4.9 所示。虽然欺骗性策略下的买方（卖方）Agent 在每一轮中的情感值都小于真实策略下的对方，但两者都表现出相似的趋势。

本节借助谈判性能指标，对实验结果进行了比较，如表 4.3 所示。科尔莫戈罗夫-斯米尔诺夫检验表明，有欺骗的指标与无欺骗的指标具有可比性，括号内的数值为每个指标的标准差。以上分析表明，本节所提出的情感建模方法在一定程度上对对手的欺骗性提议不敏感。

由于买卖双方的 λ 、最长谈判时间和时间信念函数是本节模型的重要影响因素，因此本章分别针对买卖双方的 λ 取值不同、T_a 与 T_b 取值不同以及不同的时间信念函数，对模型进行分析。

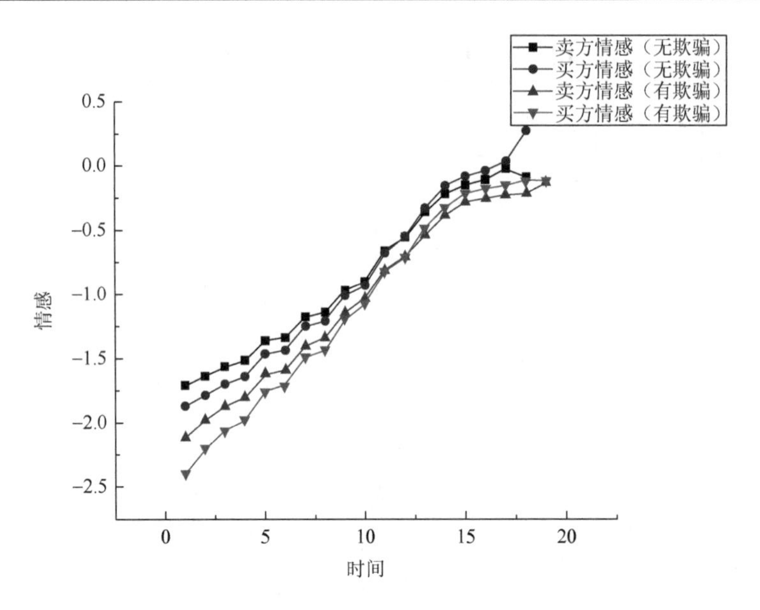

图 4.9　实际对手提议和欺骗对手提议下的情感

表 4.3　无欺骗与有欺骗的谈判策略比较结果

性能指标	谈判策略		科尔莫戈罗夫-斯米尔诺夫检验（p 值）
	无欺骗	有欺骗	
谈判速度	15.560（1.274）	16.574（1.167）	0.000
卖方效用	0.383（0.134）	0.373（0.132）	0.699
买方效用	0.417（0.142）	0.423（0.167）	0.967
联合效用	0.800（0.225）	0.796（0.218）	0.906
效用差	0.102（0.128）	0.136（0.167）	0.155

（1）买卖双方 Agent 的 λ 取值不同。针对买卖双方 Agent 的 λ 取值不同并分别针对价格、质量和交货期三个提议，对模型进行敏感性分析，取 100 组实验结果的均值，相应的情感劝说过程如表 4.4 所示。

表 4.4　买卖双方 λ 取值不同的情感劝说结果

性能指标	1	$0.5\lambda_{\max}$	$\lambda_{\max}$	$B(t)\lambda_{\max}$
谈判速度	3.470	15.100	15.560	14.900
卖方效用	0.370	0.371	0.383	0.371

续表

性能指标	1	$0.5\lambda_{max}$	λ_{max}	$B(t)\lambda_{max}$
买方效用	0.406	0.384	0.417	0.398
联合效用	0.776	0.755	0.800	0.769
效用差	0.098	0.073	0.102	0.082

由表 4.4 可得出以下结论。

①谈判成功轮次：当买卖双方 Agent 的 $\lambda = B(t)\lambda_{max}$ 时，谈判成功的平均轮次为 14.900 轮。此时买卖双方 Agent 的期望随着时间进行动态调整，时间越长，期望还原率越小，即时间越长，让步越大，符合传统的时间策略；当买卖双方 Agent 的 $\lambda = 0.5\lambda_{max}$ 时，双方在第 15.100 轮达成一致；当买卖双方 Agent 的 $\lambda = \lambda_{max}$ 时，双方在第 15.560 轮达成一致，此时最大限度地还原了预期效用，双方都做出很小的让步；当买卖双方 Agent 的 $\lambda = 1$时，双方在 3.470 轮达成一致，因为谈判双方从谈判开始做出太多让步。由此可见，λ 取值为 $B(t)\lambda_{max}$ 时，更加符合实际谈判情况。

②谈判的联合效用：联合效用是指谈判买方和卖方的效用之和。综合来看，$\lambda = \lambda_{max}$ 的谈判的联合效用最大；其他三种参数，联合效用排序为 $1 > B(t)\lambda_{max} > 0.5\lambda_{max}$，$\lambda = 1$ 的初始让步太大，偏离实际的谈判；$\lambda = B(t)\lambda_{max}$ 的谈判结果更加贴近谈判目标，即追求较大的联合效用值。

③谈判的公平性：谈判的公平性是指谈判效用的相对公平性，等于买方和卖方的效用差的绝对值。当 $\lambda = 0.5\lambda_{max}$ 时，买卖双方的效用差最小，这表明恢复到原来的期望后，公平性也得到了提升。

综上，从谈判的目标来讲，即在最大化谈判双方的相对公平性的前提下，追求更高的联合效用，因此，$\lambda = B(t)\lambda_{max}$ 时，谈判结果是最优的，并且谈判速度也较快，符合谈判效用随时间逐渐递减的实际情况。

（2）买卖双方 Agent 的最长谈判时间 T_a 与 T_b 取值不同。买卖双方 Agent 取 $T_b = 22 > T_a = 20$、$T_b = T_a = 20$ 和 $T_b = 20 < T_a = 22$ 这三种不同值，且 β 取值均为 1，分别对模型进行敏感性分析，结果如表 4.5 所示。

表 4.5　买卖双方 T_a 及 T_b 取值不同的情感劝说结果

性能指标	$T_b > T_a$	$T_b = T_a$	$T_b < T_a$
谈判速度	15.870	15.560	15.760
卖方效用	0.407	0.383	0.335
买方效用	0.352	0.417	0.438

续表

性能指标	$T_b > T_a$	$T_b = T_a$	$T_b < T_a$
联合效用	0.759	0.800	0.773
效用差	0.105	0.102	0.126

分析可知，当卖方 Agent 的最大谈判轮次增加时，卖方 Agent 的效用也随之增加，结果有利于卖方 Agent，而当买方 Agent 的最大谈判轮次增加时正好相反。因此，随着最大谈判轮次的增加，相应的劝说方 Agent 的效用也会增加，表明此时该 Agent 不急于达成一致，而是争取更加合理和有利于己方的结果，即更加理性。同时当卖方和买方轮次相同时，效用差最小，表明此时社会福利最高，体现了谈判的公平性。

（3）本节时间信念函数与传统时间信念函数的对比：为了研究不同时间信念函数对谈判结果的影响，本节设置了实验比较两个 Agent 使用 Chen 等（2014）的研究中的时间信念函数 $1-t/T$ 进行谈判的情况和使用本节提出的时间信念函数进行谈判的情况，结果如表 4.6 所示。

表 4.6　本节时间信念函数与 Chen 等（2014）的时间信念函数的谈判策略的比较结果

性能指标	本章时间信念函数	Chen 等（2014）的时间信念函数
谈判速度	15.560	14.140
卖方效用	0.383	0.379
买方效用	0.417	0.404
联合效用	0.800	0.783
效用差	0.102	0.092

结果表明，本节提出的时间信念函数在卖方效用、买方效用、联合效用和效用差方面优于 Chen 等（2014）的时间信念函数。

4.4　基于 Agent 的决策的情感劝说状态更新模型

本节针对 Agent 的劝说的状态更新展开研究，提出一个基于 Agent 的决策的状态更新模型。本节首先定义基于 Agent 的情感劝说状态，然后分别从情感强度更新、劝说强度更新、提议更新这三个方面更新 Agent 的情感劝说状态。本节重点研究基于 Agent 的情感劝说过程中的决策交互，构建基于 Agent 的情感劝说状态更新模型。首先，基于 PAD 三维心情空间模型，考虑 Agent 的个性，考虑情感随时间的衰减特性，对 Agent 的情感强度进行量化和更新。其次，划分了影响劝说强度的两大主要影响因素，从劝说刺激强度的角度对劝说进行量化。再次，基于前景理论，结合劝说强度来更新参考值，实现了动态评价提议。最后，基于贝叶斯学习，建立了情感强度与提议更新之间的关系，重点研究情感与劝说在交互过程中对谈判决策的影响。此外，经过一系列数值实验，分析结果表明该模型在谈判效率方面优于现有的基于 Agent 的劝说方法。

4.4.1　情感强度更新模型

完全理性的 Agent 只会在谈判过程中考虑效用的影响，然而人类不是完全理性的，正如第 2 章所述，情感影响谈判者的决策。如果将情感融入自动谈判的 Agent 交互过程中，每生成一个提议就意味着情感强度的更新。因此，本章基于 PAD 三维心情空间模型，考虑个性和时间，提出了情感强度更新方法。

本节采用 Ekman（1982）的情感分类，并用 6 行 1 列的矩阵 μ_t 来表达时间 t 中 Agent 的六种基本情感：

$$\mu_t=\left[\mu_{\text{joy}},\mu_{\text{sadness}},\mu_{\text{anger}},\mu_{\text{surprise}},\mu_{\text{fear}},\mu_{\text{disgust}},\right]^{\mathrm{T}},\quad \forall\mu_i\in(0,1),i\in\{1,2,3,4,5,6\},t>0 \tag{4.28}$$

情感维度模型擅长刻画情感状态随时间变化的特性（Gunes et al.，2011）。因此，本节使用最常用的 PAD 三维心情空间模型（Mehrabian，1996a）来刻画情感。PAD 三维心情空间模型中 P 代表愉悦度，指个体情感状态的正负特征；A 代表唤醒度，指个体生理唤醒的水平；D 代表支配度，指个体对场景的支配状态，P、A、$D\in[-1,1]$。

离散情感可以对情感表达进行分类，维度情感模型能够刻画情感状态的动态和连续性，基于离散情感及维度情感各自的优点，现有学者建立了六种基本情感与 PAD 情感空间的映射关系，如表 4.7 所示（田智行等，2021）。

表 4.7　六种基本情感与 PAD 情感空间的映射关系

情感	P	A	D
高兴	0.40	0.20	0.15
悲伤	−0.40	−0.20	−0.50
愤怒	−0.51	0.59	0.25
惊奇	0.20	0.10	0.10

续表

情感	P	A	D
恐惧	−0.64	0.60	−0.43
厌恶	−0.4	0.20	0.10

人们在决策时，因个体差异，会对同一事件表现出不同的情感，心理学家将这种差异归因为人类性格的不同。因此，为了更加真实地模拟人类的情感，在 Agent 情感建模中需考虑性格对情感的影响。现有研究中，OCEAN 人格模型（Goldberg，1990）普遍为学者接受并被广泛应用于 Agent 的情感建模中，该模型将人的性格分为五类，即开放性（openness）、尽责性（conscientiousness）、外向性（extraversion）、宜人性（agreeableness）、情绪稳定性（neuroticism）。

Mehrabian（1996a）将 PAD 三维心情空间模型与 OCEAN 人格模型建立联系，突出了人格对于情感 PAD 三维度的影响。因此，本章基于上述研究，生成 PAD 情感向量：

$$E = \begin{bmatrix} 0 & 0 & 0.21 & 0.59 & 0.19 \\ 0.15 & 0 & 0 & 0.30 & -0.57 \\ 0.25 & 0.17 & 0.60 & -0.32 & 0 \end{bmatrix} \cdot P \tag{4.29}$$

$$P = \left[\mathrm{Op,Co,Ex,Ag,Ne}\right]^{\mathrm{T}} \tag{4.30}$$

式中，E 为 PAD 情感向量；P 为由上述五类人的性格构成的列向量。

根据 Santos 等（2011）和 Gebhard（2005）的研究，Agent 的情感强度可以定义为它到 PAD 向量零点的距离。因此，可以从下面的公式中得到 Agent 的情感强度：

$$I_a = \sqrt{\frac{P_a^2 + D_a^2 + A_a^2}{3}} \tag{4.31}$$

式中，I_a 为 Agent a 的情感强度值。

情感是一个持续变化的过程，情感状态不仅受到外界刺激的影响，还受到之前情感状态的影响。上一轮谈判中的情感状态影响这一轮谈判的情感状态，而此时的情感又会影响下一轮的情感，这种影响主要体现在情感的叠加和衰减上（Tian et al.，2008）。通常，情感的强度是随时间变化的。根据情感强度第三定律，情感强度和持续时间是负指数函数。情感的衰减特性可以用下面的公式来描述：

$$\mu_t = \mu_{t-1} \cdot \exp(-k\Delta t) \tag{4.32}$$

式中，μ_t 为随时间衰减后的情感强度；μ_{t-1} 为前一轮的情感强度；Δt 为衰减持续时间；k 为衰减系数。

4.4.2　劝说强度更新模型

一般情况下，自动谈判者的信念在听取他人的意见和辩论后会发生改变，这使理解谈判对手的论据及听取对手的意见成为影响谈判决策的重要因素（Fujita et al.，2016）。自动谈判中的劝说是指，当 Agent 对对手 Agent 提出的提议不满时，所采用的一种解决争端并提出自身新提议的谈判方式。因此，本章从劝说刺激强度的角度量化 Agent 的劝说，并将劝说强度的影响因素归纳为以下两个方面。

（1）对让步的感知：对手让步幅度越大，Agent 的劝说强度越大。

（2）对谈判耗时的感知：根据谈判时间的长短调节谈判速度，越接近谈判截止时间，Agent 的劝说强度越大。

在此基础上，本章给出以下的劝说强度计算公式：

$$I_p = g_1\left(\frac{x_i(t)-x_i(t-1)}{x_i(t-1)-x_i(t-2)}\right)+g_2\left(1-\frac{t}{T}\right) \tag{4.33}$$

式中，$\frac{x_i(t)-x_i(t-1)}{x_i(t-1)-x_i(t-2)}$ 为对手提议的平均让步幅度；$1-\frac{t}{T}$ 为谈判的耗时程度；g_1 和 g_2 分别为两个影响因素的权重。

前景理论主要用于风险决策和不确定性决策问题中，其生动且精确地刻画了在这类问题下决策主体的内心认知变化，以及心理因素对决策主体的决策行为影响（Kahneman and Tversky，1979）。该理论的主要贡献在于价值函数：在收益时是凹函数，在损失时是凸函数（边际效益递减），且损失时的斜率更大（损失厌恶）。将前景理论引入基于 Agent 的情感劝说中，借助相对差值来衡量决策者偏好的优势。将买卖双方的提议评价值表示如下：

$$V_a(x)=\sum_{i=1}^{n}\varpi_i(\omega_p)v(\Delta x_i) \tag{4.34}$$

式中，$V_a(x)$ 为基于 Agent a 提议的前景值；Δx_i 为目前谈判状态相对于某一参考点的变化差量；$v(\Delta x_i)$ 为 Agent 对提议值 x_i 的主观价值；$\varpi_i(\omega_p)$ 为属性 i 的权重函数。

考虑 Agent 的期望值和保留值，保留值表示劝说中所能接受的最低值，并选取两者的中间值表示 Agent 心理预期的中间值，初始参考值为 $h_i=(x_{i,\max}+x_{i,\min})/2$，将其归一化，参考点为

$$h_i'=\begin{cases}\dfrac{h_i-x_{i,\min}}{x_{i,\max}-x_{i,\min}}, & \text{效益型属性}\\[2ex] \dfrac{x_{i,\max}-h_i}{x_{i,\max}-x_{i,\min}}, & \text{成本型属性}\end{cases} \tag{4.35}$$

同理可得到标准化的对方提议值：

$$x_i' = \begin{cases} \dfrac{x_i - x_{i,\min}}{x_{i,\max} - x_{i,\min}}, & \text{效益型属性} \\ \dfrac{x_{i,\max} - x_i}{x_{i,\max} - x_{i,\min}}, & \text{成本型属性} \end{cases} \tag{4.36}$$

式中，x_i'、h_i' 分别为标准化的对方提议值和参考点。

若 $x_i' > h_i'$，则 Agent 表现为相对收益的主观价值；若 $x_i' < h_i'$，则 Agent 表现为相对损失的主观价值，基于此，基于 Agent 的情感劝说的价值函数表示为

$$v(\Delta x_i) = \begin{cases} \left(x_i' - h_i'\right)^{m_1}, & x_i' \geqslant h_i' \\ -\varepsilon\left(h_i' - x_i'\right)^{m_2}, & x_i' < h_i' \end{cases} \tag{4.37}$$

式中，参数 m_1 和 m_2 分别为获益和损失区域在价值函数中的凹凸程度；ε 为 Agent 面对不确定性决策的态度；将权重函数表示为

$$\varpi_i(\omega_p) = \begin{cases} \omega_p^+ = \dfrac{\omega_p{}^{\varphi}}{\left[\omega_p{}^{\varphi} + (1-\omega_p)^{\varphi}\right]^{\frac{1}{\varphi}}}, & \Delta x_i \geqslant 0 \\ \omega_p^- = \dfrac{\omega_p{}^{\delta}}{\left[\omega_p{}^{\delta} + (1-\omega_p)^{\delta}\right]^{\frac{1}{\delta}}}, & \Delta x_i < 0 \end{cases} \tag{4.38}$$

式中，φ 和 δ 分别为个体的心理预期为收益和损失时的不确定性决策态度系数；ω_p^+ 为决策者对劝说提议值相对收益的决策权重；ω_p^- 为决策者对劝说提议值相对损失的决策权重。

随着谈判的进行，Agent 可以利用收集到的谈判信息，根据对方提议是否达到自身保留值决定是否更新参考值，若达到自身保留值，则按照以下公式更新其参考值；否则，不更新其参考值：

$$h_i'(t+1) = h_i' + I\left(I_p(t)\right) I_p(t) \left(x_i'\right)^{I_p(t)} \tag{4.39}$$

式中，$I\left(I_p(t)\right)$ 为劝说信息指示值，分别取 $\{-1, 0, 1\}$。

（1）若 Agent 的劝说强度为 $I_p(t) > 0.5$，此时劝说强度较大，且当对方提议超过自身保留值时，谈判状态较为乐观，谈判空间较大，因此，参考点向保留值方向移动，对应的劝说信息指示值为–1。

（2）若 Agent 的劝说强度为 $I_p(t) = 0.5$，此时劝说强度中等，谈判状态较为中立，谈判空间处于中间，因此，参考点不变，对应的劝说信息指示值为 0。

（3）若 Agent 的劝说强度为 $I_p(t) < 0.5$，此时劝说强度较小，谈判状态较为悲观，谈判空间较小，因此，参考点向最大值方向移动，对应的劝说信息指示值为 1。

当卖方 Agent 接收到买方 Agent 发送的提议并进行评估后，根据相应的评估结果做出相应的决策行为，若对方的前景值大于等于 0，则接受该提议，反之，若谈判时间未到，则提出新的提议并发送给对方，否则谈判时间结束，拒绝该提议，情感劝说失败。因此，建立情感劝说中的 Agent 的行为规则如下（以买方为例）：

$$R\left(x_i^b(t-1)\right)=\begin{cases}\text{withdraw}(a,b), & t>T\\ \text{accept}(a,b,x_i^a(t-1)), & V\left(x_i^a(t-1)\right)\geqslant 0\\ \text{offer}(a,b,x_i^a(t)), & \text{否则}\end{cases}\tag{4.40}$$

式中，$R\left(x_i^b(t-1)\right)$ 为 Agent b 在 t–1 轮的行为，即是否接受对方提议值；$\text{withdraw}\left(a,b\right)$ 表示 Agent b 拒绝发送提议值；$\text{accept}(a,b,x_i^a(t-1))$ 表示 Agent b 接受 Agent a 在 t–1 轮的提议值；$\text{offer}(a,b,x_i^a(t))$ 表示 Agent b 收到 Agent a 发出的第 t 轮提议值。

4.4.3　基于贝叶斯学习的提议更新算法

由于现实谈判中的竞争、隐私和不确定性（Yu et al.，2013），谈判者总是不愿意向对手透露他们的私人信息（如期限、保留值和策略），以防止被迫做出更不利的决定。因此，了解对手的偏好和谈判策略对于提高 Agent 的性能至关重要。贝叶斯学习可以根据样本信息进行综合推理，将谈判过程中对手的不确定性信息表达为一组假设，并通过观察对手的结果通过后验概率对其进行修正（Hindriks and Tykhonov，2008）。与没有学习的模型相比，贝叶斯学习提供了在更少的谈判轮次中学习对手评估函数的机会（Kotsiantis et al.，2007）。此外，在合理数量的谈判轮次中可以产生显著的结果。因此，本章使用贝叶斯学习算法来预测对手对谈判问题的保留值，即代理接受报价的阈值（Zeng and Sycara，1998）。

首先，Agent 对对手问题的保留值的信念可以看作一组假设 H_i，$i=1,2,\cdots,n$，并且 Agent 具有评估假设概率的先验知识，即先验概率分布，记为 $P(H_i)$，其中，$\sum_{i=1}^{n}P(H_i)=1$。

其次，在收到对手的提议后，Agent 会对对手的劝说做出回应并生成一个条件概率 $P\left(Y\mid H_i\right)$。

再次，Agent 可以通过使用贝叶斯学习算法更新其对对手保留值的信念。因此，后验概率如下：

$$P\left(H_i \mid Y\right)=\frac{P(H_i)P\left(Y \mid H_i\right)}{\sum_{k=1}^{n}P\left(Y \mid H_k\right)P(H_i)} \tag{4.41}$$

最后，最大后验概率对应的值就是对手对问题的保留值。

在这里，本章有两种不同类型的属性：成本型属性和效益型属性。对于成本型属性，数值越小越好。对于效益型属性，数值越大越好。例如，当购买一个包时，价格对于买家来说是成本型属性，而质量则是效益型属性。

时间是影响 Agent 行为的重要因素。如果 Agent 有一个必须达成协议的期限，Agent 可能会随着期限的临近而更快地让步。此外，情感在谈判中发挥了重要作用。因此，本章引入了谈判截止日期和情感强度来提出新的提议。

$$x_i(t)=\begin{cases}\hat{x}_{\min}+\left(x_{\max}-\hat{x}_{\min}\right)\times\left(\dfrac{t}{T}\right)^{\alpha+I_e^t}, & \text{成本型属性}\\ \hat{x}_{\max}-\left(\hat{x}_{\max}-x_{\min}\right)\times\left(\dfrac{t}{T}\right)^{\alpha+I_e^t}, & \text{效益型属性}\end{cases} \tag{4.42}$$

式中，I_e^t为劝说强度；$\hat{x}_{\min}$和$\hat{x}_{\max}$分别为 Agent 利用贝叶斯学习预测的最小和最大保留值。

（1）当$0<\alpha<1$时，让步速度递减，Agent 会在谈判开始时做出较大让步，在谈判接近尾声时做出较小让步。

（2）当$\alpha=1$时，匀速让步，Agent 会在整个谈判过程中做出不变的让步。

（3）当$\alpha>1$时，让步速度提高，Agent 会在谈判开始时做出小幅让步，但在临近谈判期限的最后几轮谈判中增加让步。

综合以上研究，可系统构建状态更新模型流程图如图 4.10 所示。

由图 4.10 可得状态更新模型的具体步骤如下。

（1）在谈判开始前，买卖双方确定好各自的谈判偏好，例如，谈判截止时间、各提议的谈判范围等谈判信息，同时发送初始提议。

（2）由于买卖双方需要三轮对方提议才能计算劝说强度，如果是前两轮谈判，直接转到第（3）步；否则，直接转到第（5）步。

（3）买方对卖方的劝说提议进行评价，如果前景评价值大于 0，买方接受卖方当前的提议，谈判结束；否则，提出新的提议，并返回到第（2）步（卖方同理）。

（4）当谈判轮次为第三轮与最大轮次之间时，转到第（5）步，否则谈判终止。

（5）买方依据卖方的提议计算其劝说强度，调整其参考值，若前景值小于 0，买方计算自身情感强度，基于贝叶斯学习更新其提议，向卖方发送新的提议，返回至第（3）步；卖方依据买方的提议计算其劝说强度，调整其参考值，若前景值小于 0，卖方计算自身情感强度，基于贝叶斯学习更新其提议，向买方发送新的提议，返回至第（3）步。

买卖双方根据以上步骤交替发送提议，若在谈判时间内，买卖双方的前景值均大于 0，则情感劝说成功，否则失败。

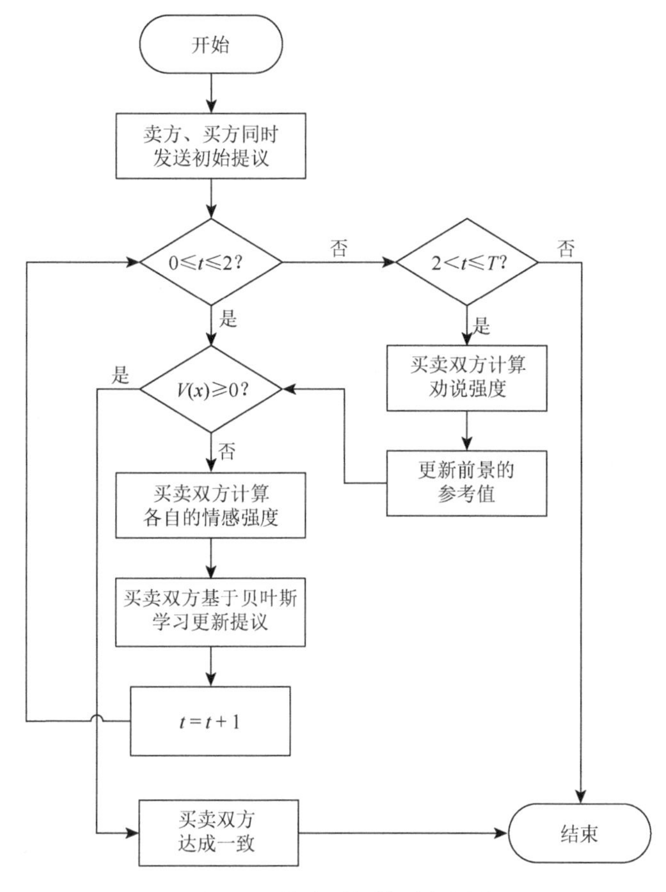

图 4.10 状态更新模型流程图

4.5 基于 Agent 的决策的情感劝说调整目标模型

本节将构建一个基于 Agent 的自动谈判模型，该模型考虑了相似度以及情感和熟悉度三个社会元素对 Agent 谈判行为的影响。图 4.11 给出了所提出模型的框架。买方 Agent a 和卖方 Agent b 就产品进行谈判，除非产品的所有属性都达成一致，否则谈判不会成功。根据谈判者的观点，产品的属性属于成本型或效益型。对于买方来说，产品的价格是成本型属性，价格越低越好。产品质量是买方的效益型属性，质量越高越好。相反，卖方将这两个属性分别视为效益型和成本型。因此，成本型和效益型属性对谈判者的效用做出了相反的贡献。为了简化模型，本节通过反向度量效益型属性，将所有产品属性视为成本型。例如，将质量属性替换为不合格率。

在基于 Agent 的自动谈判中，Agent a 和 Agent b 就多个产品属性进行谈判，例如，价格、质量以及交货期。$x_a(t)=\left\{x_a^1(t),x_a^2(t),\cdots,x_a^i(t),\cdots,x_a^n(t)\right\}$ 表示买方 Agent 的提议值，$x_b(t)=\left\{x_b^1(t),x_b^2(t),\cdots,x_b^i(t),\cdots,x_b^n(t)\right\}$ 表示卖方 Agent 的提议值，其中 n 为属性数量，t 为当前谈判轮数，它满足 $t\geqslant 0$。Agent a 和 Agent b 的情感用 $\mu_a(t)$ 和 $\mu_b(t)$ 来表示。SIM(t) 和 $F(t)$ 分别表示第 t 轮谈判的相似度和熟悉度水平。

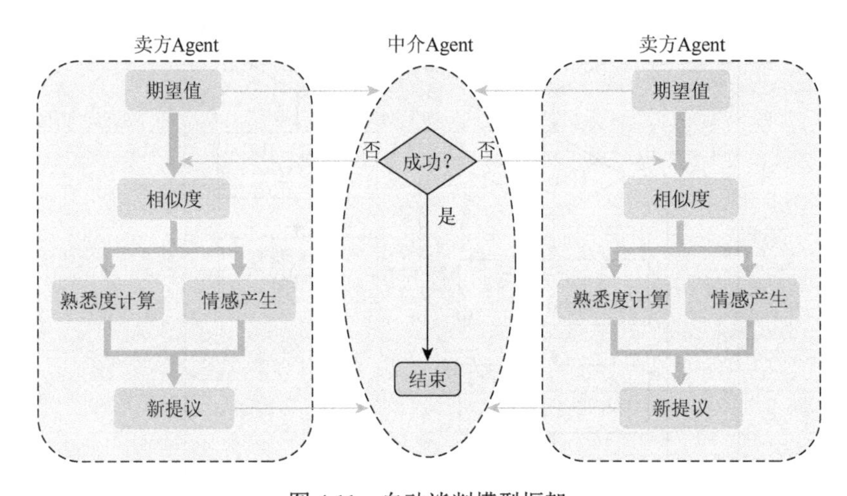

图 4.11　自动谈判模型框架

图 4.11 显示了两个 Agent 交替提出提议的过程。为了保证公平，买方 Agent 和卖方 Agent 都在每一轮谈判开始时同时将提议发送给中介 Agent。然后，中介 Agent 将谈判结果返回给双方 Agent。第一轮的提议值是每个 Agent 的期望值，它是按照提议值函数计算的，该函数整合了一个 Agent 的情感 $\mu_a(t)$ 或 $\mu_b(t)$ 及其对相似度水平 SIM(t) 和熟悉度水平 $F(t)$ 的估计。随后，更新的提议值被发送给中介 Agent。每一轮交互都遵循这个过程，直到谈判成功或时间超过最大谈判轮数 T。接下来，本节将解释提议值函数及其三个组成部分。

4.5.1　提议值函数

假设在第 t 轮谈判中，买方 Agent 和卖方 Agent 向中介 Agent 发送提议。如果谈判不成功，Agent 将向中介 Agent 发送还价 $\mu(t+1)$ 作为回应。Agent 在收到对方 Agent 的情感时产生自身情感，并且这种情感影响其还价。然后根据 Agent a 的提议值函数计算还价，提议值函数基于 Keller 和 Reeve（1998）的研究得到，如式（4.43）所示：

$$x_a^i(t+1)=\begin{cases}x_{a,o}^i, & t=1\\ x_a^i(t)+\mu_a(t)\cdot\left|x_{a,o}^i-x_{a,r}^i\right|, & t>1\end{cases} \tag{4.43}$$

同样构造 Agent b 的提议值函数，如式（4.44）所示：

$$x_b^i(t+1)=\begin{cases}x_{b,o}^i, & t=1\\ x_b^i(t)+\mu_b(t)\cdot\left|x_{b,o}^i-x_{b,r}^i\right|, & t>1\end{cases} \tag{4.44}$$

式中，$x_{a,o}^i$、$x_{b,o}^i$ 分别为 Agent a 和 Agent b 对于关注点 i 的期望值；$x_{a,r}^i$、$x_{b,r}^i$ 分别为 Agent a 和 Agent b 对于关注点 i 的保留值；$\mu_a(t)$、$\mu_b(t)$ 分别为两个 Agent 的情感值。

在提出的模型框架中，熟悉度和相似度都进一步影响提议值。因此，我们对式（4.43）进行修正，使其包含这两个因素的影响。更新后的 Agent a 的提议值函数如式（4.45）所示。卖方 Agent 的提议值函数也进行了类似的更新。

$$x_a^i(t+1)=\begin{cases}x_{a,o}^i, & t=1\\ x_a^i(t)+\mu(t)\cdot F(t)\cdot \mathrm{SIM}(t)\cdot\left|x_{a,o}^i-x_{a,r}^i\right|, & t>1\end{cases} \tag{4.45}$$

4.5.2　情感

情感会影响谈判的过程和结果（Broekens et al.，2010）。例如，当谈判者保持积极的情感时，谈判就有更高的可能性达到最佳结果。情感通过影响谈判者的态度（Broekens et al.，2010）来影响决策，这个过程如图 4.12 所示。在谈判过程中，谈判者不断地体验和更新他们的情感反应。Agent 对刺激的反应会产生情感，影响 Agent 的态度，进而影响 Agent 的决策和谈判的最终结果。

图 4.12　情感对自动谈判的影响

本节使用韦伯-费希纳定律来计算情感，该定律的数学表达式由式（4.46）给出：

$$\mu=k_m\ln(1+\Delta x) \tag{4.46}$$

式中，μ 为衡量谈判者情感状态的情感值；k_m 为归一化系数（通常 $k_m=1$）；Δx 为刺激的差异。在谈判中，对手的提议值与 Agent 的保留值之差构成 ΔV。

一旦 Agent 接收到对手的提议值，它会使用效用函数将其映射到效用值，如式（4.47）所示，这是一个一般的线性效用函数（Ren and Zhang，2014）：

$$u_a^i(t)=\frac{\left|x_{a,r}^i-x_b^i(t)\right|}{\left|x_{a,o}^i-x_{a,r}^i\right|},\quad u_b^i(t)=\frac{\left|x_a^i(t)-x_{b,r}^i\right|}{\left|x_{b,o}^i-x_{b,r}^i\right|} \tag{4.47}$$

$$\begin{aligned}\Delta U_a&=\sum_{i=1}^{n}u_a^i(t)=\sum_{i=1}^{n}\left(\frac{\left|x_{a,r}^i-x_b^i(t)\right|}{\left|x_{a,o}^i-x_{a,r}^i\right|}\right)\\ \Delta U_b&=\sum_{i=1}^{n}u_b^i(t)=\sum_{i=1}^{n}\left(\frac{\left|x_a^i(t)-x_{b,r}^i\right|}{\left|x_{b,o}^i-x_{b,r}^i\right|}\right)\end{aligned} \tag{4.48}$$

式中，$u_a^i(t)$ 为 Agent a 在第 t 轮谈判中第 i 个属性的效用值；$x_{a,o}^i$、$x_{a,r}^i$ 分别为 Agent a 对第 i 个属性的期望值和保留值。这个效用函数衡量对手提议值与 Agent 的保留值的接近程度。两个值越接近，中介 Agent 感知到的效用就越小。$u_a^i(t)$ 的取值范围是[0, 1]，因为谈判规则规定，提议值应该在双方的保留值和期望值之间。Agent a 的总效用是将 t 轮中每个属性的效用值相加，如式（4.48）所示。Agent b 的总效用也用类似的方法计算。随后，可以使用式（4.49）计算 Agent a 和 Agent b 的情感值：

$$\begin{aligned}\mu_a(t)&=k_m\ln\left(1+\sum_{i=1}^{n}\left(\frac{x_{a,r}^i-x_b^i(t)}{\left|x_{a,o}^i-x_{a,r}^i\right|}\right)\right)\\ \mu_b(t)&=k_m\ln\left(1+\sum_{i=1}^{n}\left(\frac{x_a^i(t)-x_{b,r}^i}{\left|x_{b,o}^i-x_{b,r}^i\right|}\right)\right)\end{aligned} \tag{4.49}$$

4.5.3 熟悉度

买方 Agent 和卖方 Agent 通过基于 Agent 的自动谈判模型进行交互，这会影响各自的行为以及对彼此的感知。Agent 相互越熟悉，达成协议所需的时间就越短。随着接触的增加，熟悉度会随着时间的推移而增加。在谈判过程中，谈判者之间的熟悉度随着互动轮数的增加而增加。买方 Agent 和卖方 Agent 之间在谈判之前的熟悉度是随机的，因为这两个 Agent 可能彼此熟悉，也可能不熟悉。本节使用 F 表示熟悉度，谈判前两个 Agent 之间的熟悉度称为初始熟悉度，记为 F_0（$F_0\geqslant 0$）。熟悉度函数采用 Zhang 等（2007）的计算方式，如式（4.50）所示：

$$F=\frac{2}{1+\mathrm{e}^{-(t+F_0)}}-1 \tag{4.50}$$

式中，t 为目前的谈判轮数，满足 $0 \leqslant t \leqslant T$，$T$ 为允许谈判的最大轮数。图 4.13 显示了随着谈判轮数的增加，熟悉度的趋势。这表明，F 是关于 t 的增函数，取值区间是 $[0,1]$。F_0 取不同的值时，F 有不同的轨迹。对于给定的 t，F_0 越大，F 越大。

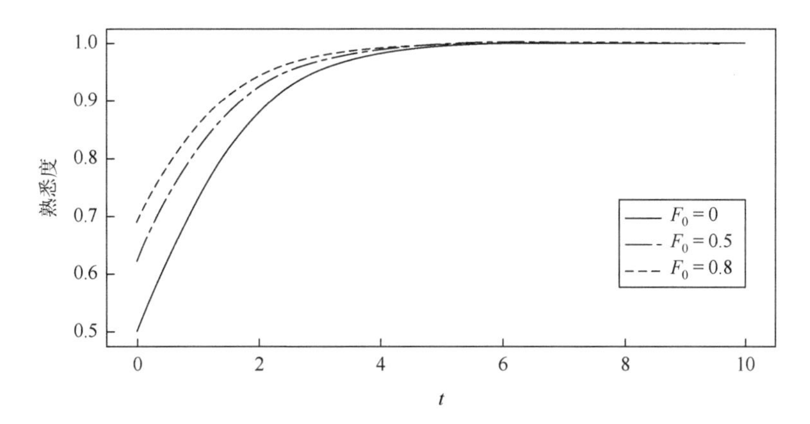

图 4.13　当 F_0 取不同值时熟悉度函数的图像

4.5.4　相似度计算

相似度计算可以度量 Agent 的目标值与期望值之间的相似度。本节使用云模型来计算相似度。首先，确定期望值和目标值的云数字特性。然后构造包含区域相似度计算和距离相似度计算的相似度度量函数。

1. 云数字特征的确定

1）确定云数字特征的期望值

买方 Agent 对谈判中的每个产品属性都有其预期的交易价值，也就是买方 Agent 对产品的期望值。在情感自动化谈判中，买方 Agent 根据其预期判断卖方 Agent 的情感谈判行为，然后调整其下一轮的提议值。因此，在情感自动化谈判过程中，买方 Agent 首先需要根据其期望值生成一个期望云。本节假设买方 Agent 对产品属性 i 的期望值为 EV^i，属性 i 的取值范围是 $\left[Y_{\min}^i, Y_{\max}^i\right]$。然后，构建期望云模型的期望、熵和超额熵方程如下：

$$\mathrm{Ex}^i = Y^i,\quad \mathrm{En}^i = \frac{Y_{\max}^i - Y_{\min}^i}{6},\quad \mathrm{He}^i = 0.1 \tag{4.51}$$

2）确定云数字特征的目标值

在基于 Agent 的自动谈判中，根据对手的提议值，对每个属性形成评估云。首先，根据 Agent 可以接受的最大值和最小值的范围来确定有效域 $\left[x_{\min}, x_{\max}\right]$。

然后，使用 Wang 等（2020）的研究中的参考方法生成七个量表。当对手的提议值属于不同的尺度区间时，对应的目标云会有所不同。映射规则如下：

$$C=\begin{cases} C_{-3}(\mathrm{Ex}_{-3},\mathrm{En}_{-3},\mathrm{He}_{-3}), & \mathrm{Ex}_{-3}\leqslant x_i\leqslant(\mathrm{Ex}_{-3}+\mathrm{Ex}_{-2})/2 \\ C_{-2}(\mathrm{Ex}_{-2},\mathrm{En}_{-2},\mathrm{He}_{-2}), & (\mathrm{Ex}_{-3}+\mathrm{Ex}_{-2})/2\leqslant x_i\leqslant(\mathrm{Ex}_{-2}+\mathrm{Ex}_{-1})/2 \\ C_{-1}(\mathrm{Ex}_{-1},\mathrm{En}_{-1},\mathrm{He}_{-1}), & (\mathrm{Ex}_{-2}+\mathrm{Ex}_{-1})/2\leqslant x_i\leqslant(\mathrm{Ex}_{0}+\mathrm{Ex}_{-1})/2 \\ C_{0}(\mathrm{Ex}_{0},\mathrm{En}_{0},\mathrm{He}_{0}), & (\mathrm{Ex}_{0}+\mathrm{Ex}_{-1})/2\leqslant x_i\leqslant(\mathrm{Ex}_{0}+\mathrm{Ex}_{1})/2 \\ C_{1}(\mathrm{Ex}_{1},\mathrm{En}_{1},\mathrm{He}_{1}), & (\mathrm{Ex}_{0}+\mathrm{Ex}_{1})/2\leqslant x_i\leqslant(\mathrm{Ex}_{2}+\mathrm{Ex}_{1})/2 \\ C_{2}(\mathrm{Ex}_{2},\mathrm{En}_{2},\mathrm{He}_{2}), & (\mathrm{Ex}_{2}+\mathrm{Ex}_{1})/2\leqslant x_i\leqslant(\mathrm{Ex}_{2}+\mathrm{Ex}_{3})/2 \\ C_{3}(\mathrm{Ex}_{3},\mathrm{En}_{3},\mathrm{He}_{3}), & (\mathrm{Ex}_{2}+\mathrm{Ex}_{3})/2\leqslant x_i\leqslant\mathrm{Ex}_{3} \end{cases} \tag{4.52}$$

式中，x_i 为属性 i 的提议值；C 为每个属性的七级评价云，且有

$\mathrm{Ex}_0=(x_{\min}+x_{\max})/2$，$\mathrm{Ex}_{-3}=x_{\min}$，$\mathrm{Ex}_3=x_{\max}$，$\mathrm{Ex}_{-1}=\mathrm{Ex}_0-0.382(\mathrm{Ex}_0-x_{\min})$

$\mathrm{Ex}_1=\mathrm{Ex}_0+0.382(x_{\max}-\mathrm{Ex}_0)$，$\mathrm{Ex}_{-2}=\mathrm{Ex}_0-0.382(\mathrm{Ex}_{-1}-x_{\min})$

$\mathrm{Ex}_2=\mathrm{Ex}_0+0.382(x_{\max}-\mathrm{Ex}_1)$，$\mathrm{En}_{-1}=\mathrm{En}_1=0.382(x_{\max}-x_{\min})/6$，$\mathrm{En}_0=0.618\mathrm{En}_1$

$\mathrm{En}_{-2}=\mathrm{En}_2=\mathrm{En}_1/0.618$，$\mathrm{En}_{-3}=\mathrm{En}_3=\mathrm{En}_2/0.618$，$\mathrm{He}_0=0.1$

$\mathrm{He}_{-1}=\mathrm{He}_1=\mathrm{He}_0/0.618$，$\mathrm{He}_{-2}=\mathrm{He}_2=\mathrm{He}_1/0.618$，$\mathrm{He}_{-3}=\mathrm{He}_3=\mathrm{He}_2/0.618$

2. 相似度度量函数

在基于 Agent 的情感的自动化谈判中，Agent 处于一个动态变化的环境中，必须根据另一个 Agent 的提议值调整自己的提议值。自动谈判的相似度用来判断其他 Agent 与中介 Agent 之间的相似度。根据目标值和期望值的云数字特征，得到目标云模型图和期望云模型图，如图 4.14 所示。

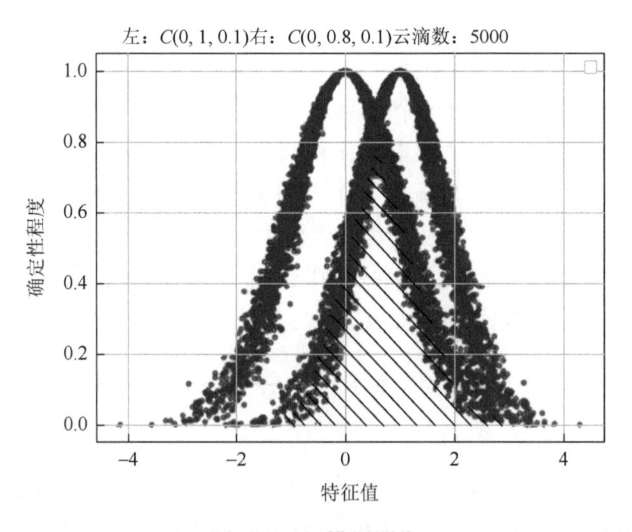

图 4.14　云模型图像

两个云的相似度可以用区域相似度和距离相似度来描述。图 4.14 显示云滴分布在每个云模型的期望曲线周围，横坐标表示任意样本特征值。假设两种云模型的期望曲线分别为 $A=\mathrm{e}^{-\frac{(x-\mathrm{Ex}_1)^2}{2\mathrm{En}_1^2}}$ 和 $B=\mathrm{e}^{-\frac{(x-\mathrm{Ex}_2)^2}{2\mathrm{En}_2^2}}$，它们将用于计算相似度。Agent 根据目标相似度调整下一轮谈判的提议值。相似度越大，目标值的提议值越接近 Agent 的期望值。$\mathrm{sim}_i(t)$ 代表属性 i 在第 t 轮谈判中的相似度。在相似度计算中使用 Sigmoid 函数，该函数可以将值映射到[0, 1]的范围内，$\mathrm{sim}_i(t)$ 函数如式（4.53）所示：

$$\mathrm{sim}_i(t)=\frac{1}{1+\mathrm{e}^{-C_{\mathrm{area}}\cdot C_{\mathrm{dis}}}} \tag{4.53}$$

式中，C_{area} 为区域相似度；C_{dis} 为距离相似度。计算这两个值的公式如下：如果本节假设 ω_i 是属性 i 的权重，并且 $\sum_{i=1}^{m}\omega_i=1$，那么，$\mathrm{SIM}(t)$ 表示的所有属性的相似度值为

$$\mathrm{SIM}(t)=\frac{1}{n}\sum_{i=1}^{n}\omega_i\cdot\mathrm{sim}_i(t) \tag{4.54}$$

1）区域相似度计算

回想一下，两种云模型的期望曲线分别记为 A 和 B，A 对应的云模型为基准正常云。因此，区域相似度可以定义为 $C_{\mathrm{area}}(A,B)$：

$$C_{\mathrm{area}}(A,B)=\frac{S}{S'}=\frac{\int_{-\infty}^{+\infty}\left[A(x)\wedge B(x)\right]\mathrm{d}x}{\int_{-\infty}^{+\infty}A(x)\mathrm{d}x} \tag{4.55}$$

式中，$S=\int_{-\infty}^{+\infty}\left[A(x)\wedge B(x)\right]\mathrm{d}x$ 为两个云图的重叠区域；$S'=\int_{-\infty}^{+\infty}A(x)\mathrm{d}x$ 为被比较云的期望函数和横坐标轴包围的区域，如式（4.56）所示：

$$S'=\int_{-\infty}^{+\infty}A(x)\mathrm{d}x=\int_{-\infty}^{+\infty}\mathrm{e}^{-\frac{(x-\mathrm{Ex}_1)^2}{2\mathrm{En}_1^2}}\mathrm{d}x=\sqrt{2\pi}\mathrm{En}_1 \tag{4.56}$$

两条正常云层期望曲线的重叠面积 S 可分为以下几种情况。

（1）两个云的分散程度是一样的（也就是 $\mathrm{En}_1=\mathrm{En}_2$）。如果两个云重叠，$\mathrm{Ex}_1=\mathrm{Ex}_2$，即两个云完全重叠，模糊相似度为 1。如果 $\mathrm{Ex}_1\neq\mathrm{Ex}_2$，两个云的重叠面积可由期望曲线求得，并且两个云相交点的横坐标是 $x_p=(\mathrm{Ex}_1+\mathrm{Ex}_2)/2$，因此，两个云的重叠面积为

$$S=\begin{cases}\int_{-\infty}^{x_p}\mathrm{e}^{-\frac{(x-\mathrm{Ex}_2)^2}{2\mathrm{En}_2^2}}\mathrm{d}x+\int_{x_p}^{+\infty}\mathrm{e}^{-\frac{(x-\mathrm{Ex}_1)^2}{2\mathrm{En}_1^2}}\mathrm{d}x, & \mathrm{Ex}_2>\mathrm{Ex}_1\\ \int_{-\infty}^{x_p}\mathrm{e}^{-\frac{(x-\mathrm{Ex}_1)^2}{2\mathrm{En}_1^2}}\mathrm{d}x+\int_{x_p}^{+\infty}\mathrm{e}^{-\frac{(x-\mathrm{Ex}_2)^2}{2\mathrm{En}_2^2}}\mathrm{d}x, & \mathrm{Ex}_2<\mathrm{Ex}_1\end{cases} \tag{4.57}$$

它可以表示为

$$S=\begin{cases}\sqrt{2\pi}\mathrm{En}_2\Phi\left(\dfrac{\mathrm{Ex}_1-\mathrm{Ex}_2}{2\mathrm{En}_2}\right)+\sqrt{2\pi}\mathrm{En}_1\Phi\left(\dfrac{\mathrm{Ex}_2-\mathrm{Ex}_1}{2\mathrm{En}_1}\right)+1, & \mathrm{Ex}_2>\mathrm{Ex}_1\\ \sqrt{2\pi}\mathrm{En}_1\Phi\left(\dfrac{\mathrm{Ex}_2-\mathrm{Ex}_1}{2\mathrm{En}_1}\right)+\sqrt{2\pi}\mathrm{En}_2\Phi\left(\dfrac{\mathrm{Ex}_1-\mathrm{Ex}_2}{2\mathrm{En}_2}\right)+1, & \mathrm{Ex}_2<\mathrm{Ex}_1\end{cases} \tag{4.58}$$

式中，$\Phi(x)$为正态分布函数。

（2）两个云的分散程度不同（也就是$\mathrm{En}_1\neq\mathrm{En}_2$）。如果两个云的期望相同（也就是$\mathrm{Ex}_1=\mathrm{Ex}_2$），当$\mathrm{En}_1>\mathrm{En}_2$时，云$C_2$包含在云$C_1$中；当$\mathrm{En}_1<\mathrm{En}_2$时，云$C_1$包含在云$C_2$中。因此，两个云的重叠面积$S$为

$$S=\begin{cases}\displaystyle\int_{-\infty}^{+\infty}\mathrm{e}^{\frac{(x-\mathrm{Ex}_1)^2}{2\mathrm{En}_1^2}}\mathrm{d}x, & \mathrm{En}_1<\mathrm{En}_2\\ \displaystyle\int_{-\infty}^{+\infty}\mathrm{e}^{\frac{(x-\mathrm{Ex}_2)^2}{2\mathrm{En}_2^2}}\mathrm{d}x, & \mathrm{En}_1>\mathrm{En}_2\end{cases} \tag{4.59}$$

可以简化为

$$S=\begin{cases}\sqrt{2\pi}\mathrm{En}_1, & \mathrm{En}_1<\mathrm{En}_2\\ \sqrt{2\pi}\mathrm{En}_2, & \mathrm{En}_1>\mathrm{En}_2\end{cases} \tag{4.60}$$

如果两个云有不同的期望，那么这两个云就有两个交点：$x=\dfrac{\mathrm{En}_2\mathrm{Ex}_1+\mathrm{En}_1\mathrm{Ex}_2}{\mathrm{En}_1+\mathrm{En}_2}$和$x=\dfrac{\mathrm{En}_2\mathrm{Ex}_1-\mathrm{En}_1\mathrm{Ex}_2}{\mathrm{En}_1-\mathrm{En}_2}$。设交点的横坐标为$x_1,x_2$，并且$x_1<x_2$。设$t_1=(x_1-\mathrm{Ex}_1)/\mathrm{En}_1$，$t_2=(x_2-\mathrm{Ex}_2)/\mathrm{En}_2$，$t_3=(x_1-\mathrm{Ex}_2)/\mathrm{En}_2$和$t_4=(x_2-\mathrm{Ex}_1)/\mathrm{En}_1$，则两个云的重叠面积$S$为

$$S=\begin{cases}\displaystyle\int_{-\infty}^{x_1}\mathrm{e}^{\frac{(x-\mathrm{Ex}_2)^2}{2\mathrm{En}_2^2}}\mathrm{d}x+\int_{x_1}^{x_2}\mathrm{e}^{\frac{(x-\mathrm{Ex}_1)^2}{2\mathrm{En}_1^2}}\mathrm{d}x+\int_{x_2}^{+\infty}\mathrm{e}^{\frac{(x-\mathrm{Ex}_2)^2}{2\mathrm{En}_2^2}}\mathrm{d}x, & \mathrm{En}_1>\mathrm{En}_2\\ \displaystyle\int_{-\infty}^{x_1}\mathrm{e}^{\frac{(x-\mathrm{Ex}_1)^2}{2\mathrm{En}_1^2}}\mathrm{d}x+\int_{x_1}^{x_2}\mathrm{e}^{\frac{(x-\mathrm{Ex}_2)^2}{2\mathrm{En}_2^2}}\mathrm{d}x+\int_{x_2}^{+\infty}\mathrm{e}^{\frac{(x-\mathrm{Ex}_1)^2}{2\mathrm{En}_1^2}}\mathrm{d}x, & \mathrm{En}_1<\mathrm{En}_2\end{cases} \tag{4.61}$$

它可以表示为

$$S=\begin{cases}\sqrt{2\pi}\mathrm{En}_2\Phi(t_3)+\sqrt{2\pi}\mathrm{En}_1\left[\Phi(t_4)-\Phi(t_1)\right]+\sqrt{2\pi}\mathrm{En}_2\left(1-\Phi(t_2)\right), & \mathrm{En}_1>\mathrm{En}_2\\ \sqrt{2\pi}\mathrm{En}_1\Phi(t_1)+\sqrt{2\pi}\mathrm{En}_2\left[\Phi(t_2)-\Phi(t_3)\right]+\sqrt{2\pi}\mathrm{En}_1\left(1-\Phi(t_4)\right), & \mathrm{En}_1<\mathrm{En}_2\end{cases} \tag{4.62}$$

2）距离相似度计算

根据相关的研究，如果随机变量x满足$x\sim N(\mathrm{Ex},\mathrm{En}^2)$，$\mathrm{En}\sim N(\mathrm{En},\mathrm{He}^2)$，并且$\mathrm{En}\neq 0$，正常云的方差为

$$D(X) = \mathrm{En}^2 + \mathrm{He}^2 \tag{4.63}$$

正常云的方差同时考虑了熵和超额熵。如果两个云之间的熵差较大，则两个云之间的相似度较小，这意味着目标云与预期云之间的差异较大。因此，本节用目标云 $D(X_j)$ 与期望云 $D(X_i)$ 的比值来表示间隙的大小，可以用式（4.64）来计算：

$$\Delta V_1 = \frac{D(X_j)}{D(X_i)} = \frac{\mathrm{En}_j^2 + \mathrm{He}_j^2}{\mathrm{En}_i^2 + \mathrm{He}_i^2} \tag{4.64}$$

基于目标云和预期云的评估云可能有不同的形状，期望值也可能不相同。用两种云的期望值之比来表示云模型的距离差：

$$\Delta V_2 = \frac{\mathrm{Ex}_j}{\mathrm{Ex}_i} \tag{4.65}$$

利用式（4.66）计算距离相似度，正常云的面积和距离的差异可以用来表示目标云和预期云之间的差异，这可以影响情感自动化谈判中 Agent 的选择：

$$C_{\mathrm{dis}} = \Delta V_1 \cdot \Delta V_2 = \frac{\mathrm{En}_j^2 + \mathrm{He}_j^2}{\mathrm{En}_i^2 + \mathrm{He}_i^2} \cdot \frac{\mathrm{Ex}_j}{\mathrm{Ex}_i} \tag{4.66}$$

4.5.5　算例

1. 简况

假设买方 Agent 和卖方 Agent 就煤炭供应链中的产品进行谈判。假设这两个 Agent 就产品的三个属性进行谈判，即价格、次品率和交货时间。当买方 Agent 和卖方 Agent 就产品的每个属性的提议值达成协议时，谈判就成功了。在不失一般性的情况下，假设每个属性的取值范围被归一化为[0, 100]的区间，并且最大的谈判轮数为 100（$T=100$）。本节随机生成 100 组数据来模拟互动过程。这些数据集包含买方 Agent 和卖方 Agent 的预期值和保留值的组合。每个属性的权重是由一些专家推荐的，他们根据每个属性在谈判中的重要性来确定权重。权重向量为 $\omega = \{0.4, 0.35, 0.25\}$，熟悉度被初始化为 $F_0 = 0$（Qie et al.，2022）。

为了验证本节所提出的谈判模型的有效性，本节考虑了三种方案来模拟谈判过程：①谈判双方都使用原始模型；②原始模型和提议的新模型混合使用；③谈判双方都使用新模型。这里，原始模型是指不考虑熟悉度和相似性的模式。

1）方案 1：谈判双方都使用原始模型

在谈判开始时，卖方 Agent 和买方 Agent 都向中介 Agent 发送他们的提议值，这些提议值等于他们的期望值。原始模型中的让步函数由式（4.45）给出。谈判是用 100 组数据模拟的，导致了 100 个谈判结果。本节用柱状图来显示每个产品属性的谈判结果，横坐标表示提议值的范围，纵坐标表示提议值出现的频次，如图 4.15 所示。

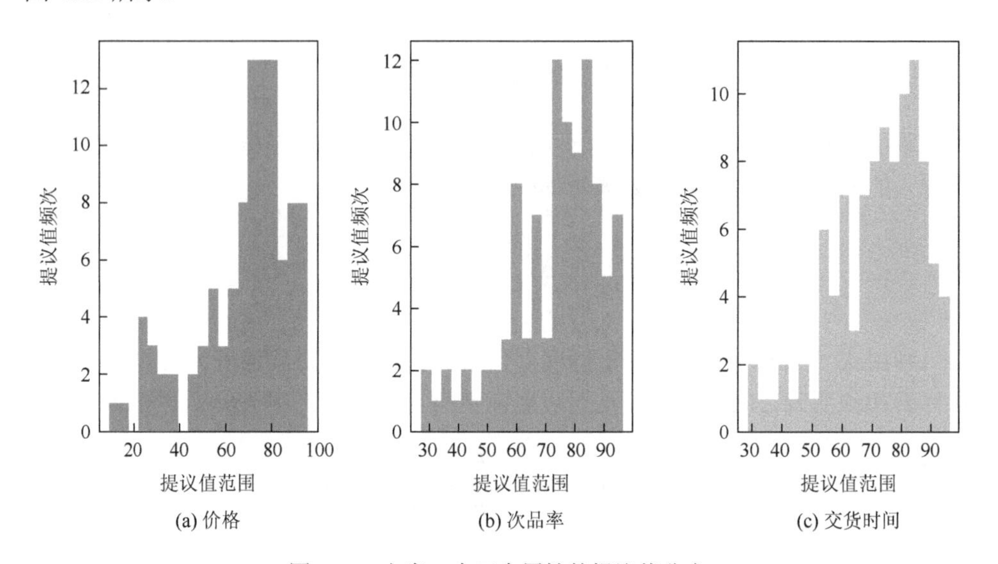

(a) 价格　(b) 次品率　(c) 交货时间

图 4.15　方案 1 中三个属性的提议值分布

2）方案 2：原始模型和提议的新模型混合使用

假设买方 Agent 和卖方 Agent 分别使用新模型和原始模型来计算提议值。如果互动不成功，没有达到最大的谈判轮数，谈判将继续。买方 Agent 执行以下步骤来计算一个提议值。

（1）计算买方 Agent 和卖方 Agent 的情感价值。

（2）检查买方 Agent 和卖方 Agent 在本轮中的熟悉度。

（3）计算相似度。首先，计算预期值的云数字特征。其次，根据属性值的范围，即[0, 100]，卖方 Agent 的每个属性的七级评价云的计算方法是式（4.52），结果为 $C_{-3}(0,16.7,0.424)$ 、 $C_{-2}(19.1,10.31,0.262)$ 、 $C_{-1}(30.9,6.37,0.162)$ 、 $C_0(50,3.93,0.1)$、$C_1(69.1,6.37,0.162)$、$C_2(80.9,10.31,0.262)$、$C_3(100,16.7,0.424)$。相应地，可以根据上述规则确定目标值的数字云特征。最后，可以计算出目标值和预期值之间的相似度。基于这些步骤，可以计算出新一轮中每个属性的提议值。与方案 1 类似，谈判是在 100 个数据集上进行的。图 4.16 显示了每个属性的谈判结果的柱状图。

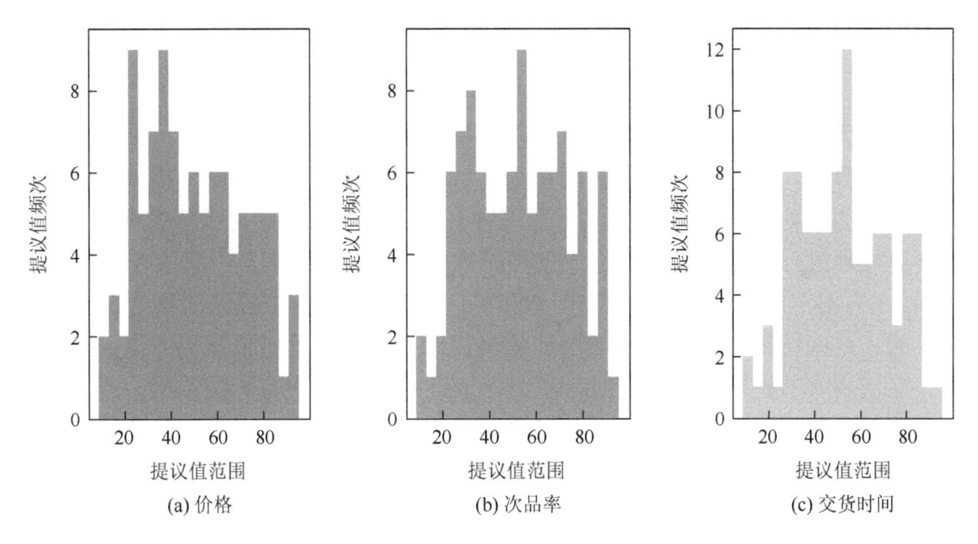

图4.16　方案2中三个属性的提议值分布

3）方案3：谈判双方都使用新模型

考虑到谈判中双方的公平性，本节假设买方Agent和卖方Agent使用新模型来计算提议值。买方Agent和卖方Agent计算提议值的步骤与方案2中描述的步骤相同。按照这些步骤，Agent可以在每一轮谈判中更新他们对每个属性的提议值。同样，谈判在100个数据集上进行了模拟，每个属性的谈判结果分布如图4.17所示。

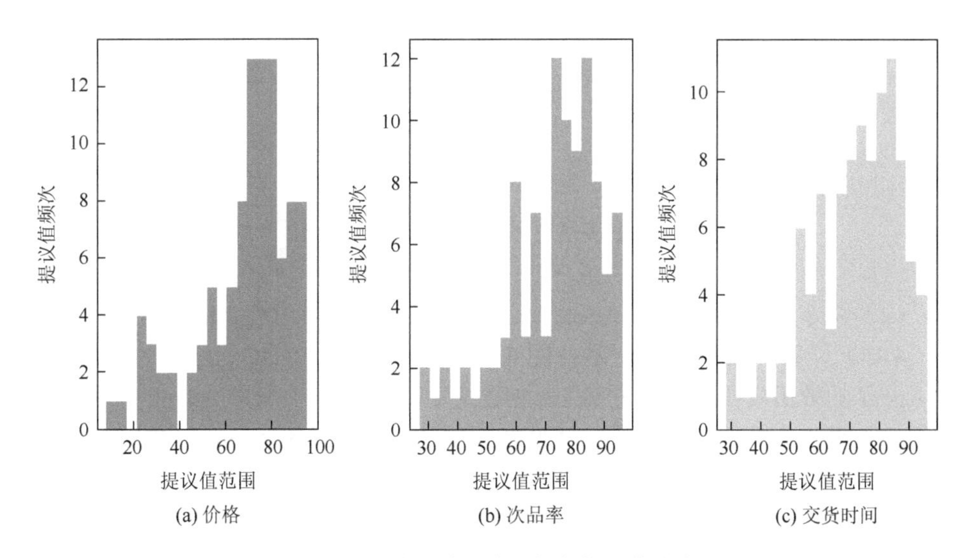

图4.17　方案3中三个属性的提议值分布

2. 结果

通过比较三种方案的结果，可以得出以下结论。

（1）价格、次品率和交货时间都是买方的成本型属性；因此，提议值越小，买方得到的好处越多。图 4.18 显示了三种方案下每个属性的提议值的密度曲线，以便更好地进行比较。可以看出，三种属性的提议值在方案 2 中集中在[20, 80]的区间，在方案 1 中提议值集中在[50, 100]的区间，在方案 3 中提议值集中在[40, 90]的区间。这些结果表明，方案 2 中的提议值比方案 1 中的结果对买方 Agent 更有利。在使用本节提出的新模型时，买方 Agent 可以获得更有利的结果。当双方都使用新模型时，方案 3 的密度曲线比其他两个方案的曲线更平滑，这意味着没有任何一方能比另一方获得更多的优势。因此，本节进行了进一步的分析，通过效用值来检验差异。

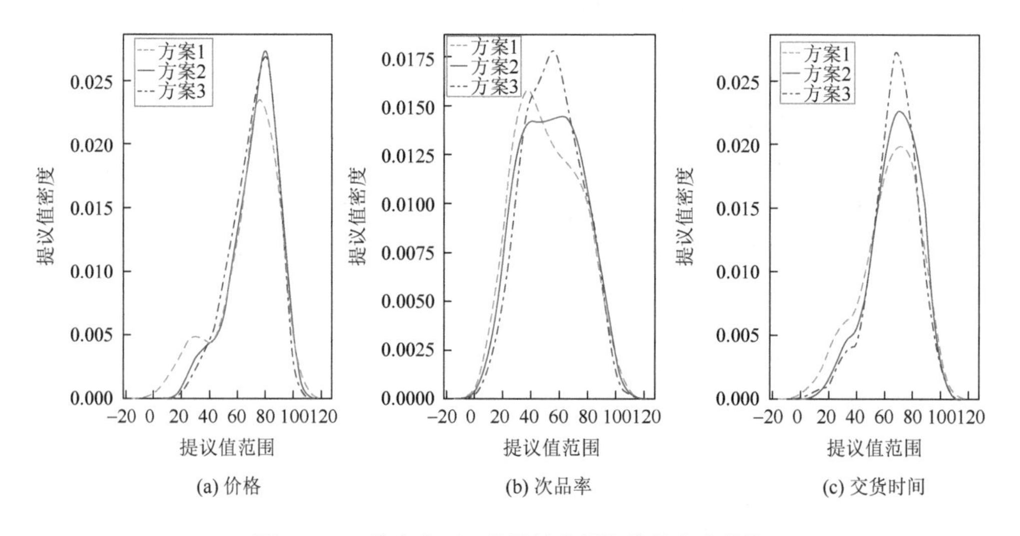

图 4.18　三种方案下三种属性的提议值的密度曲线

（2）买方 Agent 和卖方 Agent 在三种方案下的效用，可以根据式（4.47）和式（4.48）计算，如图 4.19 所示。图 4.19（a）和图 4.19（b）显示，方案 2 中买方 Agent 的效用值明显高于方案 1。相比之下，方案 2 中卖方 Agent 的效用值远远低于方案 1 中的效用值。这一结果表明，使用新模型的 Agent 在获得更高的效用方面比使用原模型的 Agent 有更多优势。图 4.19（c）和图 4.19（d）显示了买方 Agent 和卖方 Agent 在都使用新模型和都使用原始模型时的效用值的密度曲线，哪一方有优势并不明显。然而，当计算买方 Agent 和卖方 Agent 的效用值之间的差异时（图 4.20），本节发现方案 3 中的效用差异比其他两个方案中的差异要小。

为了得到更可靠的结果，本节用单边双样本科尔莫戈罗夫-斯米尔诺夫检验来统计方案 1 和方案 3 的效用差异。本节假设方案 1 和方案 3 中的效用差异来自同一个分布，而另一个假设是方案 1 中的效用差异的累积分布函数小于方案 3 中的，计算出的 p 值为 6.67×10^{-7}；因此，在 1%的显著性水平上可以拒绝无效假设，即方案 3 中的效用差异小于方案 1 中的效用差异。通过这个检验，本节可以得出结论，使用新模型的谈判结果的公平性明显好于使用原始模型的谈判结果。

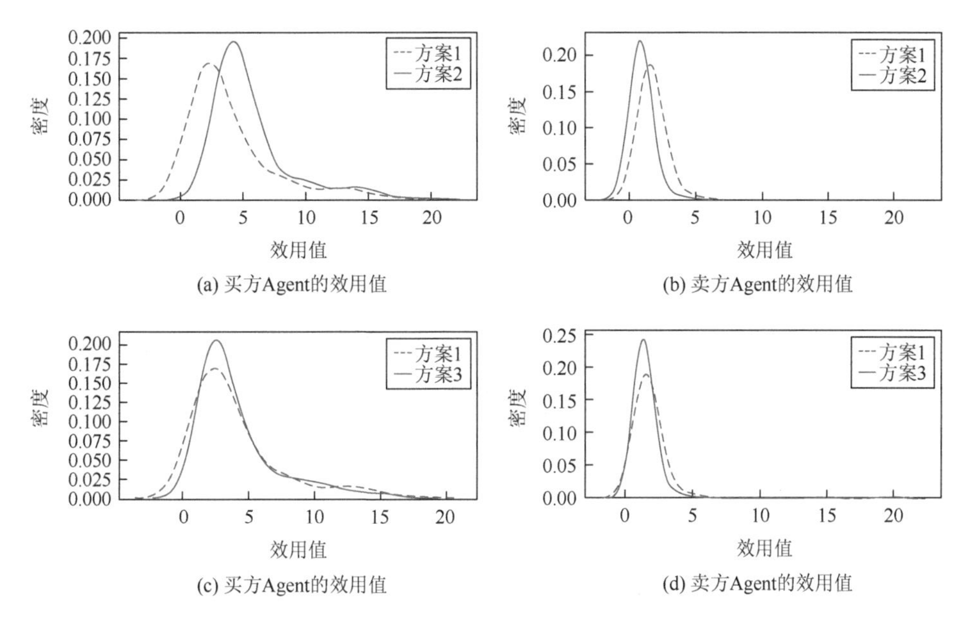

图 4.19　在三种方案下，买方 Agent 和卖方 Agent 的效用的密度曲线

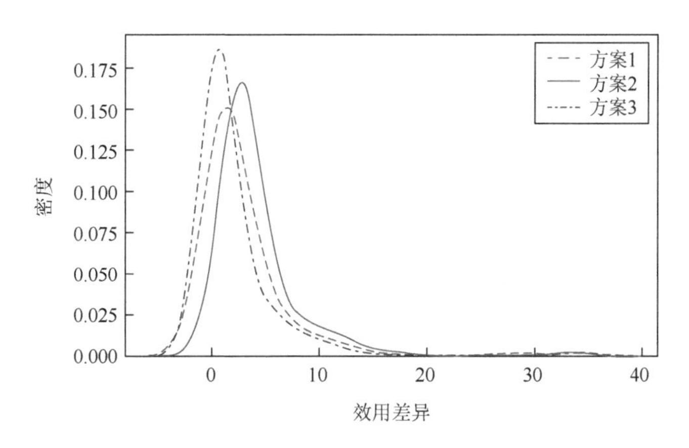

图 4.20　在三种方案下，买方 Agent 和卖方 Agent 之间效用差异的密度曲线

3. 敏感度分析

1）对初始熟悉度 F_0 的敏感度分析

谈判前，买方 Agent 和卖方 Agent 之间的熟悉度不同，意味着具有不同的 F_0。初始熟悉度 F_0 是一个连续变量，定义在[0, 1]区间内。因此，本节在 0～1 范围内选择 F_0 的值，增量为 0.1，结果共有 10 个 F_0 值。然后，对于每个 F_0 值，本节运行模型并得到相应的谈判结果。这些结果在效用差异、成功率和达成共识的谈判轮数方面进行了比较。这三个指标已被广泛用于自动化谈判的研究中（Wu et al., 2022a）。

图 4.21 选择了 $F_0=0.1$ 时的效用差异作为例子进行说明。可以看出，在相同的数值下，方案 1 和方案 3 产生的效用差异比方案 2 小。为了进一步研究方案 1 和方案 3 之间的效用差异的关系，本节进行了单边双样本科尔莫戈罗夫-斯米尔诺夫检验。空白假设是，在 F_0 值相同的情况下，方案 1 的效用差异和方案 3 的效用差异来自同一分布，另一个假设是，方案 1 的效用差异的累积分布函数比方案 3 的累积分布函数小。表 4.8 展示了检验结果，每个值所对应的 p 值都远远小于 0.01 的显著性水平。因此，本节可以拒绝无效假设，接受另一个假设，即方案 3 中的效用差异明显小于方案 1 中的效用差异。

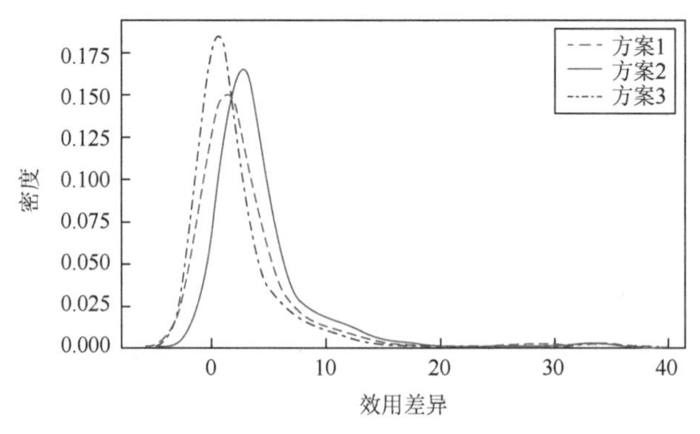

图 4.21　$F_0=0.1$ 时，三种方案下的效用差异

表 4.8　当 F_0 取值不同时，对方案 1 和方案 3 之间的效用差异进行单边的科尔莫戈罗夫-斯米尔诺夫检验

F_0	H	p 值	科尔莫戈罗夫-斯米尔诺夫检验统计量的值
0.1	H_1	1.42×10^{-6}	0.36
0.2	H_1	2.97×10^{-6}	0.35
0.3	H_1	1.42×10^{-6}	0.36

续表

F_0	H	p 值	科尔莫戈罗夫-斯米尔诺夫检验统计量的值
0.4	H_1	6.67×10^{-7}	0.37
0.5	H_1	6.67×10^{-7}	0.37
0.6	H_1	1.42×10^{-6}	0.36
0.7	H_1	1.42×10^{-6}	0.36
0.8	H_1	2.97×10^{-6}	0.35
0.9	H_1	1.42×10^{-6}	0.36
1.0	H_1	6.09×10^{-6}	0.34

注：无效假设是在方案 1 和方案 3 中的效用差异来自相同的分布，给定相同的值，另一个假设是前者的累积分布函数比后者的小。H_1 表示拒绝无效假设。

图 4.22 显示了不同 F_0 值的效用差异的分布情况。效用差异的中位数和分布情况几乎没有差别。可以得出结论，最初的熟悉度对效用差异没有明显的影响。

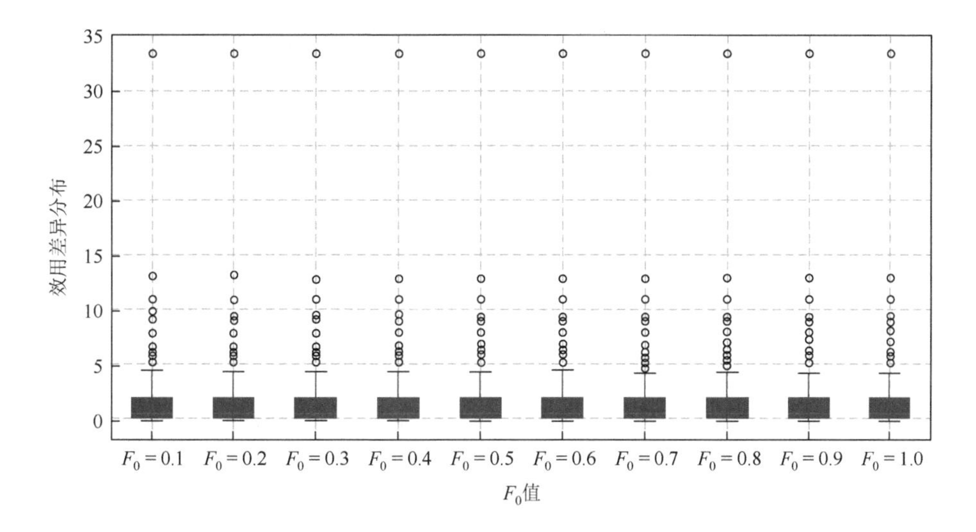

图 4.22　不同 F_0 值的效用差异的分布情况

10 个案例的成功率都是 100%，这意味着成功率没有受到初始熟悉度的影响。图 4.23 显示了不同的 F_0 值下谈判轮数的分布情况。当 F_0 从 0.1 增加到 0.7 时，谈判轮数的中位数稳定在 3。随着 F_0 继续增加并超过 0.7，它对谈判轮数有明显的影响：谈判轮数减少，意味着双方达成协议的时间缩短。这一结果表明，熟悉度可以在一定程度上加速谈判。

综上所述，本节可以得出结论，初始熟悉度并不影响本节中提出的模型所模拟的效用差异和谈判成功率，但可以在一定程度上提高谈判效率。

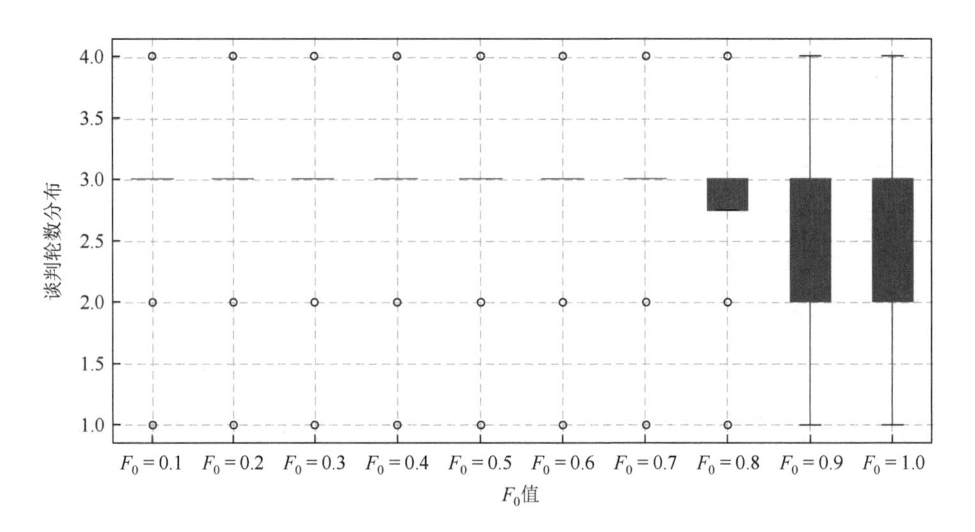

图 4.23　不同 F_0 值下的谈判轮数的分布情况

2）属性权重的敏感度分析

本节测试属性权重是否影响模型结果。为此，本节首先将权重分为三类：低权重$\left(\omega\in\left(0,\frac{1}{3}\right)\right)$、中权重$\left(\omega\in\left[\frac{1}{3},\frac{2}{3}\right)\right)$和高权重$\left(\omega\in\left[\frac{2}{3},1\right)\right)$。每个属性都可以从每个类别中取一个值，因此总共有 27 种组合（为了简化分析，本节选择了每个类别的中值，即 $\omega=\frac{1}{6}$ 代表低权重类别，$\omega=\frac{1}{2}$ 代表中权重类别，$\omega=\frac{5}{6}$ 代表高权重类别）。因为有三个组合中三个属性的权重是相等的，所以剔除了两个重复的组合，最后剩下 25 个组合进行模拟。在效用差异、成功率和达成共识的谈判轮数方面对结果进行了比较。

图 4.24 说明了一个组合的效用差异。所有的数字都表明，方案 2 中的效用差异比方案 3 和方案 1 中的效用差异更显著。本节使用单边双样本科尔莫戈罗夫-斯米尔诺夫检验来检验方案 1 和方案 3 中的效用差异是否不同。所有的结果都表明，在 0.01 的显著性水平上可以拒绝无效假设。因此，本节可以得出结论，方案 3 中的效用差异明显小于方案 1 中的效用差异。无论属性权重的组合如何，方案 3 中的效用差异都是三个方案中最小的。这个结论意味着，本节所提出的模型对属性权重是稳健的。

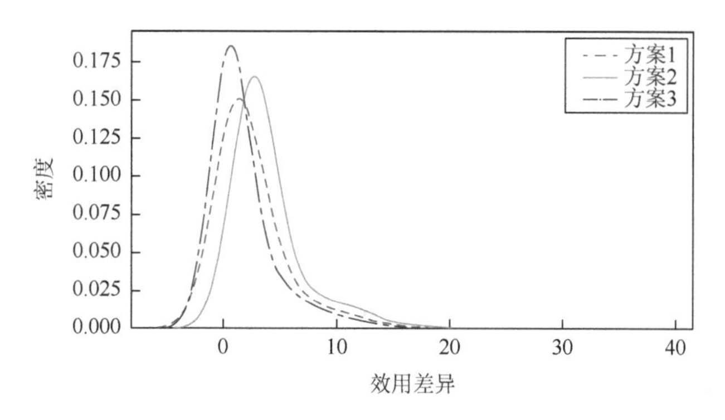

图 4.24　在一种属性权重组合下，三种方案下的效用差异的密度曲线（$\omega_1=\omega_2=\omega_3=0.33$）

4. 云模型与其他相似性计算方法的比较

本节对所提出的模型进行了详细的比较分析，其中的相似性度量被其他相似性计算方法所取代，欧氏距离（Byrne et al.，1986）和余弦相似度（Bhatia and Mullett，2018）是文献中常用的相似性度量方法，因此，它们被选作比较基准。这两种方法取代了云模型来计算谈判中的相似度。这两种方法可以用式（4.67）和式（4.68）描述。由于谈判属性有不同的取值范围，在计算欧氏距离之前，每个属性的值都被归一化：

$$\text{Euclidean distance}\left(x_b^i(t),x_{a,o}^i\right)=\sqrt{\sum_{i=1}^{n}\left(\left(x_b^i(t)-x_{a,o}^i\right)/x_{a,o}^i\right)^2} \tag{4.67}$$

$$\text{Cosine similarity}\left(x_b^i(t),x_{a,o}^i\right)=1-\frac{\sum_{i=1}^{n}x_b^i(t)\cdot x_{a,o}^i}{\sqrt{\sum_{i=1}^{n}\left(x_b^i(t)\right)^2}\cdot\sqrt{\sum_{i=1}^{n}\left(x_{a,o}^i\right)^2}} \tag{4.68}$$

这样，在生成的数据集上运行关于三种相似性度量的提议模型，可以从谈判的成功率和谈判双方的效用差异方面比较谈判结果。图 4.25 显示了效用差异的密度曲线。图 4.25（a）和图 4.25（b）分别比较了方案 2 中云模型下的效用差异与欧氏距离和余弦相似度下的效用差异。图 4.25（c）和图 4.25（d）分别比较了方案 3 中云模型下的效用差异与欧氏距离和余弦相似度下的效用差异。图 4.25 表明，云模型下的效用差异比其他两种相似性度量下的差异要小。同时，在方案 2 和方案 3 中，云模型下的效用差异的密度曲线比其他两种相似性度量下的密度曲线要细。

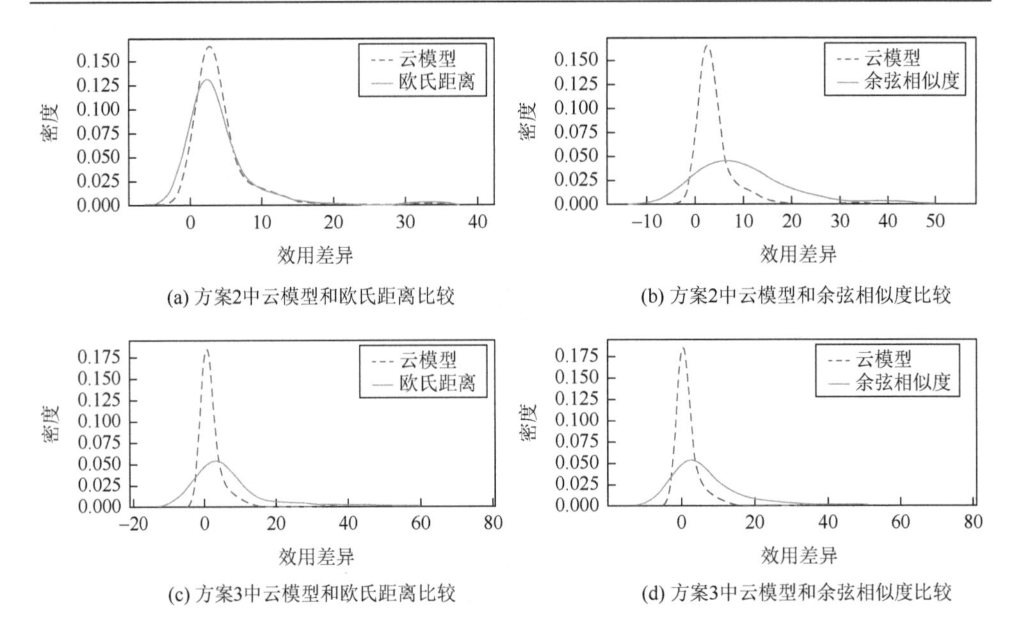

(a) 方案2中云模型和欧氏距离比较

(b) 方案2中云模型和余弦相似度比较

(c) 方案3中云模型和欧氏距离比较

(d) 方案3中云模型和余弦相似度比较

图 4.25　三种相似性度量措施下谈判 Agent 之间效用差异的密度曲线

接下来，本节使用单边双样本科尔莫戈罗夫-斯米尔诺夫检验来进一步检验三种相似性度量方法之间的效用差异关系。无效假设是，欧氏距离（或余弦相似度）下的效用差异和云模型下的效用差异具有相同的累积分布函数。相反，另一个假设是，欧氏距离（或余弦相似度）的累积分布函数小于云模型的累积分布函数。表 4.9 总结了测试结果。在方案 2 中，尽管在云模型和欧氏距离下的效用差异没有显著差异，但云模型下的效用差异明显小于余弦相似度下的效用差异。在方案 3 中，云模型下的效用差异比欧氏距离或余弦相似度下的效用差异都小得多。这些结果普遍表明，与其他两种相似性度量方法相比，云模型在提高谈判结果的公平性方面具有优势。

表 4.9　一个成功率和平均效用差异的比较结果

方案	计算相似度的方法	成功率	平均效用差异	科尔莫戈罗夫-斯米尔诺夫检验统计量的值
方案 2	云模型	100%	4.17	—
	欧氏距离	99%	4.25	$0.03^{n.s.}$
	余弦相似度	23%	10.33	0.49^{***}
方案 3	云模型	100%	2.06	—
	欧氏距离	66%	8.5	0.49^{***}
	余弦相似度	73%	8.07	0.52^{***}

注：n.s.表示不具有显著性。
*** $p<0.001$ 。

综上所述，使用云模型计算相似度可以显著提高在预设时限内自主谈判的成功率和成功谈判的结果公平性，证明了云模型在估计相似度和更新提议方面的有效性。

5. 本节提出的谈判模型与其他谈判模型的比较

为了评估本节提出的谈判模型的有效性，本节对提出的模型与类似的谈判模型进行了详细的比较分析。本节选择了三个基于 Agent 的自主谈判模型进行比较。Cao 等（2015）开发了一个多策略的谈判 Agent 系统，以实现更好的在线谈判结果。Wu 等（2022a）在有多个问题的自动谈判中构建了情感 Agent 和依赖于情感的劝说行动。Cao 等（2020）设计了一个组合策略模型，使 Agent 能够根据对手的提议调整其谈判策略。将这三个模型与本节的模型进行比较的依据是：构建让步函数（Cao et al.，2015），考虑自动化谈判中的情绪（Wu et al.，2022a）和提高 Agent 智能性（Cao et al.，2020）。谈判模型中的方案 3 被用来进行比较。

对于规定的相同初始值和参数，在生成的 100 个数据集上运行三个选定的谈判模型。谈判结果在效用差异、成功率和达成共识的谈判轮数方面进行比较。图 4.26 将本节提出的谈判模型与 Cao 等（2020）、Wu 等（2022a）和 Cao 等（2015）的谈判模型在效用差异方面进行了比较。结果显示，本节提出的模型所产生的效用差异通常比其他三种谈判模型所产生的效用差异具有更窄的分散性和更细的尾巴。为了进一步比较本节提出的模型和其他三种模型之间的效用差异，本节进行了单边双样本科尔莫戈罗夫-斯米尔诺夫检验。表 4.10 总结了检验结果，可以看出，本节提出的模型的效用差异在统计上小于其他模型。

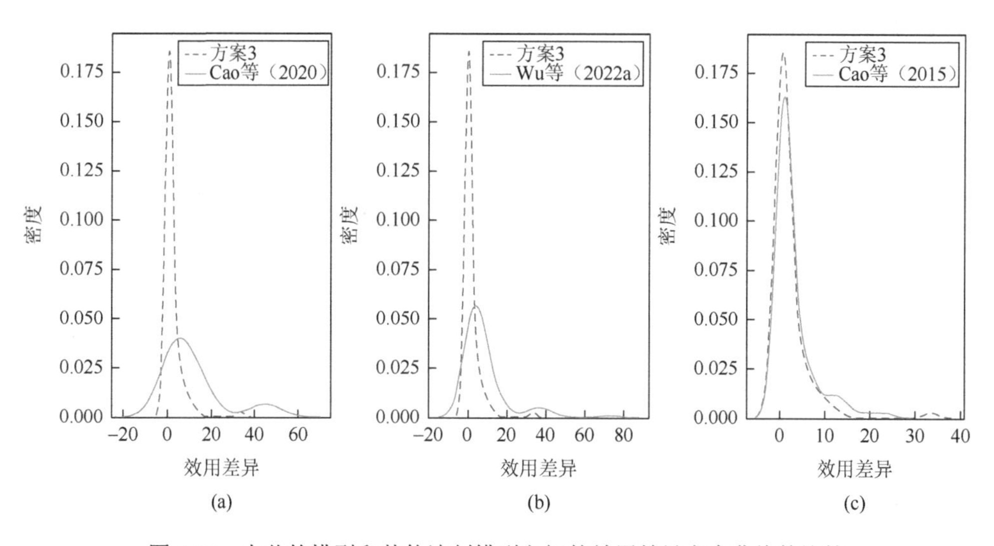

图 4.26　本节的模型和其他谈判模型之间的效用差异密度曲线的比较

表 4.10　四种谈判模型的效用差异的结果比较

比较项目	Cao 等（2020）的模型	Wu 等（2022a）的模型	Cao 等（2015）的模型	本节模型
平均值	11.49	8.74	3.00	2.06
无效假设 H	H_1	H_1	H_1	—
p 值	2.64×10^{-5}	4.239×10^{-14}	1.22×10^{-5}	—
科尔莫戈罗夫-斯米尔诺夫检验统计量的值	0.54	0.57	0.33	—

注：无效假设是四个谈判模型所产生的效用差异来自同一分布。备选假设是：Cao 等（2020）、Wu 等（2022a）或 Cao 等（2015）产生的效用差异的累积分布函数小于本节提出的模型产生的效用差异的累积分布函数。H_1 代表拒绝无效假设。

本节还比较了这三个模型与本节提出的模型的成功率，结果列于表 4.11 中。本节的模型的成功率是 100%。当初始输入值相同时，Cao 等（2020）、Wu 等（2022a）和 Cao 等（2015）的成功率分别为 33%、79%和 100%。因此，本节提出的模型优于 Cao 等（2020）和 Wu 等（2022a）的模型，在谈判的成功率方面与 Cao 等（2015）的模型一样好。

表 4.11　四种谈判模型中成功率的结果比较

比较项目	Cao 等（2020）的模型	Wu 等（2022a）的模型	Cao 等（2015）的模型	本节模型
成功率/%	33	79	100	100

表 4.12 比较了四个谈判模型所需的谈判轮数。本节模型平均需要 2.83 个轮次才能成功，这与 Cao 等（2020）和 Cao 等（2015）中各自模型的轮次相当，但明显少于 Wu 等（2022a）的模型。单侧双样本科尔莫戈罗夫-斯米尔诺夫检验证实了这个结果。本节提出的模型中谈判轮次的分布与 Cao 等（2020）和 Cao 等（2015）的模型相比没有明显差异，但与 Wu 等（2022a）的模型相比有明显差异。这些结果意味着，本节提出的模型可以在成功谈判所需的轮数方面与现有的谈判模型竞争。

表 4.12　四种谈判模型中各谈判轮数的比较

比较项目	Cao 等（2020）的模型	Wu 等（2022a）的模型	Cao 等（2015）的模型	本节模型
平均值	2.0	83.94	1.96	2.83
无效假设 H	H_0	H_1	H_0	—
p 值	0.91	6.84×10^{-34}	1.0	—
科尔莫戈罗夫-斯米尔诺夫检验统计量的值	0.04	0.91	0.0	—

注：无效假设是四种谈判模型所需的谈判轮数来自同一分布。备选假设是：Cao 等（2020）、Wu 等（2022a）或 Cao 等（2015）所需谈判轮数的累积分布函数小于本节模型所需谈判轮数的累积分布函数。H_1 代表拒绝无效假设，H_0 代表接受无效假设。

与现有的三个模型相比，本节提出的模型在导致更公平的谈判结果和更高的成功率方面显示出优越性。同时，本节提出的模型比其他谈判模型在达成一致的谈判轮数上具有竞争优势。这些结果验证了本节提出的模型的有效性。

4.6　基于 Agent 的决策的情感劝说产生行为模型

本节将构建一个模型来描述 Agent 的情感及其对自动谈判劝说行为产生的影响。情感被定义为 Agent 对内部或外部刺激的基本反应（Creed et al.，2015）。外部刺激会唤起 Agent 产生情感，通过 Agent 的认知处理（如推理）来影响其决策行为（Picard，2003）。在谈判的背景下，对手 Agent 的提议值可以被视为外部刺激，Agent 对提议的评估结果会引起情感的变化，有助于确定 Agent 的劝说行为，即策略和让步（Marreiros et al.，2010）。

本节考虑多属性多轮谈判，Agent 接收到对手的提议值后，会对其进行评估并产生情感。通过对提议值评估产生不同类型的情感，进而影响劝说策略的选择和提议值的更新。一方面，Agent 可以根据情感选择劝说策略，随着谈判的进行，Agent 的情感动态变化会影响其时间信念的变化。另一方面，Agent 使用 Q 学习算法进行提议更新。因此，本节内容包括情感建模、时间依赖效用函数、情感调节时间信念、基于 Q 学习的提议更新模型、劝说（谈判）协议以及对应的评估及算例。

4.6.1　情感建模

基于情感强度第一定律的定义，情感产生于 Agent 对刺激的自然反应，即对方 Agent 的提议值，情感的产生是 Agent 对外部刺激做出的一系列反应。情感被视为定义在区间（$-\infty, \infty$）上的连续变量，情感计算公式如下（Wu et al.，2022a）：

$$\mu_{i,0} = k_m \ln(1 + \Delta x_i) \tag{4.69}$$

式中，$\mu_{i,0}$ 为 Agent 对属性 i 的初始情感值，用于衡量 Agent 提议时产生的初始情感劝说程度；k_m 为情感劝说的敏感程度系数；Δx_i 为第 i 个关注点的价值率高差。

在劝说方面，基于谈判属性，Agent 会对其提议值有期望值，并将对手 Agent 的提议值与其期望值进行比较。对手 Agent 的提议值是外部刺激和 Agent 期望值的参考，因此，比较的结果决定了 Agent 产生情感的大小，Δx_i 计算公式如下：

$$\Delta x_i = \begin{cases} \dfrac{x_i(t) - x_o^i}{x_{i,\exp}^c}, & \text{效益型属性} \\[2ex] \dfrac{x_o^i - x_i(t)}{x_o^i}, & \text{成本型属性} \end{cases} \tag{4.70}$$

式中，$x_i(t)$为对手 Agent 的属性i在第t轮的提议值；x_o^i为 Agent 关注点i的期望值；t为谈判轮次，最大谈判轮次为T。谈判属性分为两类：成本型和效益型，成本型属性的值越小，表示 Agent 的满意度越高；效益型属性的值越大，表示 Agent 的满意度越高。两个 Agent 对这两类属性具有相反的看法，例如，对于买方 Agent，价格是成本型属性，但对于卖方 Agent，价格是效益型属性。

各个属性的初始情感值加权和组成了 Agent 的初始情感μ_0，其用于衡量 Agent 对对手提议值产生的初始情感劝说程度，计算公式如下：

$$\mu_0 = k_m \sum_{i=1}^{n} \mu_{i,0} \tag{4.71}$$

当$\mu_0 < 0$时，对手的提议值未能满足 Agent 的期望，Agent 将产生消极情感；当$\mu_0 > 0$时，对手的提议值超出了 Agent 的预期，Agent 将产生积极情感；当$\mu_0 = 0$时，提议值接近 Agent 的期望，Agent 将产生中性情感。

根据情感强度第三定律，考虑到谈判开始时触发的初始情感值μ_0，当前时间表示为t，$t = 1,2,\cdots,T$，在t时刻情感值由以下所示的情感衰减函数表示（Marreiros et al.，2010）：

$$\mu_t = \mu_{t-1} \mathrm{e}^{-\lambda t} \tag{4.72}$$

式中，常数$\lambda \in [0,1]$，表示时间衰减率，它可以用来模拟每种情感引起的不同行为，λ的值越大，情感衰减速度越快。

本节使用 Sigmoid 函数将μ_t标准化至[0, 1]区间，公式如下：

$$\mathrm{Sigmoid}(\mu_t) = \frac{1}{1 + \mathrm{e}^{-\mu_t}} \tag{4.73}$$

4.6.2　时间依赖效用函数

卖方和买方之间的谈判通常同时确定多个属性，如产品的价格、质量、交付期和服务。假设卖方 Agent 和买方 Agent 交替提出提议，谈判的终止或继续取决于双方对对方提议的满意程度，而 Agent 的满意程度可以通过效用来衡量，效用越高，Agent 对对手的提议值越满意。多属性效用函数由提议的每个单独属性的效用函数加权构成。在时间依赖的让步策略中，时间是决定如何做出让步的主要因素。本节的策略选择模型基于 Faratin 等（1998）的时间依赖让步模型，该模型认为 Agent 需要在最大时限内达成协议，使 Agent 迅速做出让步。

基于时间依赖的劝说策略可以通过改变让步策略系数的值来表示不同的时间

依赖效用函数。假设买方 Agent 和卖方 Agent 采用逐渐增加让步的谈判策略，该策略能够提供合理、稳定的让步，避免了急功近利、陷入谈判僵局的现象，更适合商务谈判。本节设计劝说策略类型并构建以下效用函数。

策略 1：Agent 第 t 轮属性 i 的效用用一种线性多项式函数表示，这种谈判策略表示 Agent 的让步是线性变化的，效用函数公式为

$$u_i(t)=\begin{cases}\dfrac{x_i(t)-x_{\min}^i}{x_{\max}^i-x_{\min}^i}，效益型\\[2ex]\dfrac{x_{\max}^i-x_i(t)}{x_{\max}^i-x_{\min}^i}，成本型\end{cases} \tag{4.74}$$

策略 2：Agent 第 t 轮属性 i 的效用用一种非线性多项式函数表示，这种谈判策略表示 Agent 在谈判开始时只做出较小的让步，当临近最大谈判时限时，将做出较大让步，直至达到保留值，效用函数公式为

$$u_i(t)=\begin{cases}v_{\min}^i+\left(1-v_{\min}^i\right)\times\left(\dfrac{x_i(t)-x_{\min}^i}{x_{\max}^i-x_{\min}^i}\right)^{1/\beta_t}，效益型\\[2ex]v_{\min}^i+\left(1-v_{\min}^i\right)\times\left(\dfrac{x_{\max}^i-x_i(t)}{x_{\max}^i-x_{\min}^i}\right)^{1/\beta_t}，成本型\end{cases} \tag{4.75}$$

策略 3：Agent 第 t 轮属性 i 的效用用一种非线性指数函数表示，这种谈判策略表示 Agent 在谈判开始时做出了相对较大的让步，随着谈判的进行，让步幅度越来越小，在最大谈判时限内迅速达到保留值，效用函数公式为

$$u_i(t)=\begin{cases}\exp\left(\left(1-\dfrac{x_i(t)-x_{\min}^i}{x_{\max}^i-x_{\min}^i}\right)^{\beta_t}\ln v_{\min}^i\right)，效益型\\[2ex]\exp\left(\left(1-\dfrac{x_{\max}^i-x_i(t)}{x_{\max}^i-x_{\min}^i}\right)^{\beta_t}\ln v_{\min}^i\right)，成本型\end{cases} \tag{4.76}$$

4.6.3　情感调节时间信念

现有的研究已经解释了自动谈判的三种时间依赖策略的合理性，这些策略反映了谈判者的时间信念。Faratin 等（1998）设计了对截止日期敏感的时间依赖函数家族，它是几种时间依赖策略的组合。当最后谈判期限临近时，Agent 采用上述策略可能会加快让步速度。

Faratin 等（1998）的时间依赖策略曲线表达式如下：

$$\alpha(t) = \mathrm{e}^{\left(1-\frac{\min(t,T)}{T}\right)^{\beta_t} \ln K} \tag{4.77}$$

式中，K 为常数；T 为最大谈判轮次，$\alpha(0)=K$，$\alpha(T)=1$，且 $0 \leqslant \alpha(t) \leqslant 1$。

在自动谈判中，情感可能对让步幅度产生加速和减速的影响，情感强烈会增大让步率，情感减弱会减小让步率。根据式（4.78），卖方可以获得新的 β_t 值，从而选择应对买方的新策略，第 t 时刻 β_t 计算公式如下：

$$\beta_t = \mathrm{e}^{\left(1-\frac{\min(t,t_{\max})}{t_{\max}} \cdot \mathrm{Sigmoid}(\mu_t)\right)^{\beta_{t-1}} \ln K} \tag{4.78}$$

若 $0 < \beta_t < 0.5$，Agent 将会采取策略 2，进行小幅度让步，并在最大谈判时限内逐步达成协议，即时间信念函数为递减；若 $\beta_t > 0.5$，Agent 将会采取策略 3，进行大幅度让步，即时间信念函数为递增；若 $\beta_t = 0.5$，Agent 将会采取策略 1，进行线性让步，即时间信念函数为定值。情感调节的时间信念公式如下：

$$b_t^c = \begin{cases} 0.5, & 策略1 \\ 1 - t/T, & 策略2 \\ t/T, & 策略3 \end{cases} \tag{4.79}$$

式中，b_t^c 为第 t 轮选择策略 c 时的时间信念，c 表示策略 1、策略 2 和策略 3。

4.6.4　基于 Q 学习的提议更新模型

本节劝说策略的产生利用了 Q 学习算法，该算法有利于 Agent 更智能地根据不断变化的谈判环境增强学习能力和提高投标能力。Q 学习算法设有一个元组 (s, a, s', a')，它包括状态 s、动作 a、下一个状态 s'、下一个动作 a' 和奖励 $r(s, a)$。Agent 动作更新评估模型表示为

$$Q(s,a) \leftarrow Q(s,a) + \alpha\left[r(s,a) + \gamma \max Q(s',a') - Q(s,a)\right] \tag{4.80}$$

式中，α 为学习率系数，$\alpha \in (0,1)$；γ 为折扣率，$\gamma \in (0,1)$；$Q(s,a)$ 为在状态 s 下采取动作 a 所产生的奖励的期望值。Agent 选择动作 $Q(s,a)$ 并更新动作 $Q(s,a)$ 来寻找最优的动作策略。式（4.80）是 Q 学习的迭代评价函数，通过式（4.80），Q 的值会根据下一个状态进行更新，直到 Agent 的强化学习结束。

在本节，动作 a 意味着时间信念，Agent 不断加强对时间信念的学习。状态 s 意味着情感，不同类型的情感具有与不同时间信念相关的不同谈判行为。奖励 r 代表两轮谈判之间的效用差异。

将 Agent 每个关注点的信念分别表示为 $p_i(t)$，即 $p_i(t)=\dfrac{1}{x_{\max}^i - x_{\min}^i}$。

Agent 的期望值计算公式如下：

$$Q=\begin{cases}\int_{x_{i,\min}}^{x_{\max}^i}\left(x_{\max}^i - x_i\right)p_i\,\mathrm{d}x_i, & \text{成本型}\\ \int_{x_{\min}^i}^{x_{\max}^i}\left(x_i - x_{\min}^i\right)p_i\,\mathrm{d}x_i, & \text{效益型}\end{cases} \tag{4.81}$$

Agent 平均期望奖励值 $\overline{Q}$ 计算公式如下：

$$\overline{Q}=\frac{\sum_{j=t}^{T} b_t^c(j)\gamma^{j-t}Q}{T-t+1} \tag{4.82}$$

Agent 在第 t 轮的提议值更新公式如下：

$$x_i(t)=\begin{cases}x_{\max}^i-(1-\beta_t)\overline{Q}, & \text{成本型}\\ x_{\min}^i+(1-\beta_t)\overline{Q}, & \text{效益型}\end{cases} \tag{4.83}$$

4.6.5　劝说（谈判）协议

本节模型的劝说协议流程图如图 4.27 所示，具体流程如下。

（1）谈判开始前，双方 Agent 设定初始提议值、最大值、最小值和期望值。根据式（4.71）计算双方 Agent 初始提议值下的初始情感值。

（2）根据式（4.72），预测谈判过程中产生的情感值，利用式（4.73）将情感值标准化至[0, 1]。

（3）根据情感值设置初始策略选择系数 β_t，根据公式计算最大轮次内的策略选择系数。Agent 可以根据不同的 β_t 值选择不同的劝说策略来调整劝说速度。当 $\beta_t=0.5$、$0<\beta_t<0.5$、$0.5<\beta_t<1$ 时，Agent 都将持有不同的时间信念。

（4）根据式（4.78）和式（4.79），预测整个谈判过程中时间信念的动态变化值。

（5）根据式（4.81）和式（4.82）更新 $\overline{Q}$ 值。

（6）在谈判过程中，根据式（4.83）更新提议值。当 $\overline{Q}$ 值处于收敛状态时，双方的提议值逐渐接近，直到双方的提议值都在对方提议值的阈值范围内，双方达成协议。

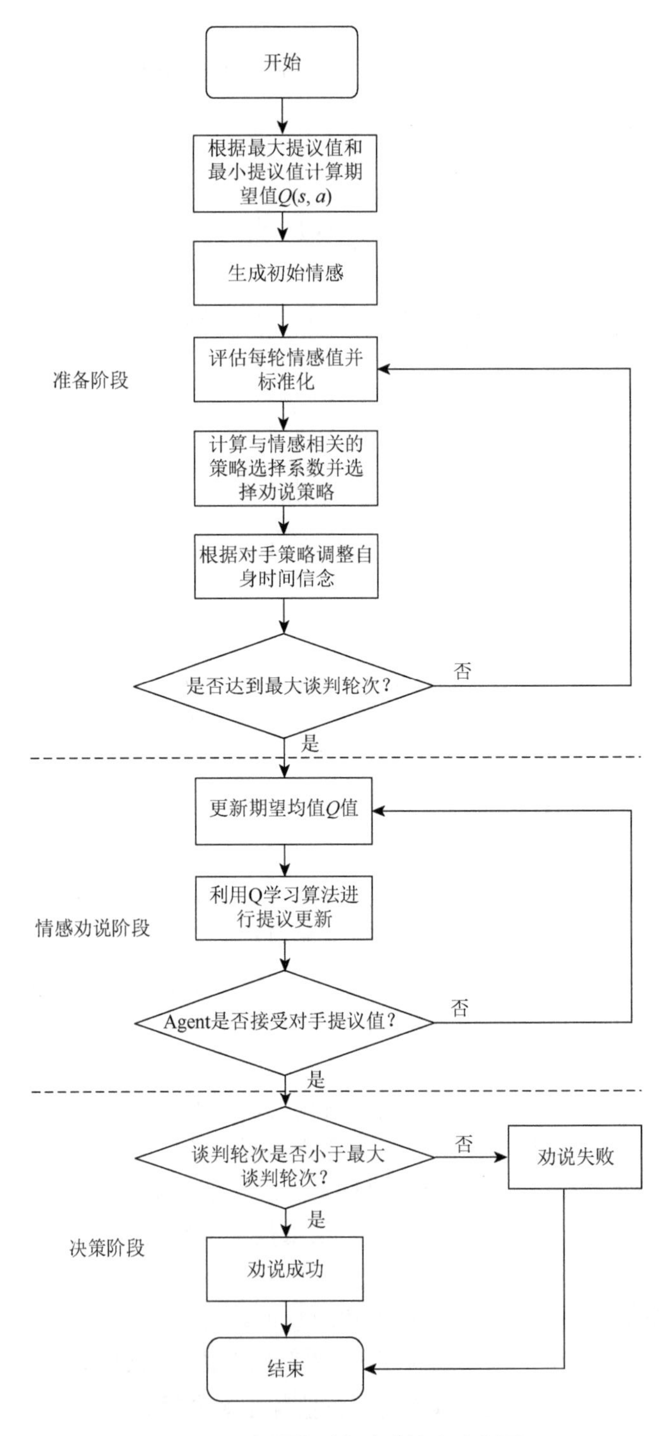

图 4.27　本节模型的劝说协议流程图

4.6.6 评估

1. 评估函数

本节设置效用函数对 Agent 情感劝说的提议值进行评估。效用函数可以合理地描述决策者在多属性决策中规避风险的心理特征，能够客观地评价决策者对协商提议的满意度（Meng and Li，2020）。一方面，决策者希望从谈判中获得最高的联合效用；另一方面，决策者希望在谈判中最大限度地避免产生消极情感。由于情感可以影响时间信念的值进而影响提议值的更新，Agent 的目标是在谈判时避免消极情感。使用效用函数可以评估 Agent 在谈判过程中对消极情感的规避程度。假设 $U(t)$ 为买方 Agent 和卖方 Agent 在第 t 轮谈判的总效用。根据关注点 i 的效用函数，构建基于 Agent 的情感劝说的提议评估函数，其表达式如下：

$$U(t)=\sum_{i=1}^{n}\omega_i u_i(t) \tag{4.84}$$

式中，$u_i(t)$ 为 Agent 属性 i 第 t 轮的效用值。

2. 评估指标

劝说是指 Agent 在谈判中的妥协，劝说模型的有效性需要用多个标准来评估。本节使用以下五个指标来评估所提出的模型（Yu and Wong，2015）。

个体效用：衡量决策者对协商结果满意度的一个重要因素，包括买方效用和卖方效用，即当前轮次买方和卖方对各个属性的总效用，具体计算参考式（4.74）、式（4.75）和式（4.76）。

效用差：表示买方效用和卖方效用之间差值的绝对值，在一定程度上反映了社会公平性。交易结果的效用差最小时，表示社会公平性最高。

联合效用：表示买方效用和卖方效用的总和。

成功率：假设 N 为实验总数，n 为实验成功的数量，SR 为成功率，成功率计算公式为

$$\mathrm{SR}=\frac{n}{N} \tag{4.85}$$

谈判轮次：表示谈判成功时的轮次，是评估谈判效率的另一个重要因素。谈判轮次越小，表明交易成功所需的时间越短，谈判速度越快，反之亦反。

4.6.7 算例

1. 简况

为了验证本节的模型，本节假设某行业供应链管理中的买方 Agent 与卖方 Agent 进行自动谈判。谈判属性包括价格、质量和交货期。若在相同设置下，本节的模型比其他模型的谈判结果更好，则可以证明本节模型的有效性（Yu and Wong，2015）。本节利用 Python 进行了一系列数值实验来验证本节提出的模型，并对模型的实验结果进行数据处理，进一步研究了数值变化的谈判结果，表明了本节模型相对于其他模型的优势。本节通过专家分析法确定三个提议属性在行业谈判中的重要程度，权重向量的值为 $\omega=\{0.8, 0.1, 0.1\}$。本节设置最大谈判轮数为 20 轮，折扣率 γ 为 0.9，β_t 的初始值为 0.4，时间衰减率 λ 为 0.02（Wu et al.，2023）。

买卖双方每个提议均有谈判阈值范围，对阈值范围进行三等分，如表 4.13 所示。对每个提议的提议值分别进行从小到大的排列组合，筛选出 135 组符合谈判开始条件的组合进行实验。例如，其中一组谈判数据组合如卖方的组合为[550, 580)，[5, 8)，[8, 10)，买方的组合为[525, 555)，[7.5, 10)，[5, 7)。

表 4.13 买卖双方 Agent 谈判属性阈值的实验数据

属性	谈判方	阈值范围		
价格/（元/吨）	卖方	[550, 580）	[580, 610）	[610, 640]
	买方	[525, 555）	[555, 585）	[585, 615]
质量	卖方	[5, 8）	[8, 11）	[11, 14]
	买方	[7.5, 10）	[10, 12.5）	[12.5, 15]
交货期/天	卖方	[8, 10）	[10, 12）	[12, 14]
	买方	[5, 7）	[7, 9）	[9, 11]

2. 结果

本节对煤炭供应链中以上三个谈判属性进行卖方 Agent 和买方 Agent 的双边自动谈判。通过对提议值进行数据处理，135 组实验结果如图 4.28 所示。

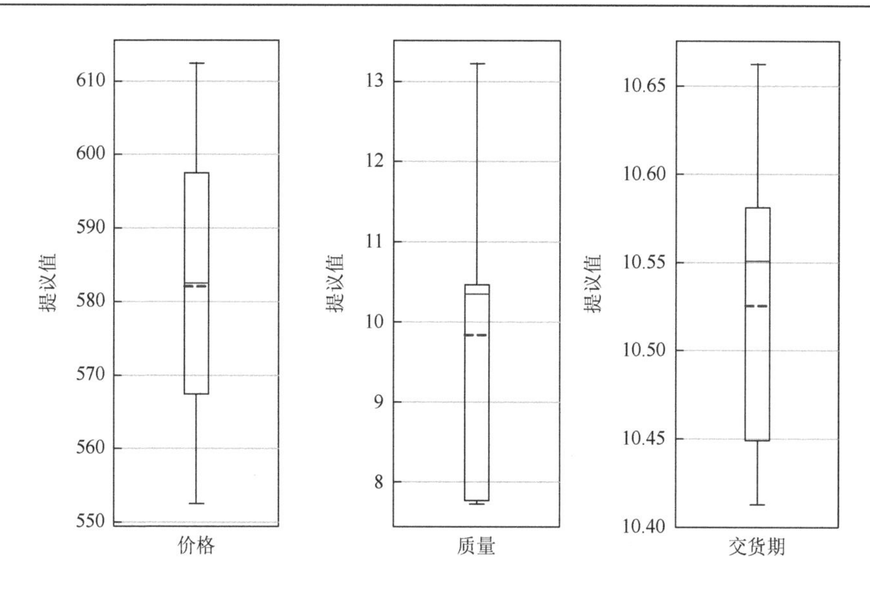

图 4.28　Agent 的提议值

实验结果的统计图见图 4.28，横坐标代表属性，纵坐标代表提议值的范围。平均成交价格为 581.87 元/吨，成交价格区间为[552.49, 612.51]，位于表 4.13 中买方最高价格和卖方最低价格之间的可行价格区间[550, 615]内。平均成交质量为 9.85，成交质量范围为[7.73, 13.24]，位于表 4.13 中买方最低质量和卖方最高质量之间的可行质量范围[7.5, 14]内。平均交货期为 10.53 天，交货期范围为[10.41, 10.66]，位于表 4.13 中买方最大交货期和卖方最小交货期之间的可行交货期范围[8，11]内。上述结果表明，三个属性的提议值均在预期范围内。最大谈判轮次为 17，最小谈判轮次为 8，平均值为 13。上述分析表明，交易结果合理，符合双方 Agent 的预期。

3. 对比实验

1）带有情感的自动谈判模型与没有情感的自动谈判模型

谈判策略选择系数 β_t 能够为 Agent 衡量最佳谈判策略，在 Agent 产生决策行为方面发挥了关键作用。由图 4.29 可知，没有情感的策略选择系数曲线随着时间的增加而迅速增长，随着时间变化对谈判行为能够快速做出反应。具有情感的策略选择系数曲线随时间增加变化趋势稳定且均匀，随时间变化能够处于一种稳定的谈判过程。

然后，在 135 个组合上运行有情感的自动谈判模型和没有情感的自动谈判模型，并对谈判结果通过评价指标进行比较。

为了验证实验结果的可靠性，本节利用两样本科尔莫戈罗夫-斯米尔诺夫检验验证情感劝说模型在评估指标上有情感和无情感的关系。零假设是，情感劝说模

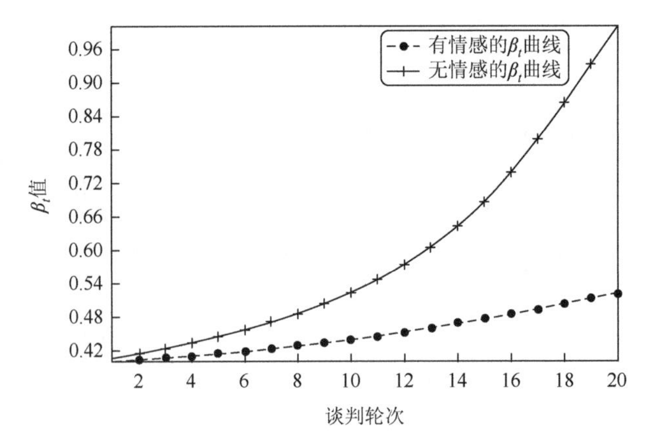

图 4.29　有情感与无情感的 β_t 曲线

型的卖方效用（买方效用、联合效用、效用差或谈判轮次）和无情感的模型的以上指标来自相同的分布。另一种假设是，情感劝说模型中卖方效用、买方效用或联合效用的累积分布函数大于无情感模型中每个指标的累积分布函数。对于效用差和谈判轮次，另一种假设是，在情感劝说模型中，任何一方的累积分布函数都小于无情感模型的累积分布函数。

表 4.14 的检验结果表明有情感的自动谈判模型和无情感的自动谈判模型具有可比性，五个指标 H 均为 H_1，表明无效假设被拒绝，可以表明有情感的模型的五个指标的均值均大于或等于无情感的模型。实验在显著性水平 0.01 下进行，表 4.14 的检验结果表明无效假设在 1%的显著性水平上被拒绝，两种模型谈判轮次差距较小，但无情感的模型卖方效用、买方效用、效用差、联合效用均差于有情感的模型。因此，情感对效用值产生的影响相对谈判轮次更大，这表明情感对交易满意度的影响要大于对谈判率的影响。

表 4.14　有情感与无情感谈判模型的比较

评价指标	谈判模型		无效假设 H	p 值	科尔莫戈罗夫-斯米尔诺夫检验统计量的值
	有情感	无情感			
谈判轮次	13	13.022	H_1	3.70×10^{-7}	0.326
卖方效用	0.262	0.237	H_1	6.64×10^{-23}	0.626
买方效用	0.263	0.238	H_1	2.62×10^{-22}	0.618
效用差	0.29×10^{-2}	0.33×10^{-2}	H_1	0.006	0.199
联合效用	0.069	0.057	H_1	4.37×10^{-22}	0.616

假设无情感的自动谈判模型效用差、谈判轮次、卖方效用、买方效用和联合效用均大于本节模型，H_1 表示拒绝无效假设，H_0 表示接受无效假设。

以上分析结果表明，本节的情感劝说模型的各方面性能均优于无情感模型。首先，前者的个体效用更高，联合效用更大，使社会福利得到有效提高。其次，有情感的模型能够减少 Agent 之间的效用差，使谈判结果的公平性有效提高。最后，有情感的模型还能有效减少谈判轮次，进一步提高谈判效率。

2）与其他方法对比

为了进一步验证本节模型的有效性和合理性，本节设计实验与 Wu 等（2022b）、Keskin 等（2021）、Cao 等（2020）和 Chen 等（2014）提出的经典自动谈判模型进行比较。选择这些模型是因为它们在某些领域与本节模型有一些相似的特征，如表 4.15 所示。选择的四个模型中的每一个都在相同的数据集上运行。然后，将四种模型的谈判结果与本节模型评估结果进行比较。

表 4.15　本节模型与其他四个模型的相似特征和不同特征

特征	本节模型	Wu 等（2022b）的模型	Keskin 等（2021）的模型	Cao 等（2020）的模型	Chen 等（2014）的模型
情感建模及其对劝说的影响	应用韦伯-费希纳定律测量初始情感，并考虑情感的衰减	应用韦伯-费希纳定律测量初始情感	预测情感系数以捕捉对手的情感状态		
效用公式	线性和非线性形式的时间依赖效用函数	线性效用函数	线性效用函数	线性效用函数	线性效用函数
时间信念公式	情感调节的时间信念函数				固定的线性时间信念函数
时间依赖谈判策略	时间依赖谈判策略细分为三种策略			三种时间依赖谈判策略：竞争行为、协作行为以及这两种行为的中间状态	
Q 学习更新策略	平均预期奖励 Q 值的计算				平均预期奖励 Q 值的计算

表 4.16 比较了本节模型与其他四个模型之间的成功率。结果表明，Wu 等（2022b）的模型的成功率为 38%，Keskin 等（2021）的模型的成功率为 100%，Cao 等（2020）的模型的成功率为 100%，Chen 等（2014）的模型的成功率为 100%，本节模型的成功率为 100%。上述结果表明，就成功率而言，本节模型的性能与 Keskin 等（2021）的模型、Cao 等（2020）的模型和 Chen 等（2014）的模型相同，但优于 Wu 等（2022b）的模型。

表 4.16　谈判成功率比较

比较项目	Wu 等（2022b）的模型	Keskin 等（2021）的模型	Cao 等（2020）的模型	Chen 等（2014）的模型	本节模型
成功率/%	38	100	100	100	100

表 4.17 使用单侧两样本科尔莫戈罗夫-斯米尔诺夫检验来验证五个模型之间谈判轮次的差异。科尔莫戈罗夫-斯米尔诺夫检验的零假设是 Wu 等（2022b）的模型、Keskin 等（2021）的模型、Cao 等（2020）的模型、Chen 等（2014）的模型和本节模型的谈判轮次来自相同的分布。另一种假设是，本节模型中谈判轮次的累积分布函数小于其他四个模型的累积分布函数。H_1 表示拒绝无效假设，H_0 表示接受无效假设，以下检验均如此。检验结果表明，在 1%显著性水平下，除了 Cao 等（2020）的模型，本节模型的谈判轮次显著少于其他三个模型，表明本节模型在提高谈判速度和促进谈判效率方面具有优势。

表 4.17　谈判轮次比较

比较项目	Wu 等（2022b）的模型	Keskin 等（2021）的模型	Cao 等（2020）的模型	Chen 等（2014）的模型	本节模型
均值	26	14	8	14	13
H	H_1	H_1	H_0	H_1	—
p	2.82×10^{-61}	1.10×10^{-12}	1	6.66×10^{-12}	—
科尔莫戈罗夫-斯米尔诺夫检验统计量的值	1.00	0.44	0	0.43	—

表 4.18 使用单侧两样本科尔莫戈罗夫-斯米尔诺夫检验来验证五个模型之间的效用差。科尔莫戈罗夫-斯米尔诺夫检验的零假设是 Wu 等（2022b）的模型、Keskin 等（2021）的模型、Cao 等（2020）的模型、Chen 等（2014）的模型和本节模型的效用差来自相同的分布。另一种假设是，本节模型的效用差的累积分布函数小于其他四个模型的累积分布函数。测试结果表明，在 1%显著性水平下，除了 Keskin 等（2021）的模型，本节模型的效用差显著小于其他三个模型，表明模型在提高双方 Agent 的满意度和谈判公平性方面具有优势。

表 4.18　效用差比较

模型	Wu 等（2022b）的模型	Keskin 等（2021）的模型	Cao 等（2020）的模型	Chen 等（2014）的模型	本节模型
均值	0.12	0.10×10^{-2}	0.05	0.49	0.29×10^{-2}
H	H_1	H_1	H_1	H_1	—

续表

模型	Wu 等（2022b）的模型	Keskin 等（2021）的模型	Cao 等（2020）的模型	Chen 等（2014）的模型	本节模型
p	2.07×10^{-33}	0.99	1.16×10^{-36}	4.43×10^{-15}	—
科尔莫戈罗夫-斯米尔诺夫检验统计值	1.00	0.007	0.77	0.49	—

表 4.19 使用单侧两样本科尔莫戈罗夫-斯米尔诺夫检验来验证五个模型之间卖方效用的差异。科尔莫戈罗夫-斯米尔诺夫检验的零假设是 Wu 等（2022b）的模型、Keskin 等（2021）的模型、Cao 等（2020）的模型、Chen 等（2014）的模型和本节模型的卖方效用来自相同的分布。另一种假设是，本节模型中卖方效用的累积分布函数大于其他四个模型的累积分布函数。检验结果表明，在 1%的显著性水平下，本节模型的卖方效用显著大于其他四个模型，表明情感劝说模型在提高卖方效用方面具有优势。

表 4.19　卖方效用比较

模型	Wu 等（2022b）的模型	Keskin 等（2021）的模型	Cao 等（2020）的模型	Chen 等（2014）的模型	本节模型
均值	0.15	0.16	0.14	0.13	0.26
H	H_1	H_1	H_1	H_1	—
p	2.07×10^{-33}	2.82×10^{-61}	2.74×10^{-33}	1.29×10^{-34}	—
科尔莫戈罗夫-斯米尔诺夫检验统计值	1.00	1.00	0.73	0.75	—

表 4.20 使用单侧两样本科尔莫戈罗夫-斯米尔诺夫检验来验证五种模型之间买方效用的差异。科尔莫戈罗夫-斯米尔诺夫检验的零假设是 Wu 等（2022b）的模型、Keskin 等（2021）的模型、Cao 等（2020）的模型、Chen 等（2014）的模型和本节模型的买方效用来自相同的分布。另一种假设是，本节模型中买方效用的累积分布函数大于其他四种模型的累积分布函数。检验结果表明，在 1%的显著性水平下，本节模型的买方效用显著大于其他四个模型，表明本节模型在提高买方效用方面具有优势。

表 4.20　买方效用比较

模型	Wu 等（2022b）的模型	Keskin 等（2021）的模型	Cao 等（2020）的模型	Chen 等（2014）的模型	本节模型
均值	0.19	0.16	0.14	0.13	0.26
H	H_1	H_1	H_1	H_1	—

续表

模型	Wu 等（2022b）的模型	Keskin 等（2021）的模型	Cao 等（2020）的模型	Chen 等（2014）的模型	本节模型
p	2.20×10^{-20}	2.82×10^{-6}	5.98×10^{-34}	6.50×10^{-32}	—
科尔莫戈罗夫-斯米尔诺夫检验统计量的值	0.78	1.00	0.74	0.73	—

表 4.21 使用单侧两样本科尔莫戈罗夫-斯米尔诺夫检验来验证五个模型之间的联合效用差异。零假设是 Wu 等（2022b）的模型、Keskin 等（2021）的模型、Cao 等（2020）的模型、Chen 等（2014）的模型和本节模型的联合效用来自相同的分布。另一种假设是，本节模型的联合效用的累积分布函数大于其他四个模型的累积分布函数。检验结果表明，在 1%的显著性水平下，本节模型的联合效用显著大于其他四个模型，表明本节模型在提高联合效用和买卖双方满意度方面具有优势。

表 4.21 联合效用比较

模型	Wu 等（2022b）的模型	Keskin 等（2021）的模型	Cao 等（2020）的模型	Chen 等（2014）的模型	本节模型
均值	0.34	0.32	0.28	0.26	0.53
H	H_1	H_1	H_1	H_1	—
p	2.20×10^{-20}	2.82×10^{-61}	1.16×10^{-36}	3.37×10^{-40}	—
科尔莫戈罗夫-斯米尔诺夫检验统计量的值	0.78	1	0.77	0.81	—

3）可变和固定时间依赖谈判策略的劝说模型比较

本节采用了一种线性时间依赖策略进行比较实验，以进一步验证不同时间依赖谈判策略的贡献。零假设是指时间依赖性谈判策略模型中的卖方效用（买方效用、联合效用、效用差或谈判轮次）与固定策略模型的卖方效用（买方效用、联合效用、效用差或谈判轮次）来自相同的分布。另一种假设是，在可变策略模型中，卖方效用、买方效用或联合效用的累积分布函数大于在固定策略模型中相同指标的累积分布函数。对于效用差和谈判轮次，另一种假设是，在不同策略模型中，任何一方的累积分布函数都小于其在固定策略模型的累积分布函数。表 4.22 总结了检验结果，表明可变策略模型的卖方效用、买方效用和联合效用的平均结果优于固定策略模型，并且本节的可变策略模型效用差和谈判轮次的平均结果均小于固定策略模型。同时，可以看出，除了谈判轮次之外，其他指标的零假设在 1%的显著性水平上被拒绝。

表 4.22　可变和固定时间依赖谈判策略模型的单侧两样本科尔莫戈罗夫-斯米尔诺夫检验

性能指标	谈判结果均值		H	p 值	科尔莫戈罗夫-斯米尔诺夫检验统计量的值
	可变策略	固定策略			
卖方效用	0.262	0.132	H_1	5.50×10^{-32}	0.719
买方效用	0.263	0.134	H_1	5.50×10^{-32}	0.719
联合效用	0.525	0.266	H_1	2.35×10^{-37}	0.779
效用差	0.29×10^{-2}	0.11×10^{-1}	H_1	6.513×10^{-14}	0.467
谈判轮次	13	13.2	H_1	8.26×10^{-1}	0.037

这些结果表明，本节提出的可变策略模型优于固定策略模型，它比固定策略模型取得了更好的经济效果，包括个体效用（卖方效用和买方效用）、联合效用和效用差。多变的谈判策略更符合真实的谈判场景，使 Agent 能够智能地处理未来复杂动态的人机谈判环境。

4.7　基于 Agent 的推理的人机情感谈判模型

本节将建立基于 Agent 的推理的情感劝说策略选择及提议更新模型。该模型包括策略选择与提议更新两个部分，策略选择和提议更新在谈判流程上是先后关系。整体构建模型的思路是：①建立情感劝说值算法和实际效用值算法；②将所选择的指标进行初步处理，再在此基础上设定推理的规则，进行劝说策略的选择；③建立情感劝说决策函数改进基于时间约束的谈判策略，得到更新的提议。

本节使用情感渲染来描述 Agent 之间的情感互动，以补充基于 Agent 的谈判中的情感生成过程。此外，本节将构建情感驱动的推理模型，该模型将智能体对情感的评估与实际效用相结合，并提出一种由智能体推理能力驱动的劝说策略选择和谈判问题更新机制。

4.7.1　情感劝说值算法

本章 Agent 的情感劝说值来源于两个 Agent 的情感呈现（即对手提议值的影响）（Esteban and Insua，2019）和自发性。

1. 受对方感染的情感劝说值

在情感劝说的过程中，情感可以在两个谈判者之间相互传播，同时影响到谈判者的实际行为，人们把这一现象及其导致的行为称为情感渲染（Hatfield et al.,

2018）。Fang 等（2019）将情感渲染引入情感机器人任务分配问题，通过仿真实验验证了其所提出的情感感染模型的有效性。

设 Agent 之间表示谈判双方情感相互影响程度的情感影响因子为 co。co 在基于 Agent 的推理的情感劝说策略选择和提议更新模型的取值范围为[−1, 1]。当 co＞0 时，双方情感相互影响，|co|越大，情感劝说值就越大。当 co＜0 时，双方情感相互抑制，且|co|越大，情感劝说值越小。当情感的积极程度相同时，双方不相互影响，情感劝说值为 0。当情感的积极程度不同时，接收者的情感会受到发送者情感的影响。情感差异越大，相互影响的程度就越大。例如，快乐和愤怒之间的差异最大，悲伤和厌恶之间的差异较小。指数函数 $y=\mathrm{e}^{x}$ 能够与以上变化相符合，因此用它来构造算法，具体公式为

$$\mu_1=\mathrm{e}^{\mathrm{co}}\cdot \mathrm{su} \tag{4.86}$$

式中，μ_1 为受对方感染的情感劝说值；su 为 Agent 的情感接受能力，是取值范围为[0, 1]的常数。当 Agent 拥有更强的情感接受能力时，能够更准确地体会对手的情感，从而获得更大的情感劝说值。

2. 自发产生的情感劝说值

Agent a 的提议值和 Agent b 的提议值越相近，说明谈判双方的想法越相似。此时 Agent 受到正向影响而产生积极的情感，从而产生高情感劝说值。Agent a 的提议值与 Agent b 的提议值相差越大，说明双方的想法越不一致，此时 Agent 受到负面影响而产生消极情感，产生低情感劝说值。

闵可夫斯基（Minkowski）距离可以用于测量两个不同提议值之间的相似性（Canovas et al.，2020）。本节采用闵可夫斯基距离来计算标准化处理前的自发产生的情感劝说值V，如式（4.87）所示：

$$V=f\left(\sqrt{\sum_{i=1}^{n}\omega_i\left(x_{i,t-1}-x_{i,t}\right)^{p}}\right) \tag{4.87}$$

式中，$x_{i,t-1}$ 为 Agent a（或 Agent b）上一轮对属性 i 的提议值；$x_{i,t}$ 为 Agent b（或 Agent a）本轮对属性 i 的提议值；ω_i 为第 i 个属性的权重；p 是一个常数，用于归一化情感劝说值。

通常情况下，为了消除量纲对模型产生的消极影响，应当进行标准化处理。本章利用最大最小归一化方法处理 V 值，自发产生的情感劝说值 μ_2 为

$$\mu_2=\frac{V-\sum_{i=1}^{n}\omega_i x_{i,\min}}{\sum_{i=1}^{n}\omega_i x_{i,\max}-\sum_{i=1}^{n}\omega_i x_{i,\min}} \tag{4.88}$$

3. 两类情感劝说值的合成

令受对方感染产生的情感劝说值权重为 ω_1 ，自发产生的情感劝说值权重为 ω_2 ，权重反映了 Agent 是更易于受到他人情感的感染还是更倾向于自己主导情感，有 $\omega_1+\omega_2=1$ 。最终的情感劝说值表示为

$$\mu=\omega_1\mu_1+\omega_2\mu_2 \tag{4.89}$$

4.7.2　实际效用值算法

依据多属性效用理论和实际谈判中 Agent 对不同属性的不同要求，将谈判属性分为成本型属性和效益型属性。成本型属性，属性值越小，Agent 越满意；效益型属性，属性值越大，Agent 越满意。

多属性效用理论可为实际效用值算法提供理论支撑，Agent 在谈判中对对手提议的实际效用取决于其对对手提出的单个属性值的效用（Jiang et al.，2021）。在基于 Agent 的自动谈判中，考虑到 Agent 边际效用递减的特征，可以选择用幂函数 $y=x^{\frac{1}{2}}$ 来构造效用函数（Fishburn and Kochenberger，1979）。对于 Agent 来说，提议值与期望值越接近，Agent 的效用就越高。Agent 对提议的敏感程度随着提议值和最小值之间的差距而变化，差距越大，Agent 敏感程度越低。

（1）效益型属性：当属性值是最小值时，该类型属性的效用值取值为 0，随着属性值与最小值的差距越来越大，效用值越来越高。以上对效益型属性描述的函数表示为

$$u(x_i)=\begin{cases}0\,, & x_i=x_{i,\min}\\ \sqrt{\dfrac{x_i-x_{i,\min}}{x_{i,\max}-x_{i,\min}}}, & x_i>x_{i,\min}\end{cases} \tag{4.90}$$

（2）成本型属性：当属性值是最大值时，该类型属性的效用值取值为 0，随着属性值与最大值的差距越来越大，效用值越来越高。以上对成本型属性描述的函数表示为

$$u(x_i)=\begin{cases}0, & x_i=x_{i,\max}\\ \sqrt{\dfrac{x_{i,\max}-x_i}{x_{i,\max}-x_{i,\min}}}, & x_i<x_{i,\max}\end{cases} \tag{4.91}$$

在得到单个属性效用值之后，对各属性赋予权重并加权，通过总效用值的大小得出最优方案（Hu et al.，2018）。因此，Agent 的实际效用值的计算公式为

$$U=\sum_{i=1}^{n}\omega_i u(x_i) \tag{4.92}$$

4.7.3　基于推理的情感劝说

情感劝说包括两个阶段，在第一阶段，Agent 在接收到情感和提议值后，对其进行评估，并产生情感劝说值和实际提议值；在第二阶段，Agent 将这两个值纳入推理过程用于选择劝说策略。

情感劝说策略根据情感的类型分类，因此 Agent 可以动态调整情感劝说策略以适应谈判环境（Chen et al.，2014）。为了对情感劝说策略进行分类，首先要对情感进行划分（Ekman and Friesen，1971；Izard，1992）。现有关于情感的分类研究有许多，第 1 章已详细介绍，根据 Ekman（1982）对情感的分类，在本节研究的谈判背景下，恐惧、悲伤、惊奇三种情感出现频率较低。本节选取 Ekman（1982）的情感分类中高兴、厌恶、愤怒三种类型用于模型情感划分。要注意的是，这种划分并不直接来自谈判问题，而是来自 Agent 为自己设定的情感标准（El-Nasr et al.，2000）。

情感劝说策略相应地分为三种类型：主动劝说型、冷静劝说型和消极退缩劝说型，分别对应于高兴、厌恶和愤怒，具体解释如下。

（1）主动劝说型策略对应于高兴情感，这意味着 Agent 愿意增加让步，且对谈判进展感到满意。

（2）冷静劝说型策略对应于厌恶情感，这意味着 Agent 会因为对谈判进展不满意而减少让步。此时 Agent 仍会采取合作态度，但这种合作态度更加消极，Agent 将不再积极推动谈判进程。

（3）消极退缩劝说型策略对应于愤怒情感，这意味着 Agent 对对手的不合作提议感到恼火，从而大大减少让步。与选择冷静劝说型策略的 Agent 不同，Agent 此时可能会采取不合作的态度。

本节运用推理方法选择情感劝说策略。根据人脸参数化模型提出的程序，基于 Agent 的谈判中的推理包括变量识别、等级划分、选择语言和建立推理规则等环节。推理的输入是 Agent 的实际效用值和情感劝说值，并且通过咨询人机谈判专家确立推理的语言。

1. 变量识别和等级划分

为了得到合理的情感劝说策略，首先要确定情感劝说策略的影响因素，并将合适的影响因素作为变量输入推理系统。在基于 Agent 的情感劝说环境中，情感劝说值衡量的是 Agent 在谈判过程中的情感，这种情感会影响主体的决策。实际效用值是衡量 Agent 对谈判属性的满意度和可接受度的重要指标，也是衡量谈判能否达成的重要指标。以上两者对情感劝说策略都有很大的影响。

本模型赋予情感劝说值两个级别，赋予实际效用值三个级别，采用曼达尼（Mamdani）模型推理（Wang and Hu，2015）。其中，μ_1 的取值范围为[0, e]，μ_2 的取值范围为[0, 1]，情感劝说值 μ 是 μ_1 和 μ_2 的加权值，以 e/2 为临界点分为两个级别。根据式（4.92），计算 Agent 的期望效用 U_{exp} 和 Agent 的保留效用 U_r，它们的取值范围为[0, 1]，$U_{max}=1$，$U_{min}=0$。在谈判过程中，双方均期望获得较高的实际效用值，考虑到实际效用值的边际递减性，以 $U_{exp}-\frac{U_{max}}{10}$ 和 $U_{exp}-\frac{2U_{max}}{5}$ 为临界点将实际效用值划分为三个级别。

我们用 High 和 Low 来表示情感劝说值的级别，用 High、Medium 和 Low 来表示实际效用值的级别。表 4.23 概述了变量的级别划分和含义。

表 4.23　变量的级别划分和含义

变量	级别	取值分类	含义
μ	2	$0<\mu\leqslant e/2$	High
		$e/2<\mu\leqslant e$	Low
U_r	3	$U_{exp}-\frac{U_{max}}{10}<U_r\leqslant U_{exp}$	High
		$U_{exp}-\frac{2U_{max}}{5}\leqslant U_r\leqslant U_{exp}-\frac{U_{max}}{10}$	Medium
		$U_{min}\leqslant U_r<U_{exp}-\frac{2U_{max}}{5}$	Low

2. 选择语言和建立推理规则

以情感劝说值和实际效用值为基础，推理规则应使用 if-then 推理输出以情感劝说策略为表现形式的推理结果。表 4.24 总结了具体的推理规则。

表 4.24　推理规则

接收类型	规则	情感劝说策略
主动劝说型	μ 为 High 且 U_r 为 High、Medium 或 Low 或者 μ 为 Low 且 U_r 为 High 或 Medium	主动劝说型
	μ 为 Low 或 U_r 为 Low	冷静劝说型
冷静劝说型	μ 为 High 且 U_r 为 High、Medium 或 Low	主动劝说型
	μ 为 Low 且 U_r 为 High 或 Medium	冷静劝说型
	μ 为 Low 且 U_r 为 Low	消极退缩劝说型

续表

接收类型	规则	情感劝说策略
消极退缩劝说型	μ 为 High 且 U_r 为 High	主动劝说型
	μ 为 High 且 U_r 为 Medium 或 Low 或者 μ 为 Low 且 U_r 为 High	冷静劝说型
	μ 为 Low 且 U_r 为 Medium 或 Low	消极退缩劝说型

推理规则与 μ 和 U_r 之间的相对大小有关。当 μ 值高时，Agent 产生高兴情感。此时，较小的实际效用值也能够被接受，Agent 仍然会输出积极的情感劝说策略。随着 μ 值的降低，Agent 的情感逐渐转变为厌恶和愤怒。此时，较小的实际效用值不能被接受，Agent 必须得到较高的实际效用值，才愿意输出积极的情感劝说策略。在三种接收类型下，每个类型对应 μ 和 U_r 的 6 种组合，主动劝说型、冷静劝说型、消极退缩劝说型是积极度逐渐递减的三种劝说类型，设随着接收到的情感劝说策略的积极程度的降低，输出积极的情感劝说策略的概率分别为 5/6、3/6 和 1/6。在接收到主动劝说型策略时，Agent 对谈判环境的判断为积极的，从而对下一轮谈判采取积极的态度。此时，主动劝说型的输出可以通过 μ 为 High 且 U_r 为 High、Medium 或 Low；或者 μ 为 Low 且 U_r 为 High 或 Medium 的组合来获得。

在接收到冷静劝说型策略时，Agent 对谈判环境的判断为不积极的，从而对下一轮谈判采取中立态度。此时，主动劝说型的输出可以通过 U_r 的组合来获得，且 U_r 为 High、Medium 或 Low；在接收到消极退缩劝说型策略时，Agent 对谈判环境的判断为消极的，从而对下一轮谈判采取消极态度。此时，消极退缩劝说型的输出可以通过 μ 为 Low 且 U_r 为 Low 的组合来获得。

4.7.4　改进的基于时间约束的提议更新算法

谈判 Agent 依据谈判剩余时间和对谈判属性的期望值让步，本节模型对基于时间约束的谈判策略（Hu et al.，2018）加以改进，得到提议更新函数如下：

$$x_{i,t}=\begin{cases}x_{i,t-1}+f(t)\cdot\left|x_0-x_r\right|\text{，效益型属性}\\x_{i,t-1}-f(t)\cdot\left|x_0-x_r\right|\text{，成本型属性}\end{cases}\tag{4.93}$$

式中，$x_{i,t-1}$ 为 Agent 在上一轮对属性 i 提出的提议值；x_0 为 Agent 的初始提议值；x_r 为 Agent 的保留值；$\left|x_0-x_r\right|$ 表示让步；$f(t)$ 为情感劝说决策函数。

Hu 等（2018）使用函数来模拟时间效应，其中 t 是当前的谈判轮次，T 是最大谈判轮次，因此，时间是关于 t 的线性函数。本节模型引入情感劝说决策系数，使时间效应变为非线性函数，如下：

$$f(t)=\left(\frac{t}{T}\right)^{\lambda} \tag{4.94}$$

式中，λ 是由情感劝说策略决定的，它可以表示随着时间的推移情感发生的变化。

当 T 给定时，$0\leqslant t/T\leqslant 1$。此时，对于不同的 λ 值，$f(t)$ 拥有不同的形式。当 $\lambda=1$ 时，$f(t)$ 的变化率保持一致；当 $\lambda>1$ 时，$f(t)$ 的变化率为先减后增；当 $\lambda<1$ 时，$f(t)$ 的变化率为先增后减。当 t/T 不断增加时，为了调整 t/T 迅速增加所造成的不合理性，应适当减慢 Agent 的让步速度，因此，我们只考虑 $\lambda>1$ 的情况。图 4.30 展示了 $\lambda\geqslant 1$ 的三种情况。

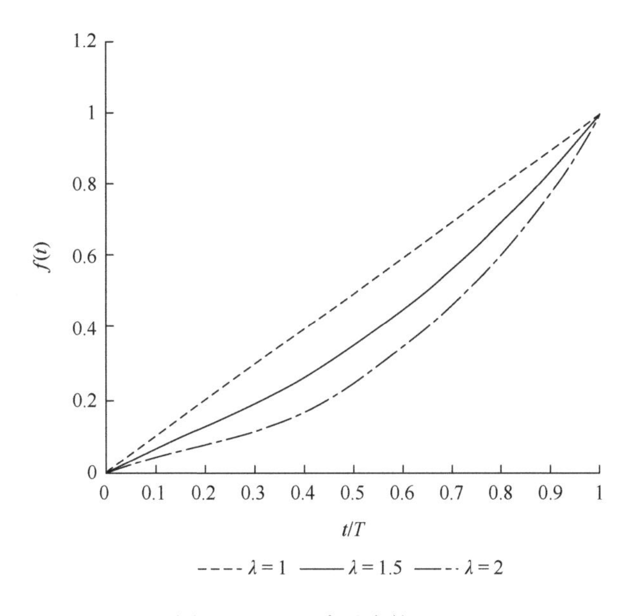

图 4.30　不同 λ 对应的 $f(t)$

通过引入 λ，本节模型考虑了 Agent 更新提议时的情感。Agent 受到的负面情感影响越大，其在谈判中的信心就越低，初始变化率就越小，相应的 λ 值也越大。本节模型将情感、情感劝说策略和情感劝说决策系数之间的关系设定为：当 Agent 选择主动劝说型情感劝说策略时，情感劝说决策系数为 $\lambda=1$；当 Agent 选择冷静劝说型情感劝说策略时，情感劝说决策系数为 $1<\lambda<\beta$，β 随着 Agent 所接受的劝说策略的积极性水平而调整，$\beta>1$；当 Agent 选择消极退缩劝说型情感劝说策略时，$\lambda\geqslant\beta$。

4.7.5　劝说模型的谈判过程

根据上文对基于 Agent 的推理的情感劝说模型的各组成部分的描述，设定谈判双方分别为买方 Agent a 和卖方 Agent b，模型的计算步骤如下。

（1）Agent b 发出情感劝说提议。

（2）Agent a 接收情感劝说提议。

（3）运用式（4.92）计算实际效用值，根据实际效用值和期望效用值的相对大小决定是否继续交互。

（4）根据最大轮次和当前轮次的相对大小决定是否继续情感劝说。

（5）运用式（4.89）计算情感劝说值。

（6）根据推理规则推导出需要使用的情感劝说策略，运用式（4.93）计算新的情感劝说提议，并返回步骤（1）。

以上模型分析如图 4.31 所示。

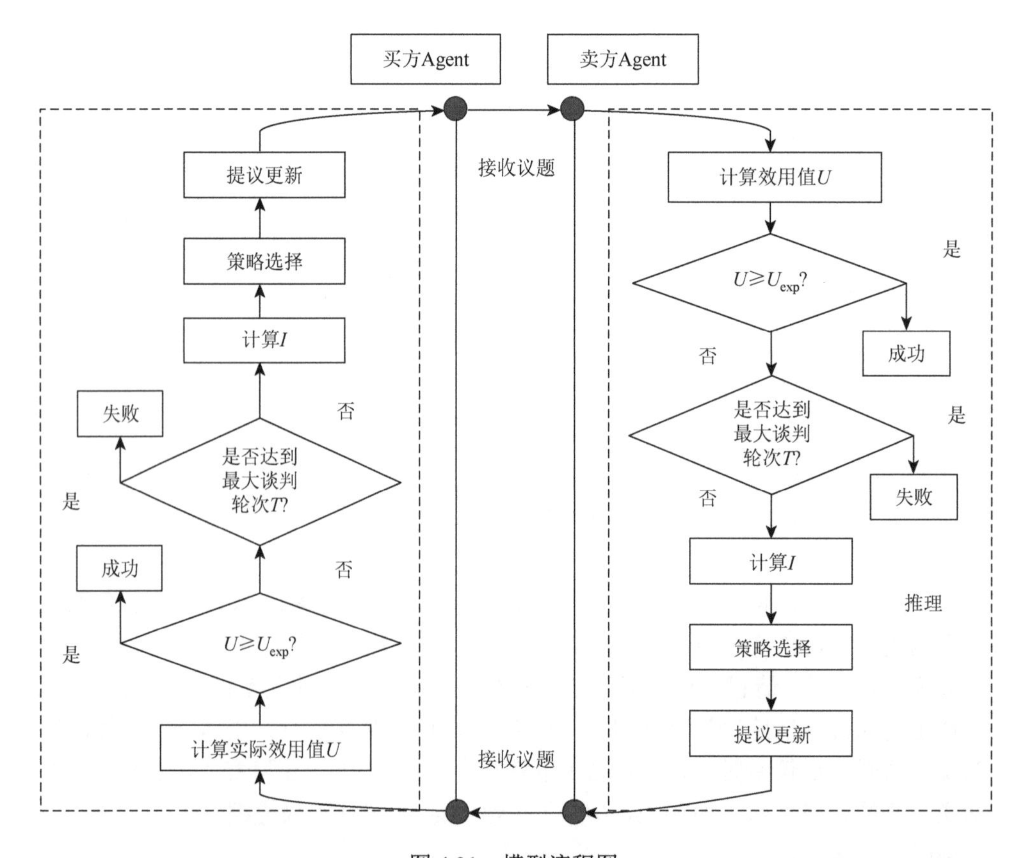

图 4.31　模型流程图

4.7.6　算例

1. 简况

本算例进行了 Agent-Agent 实验，实验使用另一个计算机 Agent 来代表人类对手，并对实验结果进行了分析和比较，以验证所提出的模型。首先，由初始提议的各种组合发起的 Agent-Agent 谈判可以验证所提模型的每个组成部分（如情感组成部分和推理组成部分）的贡献。其次，Agent-Agent 实验能够将模型与现有文献提出的竞争模型进行比较，以证明所提出的劝说模型的优势（Wu et al.，2024）。

在碳排放交易谈判中，买卖双方各派 Agent 进行协商。Agent 需要就成交价和成交量两个关注点进行谈判。假设两关注点的权重分别为 0.65、0.35。设定最大谈判轮次为 $T_{\max}=10$。各 Agent 的情感接受能力为 su = 0.5。情感渲染产生的情感和自发产生的情感的权重均为0.5 。假定各 Agent 的期望效用为$U_{\exp}=0.8$ 。co 的值如表 4.25 所示。

表 4.25　情感影响因子

co 快乐→快乐	co 厌恶→厌恶	co 愤怒→愤怒	co 快乐→厌恶	co 愤怒→失望	co 厌恶→快乐	co 愤怒→快乐
0	0	0	0.4	0.8	–0.4	–0.8

对每个关注点，买卖双方都有其能够接受的范围。根据 2021 年 7 月 16 日至 2021 年 12 月 31 日在中国湖北碳排放权交易中心交易的实际碳排放交易数据得到表 4.26。成交价以 2.8 元/吨为间隔增加，成交量以 180 吨为间隔增加。因此，买方 Agent *a* 具有以下可行区间组合：[38, 40.8]和[150, 330]，[40.8, 43.6]和[330, 510]，[43.6, 46.4]和[510, 690]，[46.4, 49.2]和[690, 870]，以及[49.2, 52]和[870, 1050]。同样，卖方 Agent *b* 也有五种组合。买方 Agent *a* 的每个组合都可以与卖方 Agent *b* 的每个组合相结合，例如，买方 Agent *a* 的组合[38, 40.8]和[150, 330]以及卖方 Agent *b* 的组合[47.2, 50]和[820, 1000]。所以买方 Agent *a* 和卖方 Agent *b* 的总数据是 5×5 = 25 组。每组随机生成四组数据，共生成 4×25 = 100 组数据用于模拟实验。采用 4.6 节中的评价指标来评价谈判绩效，并且评价本节模型的有效性。

表 4.26　买卖双方对于每个关注点的实验数据

买卖双方	数据	数值					
Agent *a*	成交价/(元/吨)	38	40.8	43.6	46.4	49.2	52
	成交量/吨	150	330	510	690	870	1050

续表

买卖双方	数据	数值					
Agent b	成交价/(元/吨)	36	38.8	41.6	44.4	47.2	50
	成交量/吨	100	280	460	640	820	1000

2. 消融实验

本算例进行了消融实验，将本节模型的谈判性能与去除每个组成部分的模型进行比较，以验证推理、情感和情感渲染三个模型的核心组成的贡献。

1）本节模型与无推理模型的比较

当买卖双方 Agent 使用无推理模型进行谈判时，根据以下方程产生新的提议：

$$x_{i,t}=\begin{cases}x_{i,t-1}+\left(\dfrac{t}{T}\right)^{\lambda_t}\cdot\left|x_0-x_r\right|\text{，效益型属性}\\x_{i,t-1}-\left(\dfrac{t}{T}\right)^{\lambda_t}\cdot\left|x_0-x_r\right|\text{，成本型属性}\end{cases}\tag{4.95}$$

式中，$\lambda_t=1/t$，只与时间有关。

通过科尔莫戈罗夫-斯米尔诺夫检验来检验有推理和无推理模型之间的性能差异，检验结果见表 4.27。

表 4.27　本节模型和无推理模型的科尔莫戈罗夫-斯米尔诺夫检验结果

指标	本节模型	无推理模型	变化率（与无推理模型相比）	科尔莫戈罗夫-斯米尔诺夫检验统计量 p 的值
谈判成功率	100%	67%	+ 49.3%	—
谈判轮次	2.74（1.244）	4.851（2.208）	–43.5%	0.000 001
联合效用	1.551（0.13）	1.009（0.718）	+ 53.7%	0.000 010
效用差	0.212（0.141）	0.139（0.145）	+ 52.5%	0.000 037

在表 4.27 中，谈判成功率、谈判轮次、联合效用和效用差是所有实验的平均值，括号中的数字为标准差。科尔莫戈罗夫-斯米尔诺夫检验的原假设是，本节提出的模型和无推理模型相对于谈判成功率、联合效用和效用差具有相同的分布；备择假设是，这三个指标的分布在两个模型之间是不同的。

科尔莫戈罗夫-斯米尔诺夫检验结果显示，联合效用和效用差指标均在 1%水平上有显著性差异，表明本节所提出的模型优于无推理模型。本节模型的成功率（100%）高于无推理模型的成功率（67%）。同时，推理可以显著减少谈判轮次，基于 Agent 的推理模型的平均轮次为 2.74，而无推理模型的平均轮次为 4.851。推理也能够让模型取得较高的联合效用，平均值为 1.551，相比之下，无推理的模型的联合效用为 1.009。无推理模型的效用差稍小于有推理模型的效用差，这可能是因为有推理模型的双方效用都比较大，计算效用差与联合效用之比可知，基于 Agent 的推理模型的比值为 0.137，小于无推理模型的 0.138，这些结果表明，在给定联合效用的情况下，基于 Agent 的推理模型与无推理模型相比具有较小的效用差。谈判成功率大于无推理模型，且联合效用和效用差两个指标的标准差均小于无推理模型的标准差，表明基于 Agent 的推理模型在各种情况下比无推理模型具有更稳定的性能。

综上所述，推理成分对联合效用指标的贡献最大，使该指标提高了 53.7%，其次是对谈判成功率指标的贡献，提高了 49.3%。

2）本节模型与无情感模型的比较

本算例将情感与推理相结合，增加了推理决策的感性成分，弥补了理性决策的不足。因此，我们将有情感模型的实验结果与无情感模型的实验结果进行了比较。在无情感的模型中，推理决策只取决于实际的效用值。

通过科尔莫戈罗夫-斯米尔诺夫检验来检验有情感和无情感模型之间的性能差异，检验结果见表 4.28。

表 4.28　本节模型和无情感模型的科尔莫戈罗夫-斯米尔诺夫检验结果

指标	本节模型	无情感模型	变化率（与无情感模型相比）	科尔莫戈罗夫-斯米尔诺夫检验统计量 p 的值
谈判成功率	100%	67%	+49.3%	—
谈判轮次	2.74（1.244）	4.507（2.097）	−39.2%	0.000 002
联合效用	1.551（0.13）	1.031（0.737）	+50.4%	0.000 010
效用差	0.212（0.141）	0.160（0.159）	+32.5%	0.000 037

在表 4.28 中，谈判成功率、谈判轮次、联合效用和效用差是所有实验的平均值，括号中的数字是标准差。科尔莫戈罗夫-斯米尔诺夫检验的原假设是，本节提出的模型和无情感的模型相对于谈判成功率、联合效用和效用差具有相同的分布；备择假设是，这三个指标的分布在两个模型之间是不同的。

科尔莫戈罗夫-斯米尔诺夫检验结果显示，联合效用和效用差指标均在 1%水平上有显著性差异，表明本节所提出的模型优于无情感的模型。本节模型的成功率（100%）高于无情感模型的成功率（67%）。同时，情感可以显著减少谈判轮次，基于 Agent 的推理模型的平均轮次为 2.74，而无情感的模型的平均轮次为 4.507。情感也能够让模型取得较高的联合效用，平均值为 1.551，相比之下，无情感的模型的联合效用为 1.031。无情感模型的效用差稍小于有情感模型的效用差，这可能是因为有情感模型的双方效用都比较大，计算效用差与联合效用之比可知，基于 Agent 的推理模型的比值为 0.137，小于无情感模型的 0.155，这些结果表明，在给定联合效用的情况下，基于 Agent 的推理模型与无情感的模型相比具有较小的效用差。谈判成功率大于无情感模型，且联合效用和效用差两个指标的标准差均小于无情感模型的标准差，表明基于 Agent 的推理模型在各种情况下比无情感的模型具有更稳定的性能。

综上所述，情感成分对联合效用指标的贡献最大，使该指标提高了 50.4%，其次是对谈判成功率指标的贡献，提高了 49.3%。

3）本节模型与无情感渲染模型的比较

与以往情感建模未能考虑谈判双方情感间的相互影响（Esteban and Insua，2019）相比，本节模型加入情感渲染理论，充分考虑 Agent 受对方感染所产生的情感。因此，本节将有情感渲染模型与无情感渲染模型的实验结果进行对比。在运用无情感渲染模型谈判时，不考虑受对方感染产生的情感劝说值 μ_1，只考虑自发产生的情感劝说值 μ_2。

通过科尔莫戈罗夫-斯米尔诺夫检验来检验有情感渲染模型和无情感渲染模型之间的性能差异，检验结果见表 4.29。

表 4.29　本节模型和无情感渲染模型的科尔莫戈罗夫-斯米尔诺夫检验结果

指标	本节模型	无情感渲染模型	变化率（与无情感渲染模型相比）	科尔莫戈罗夫-斯米尔诺夫检验统计量 p 的值
谈判成功率	100%	67%	+ 49.3%	—
谈判轮次	2.74（1.244）	3.391（1.343）	−19.2%	0.013 041
联合效用	1.551（0.13）	1.054（0.718）	+ 47.2%	0.000 010
效用差	0.212（0.141）	0.156（0.159）	+ 35.9%	0.000 134

在表 4.29 中，谈判成功率、谈判轮次、联合效用和效用差是所有实验的平均值，括号中的数字是标准差。科尔莫戈罗夫-斯米尔诺夫检验的原假设是，本节提出的模型和无情感渲染模型相对于谈判成功率、联合效用和效用差具有相同的分布；备择假设是，这三个指标的分布在两个模型之间是不同的。

科尔莫戈罗夫-斯米尔诺夫检验结果显示，联合效用和效用差指标均在 1%水平上有显著性差异，表明本节所提出的模型优于无情感渲染模型。本节模型的成功率（100%）高于无情感渲染模型的成功率（67%）。同时，情感渲染可以显著减少谈判轮次，基于 Agent 的模糊推理模型的平均轮次为 2.74，而无情感渲染模型的平均轮次为 3.391。情感渲染也能够让模型取得较高的联合效用，平均值为 1.551，相比之下，无情感渲染模型的联合效用为 1.054。无情感渲染模型的效用差稍小于有情感渲染模型的效用差，这可能是因为有情感渲染模型的双方效用都比较大，计算效用差与联合效用之比可知，基于 Agent 的推理模型的比值为 0.137，小于无情感渲染模型的 0.148，这些结果表明，在给定联合效用的情况下，基于 Agent 的推理模型与无情感渲染的模型相比具有较小的效用差。谈判成功率大于无情感渲染模型，且联合效用和效用差两个指标的标准差均小于无情感渲染模型的标准差，表明基于 Agent 的推理模型在各种情况下比无情感渲染模型具有更稳定的性能。

综上所述，情感渲染成分对谈判成功率指标的贡献最大，使该指标提高了 49.3%，其次是对联合效用指标的贡献，提高了 47.2%。

3. 敏感性分析

本节采用敏感性分析检验关键参数对本节所构建模型的影响以及模型的整体稳定性。

1）不同的 T 值

在本节中，情感劝说最大轮次 T 为关键参数，影响谈判进程。经过多次实验，将情感劝说最大轮次设置在[5，30]范围内，每种情况间隔为 3，共 11 种情况，每个 T 值对应随机选择 10 组数据进行实验，比较谈判轮次、联合效用与效用差，实验结果见图 4.32。

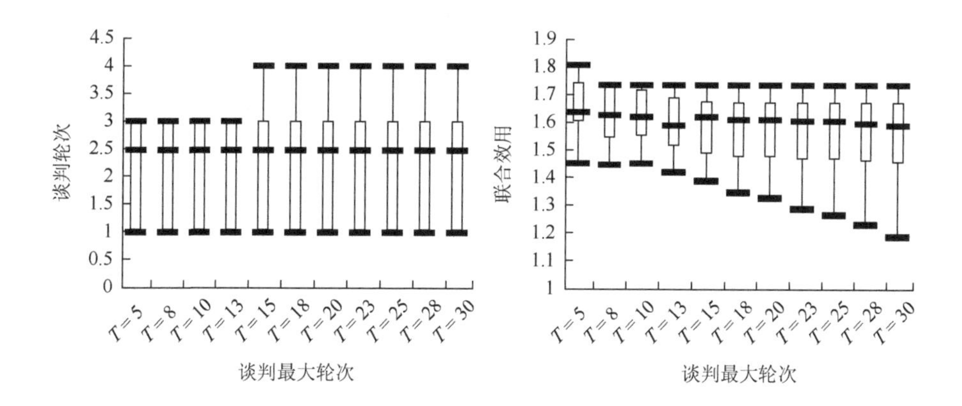

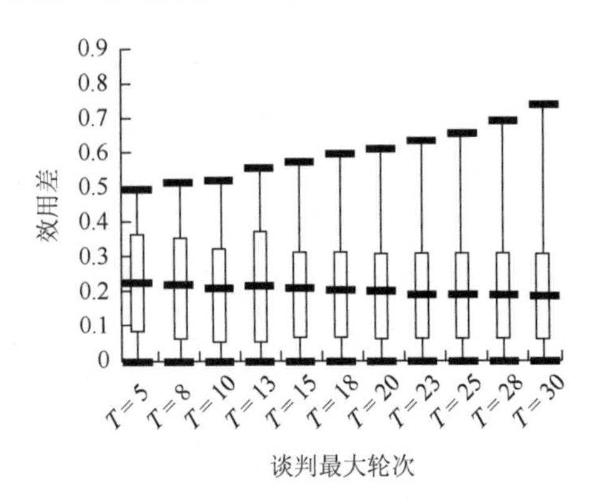

图 4.32　谈判轮次、联合效用和效用差的结果（不同的 T 值）

综上所述，不同 T 值对谈判轮次的影响不明显。随着 T 值的增加，联合效用呈减少趋势，效用差呈增加趋势，对谈判整体效果有消极影响。结果表明，基于 Agent 的推理模型具有良好的稳定性。

2）不同的 ω 值

由于本节算例设置关注点个数为两个，为了验证不同的权重对模型的影响，将权重分为高、中、低三个等级，低权重取值范围为[0, 0.3]，中权重取值范围为(0.3, 0.6]，高权重取值范围为(0.6, 1]，接下来对每个关注点分别赋予低权重、中权重和高权重，排列组合得到五种情况（为了简化计算，取低权重为 0.1，中权重为 0.5，高权重为 0.9）。每种随机选取 10 组数据进行实验，比较谈判轮次、联合效用与效用差的结果如图 4.33 所示。

综上所述，不同 ω 值对谈判轮次的影响不明显。为成交价关注点赋较小的 ω 值时，联合效用会稍有减小，效用差会稍有增加，但总体来看，这种变化不算明显，基于 Agent 的模糊推理模型具有良好的稳定性。

4. 与其他相关研究的比较分析

为了进一步证明基于 Agent 的推理模型的有效性，我们对本节所提出的模型与其他类似的典型模型进行详细的对比分析。Kolomvatsos 等（2015）提出了自适应模糊逻辑系统，并将其运用于自动协商，解决了买方在谈判中不能确定卖方的特征这种不确定性。Dong（2014）将情感因素加入自动谈判，建立情感决策模型提升 Agent 的智能程度。Cao 等（2020）设计了一个投资组合策略模型，该模型以四种谈判策略（时间依赖、行为依赖、动态时间依赖和僵局解决）作为谈判的核心，结果表明，该模型显著提高了谈判成功率和双方的联合效用。Chen 等（2014）利用 Agent 对价格和数量进行谈判，并使用改进的强化学习协商策略产生最优提议，优化谈判算法。Cao 等（2021）开发了一个多策略谈判 Agent 系统，基于时

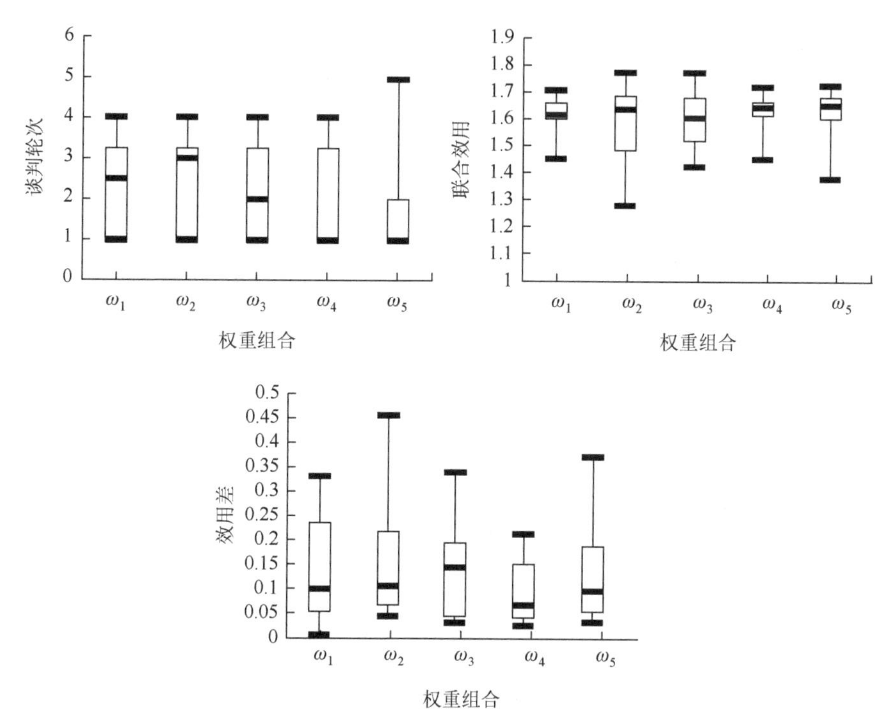

图 4.33　谈判轮次、联合效用和效用差的结果（不同 ω 值随机组合）

间依赖策略和行为依赖策略，建立了多策略选择的理论模型和算法。以上模型与基于 Agent 的推理模型的相似之处为：构建了提议更新函数，考虑将情感引入自动谈判中，将推理与自动谈判相结合，提升 Agent 的智能性。因此，本节选择与上述五个模型进行对比分析。

将随机生成的 100 组数据分别代入基于 Agent 的推理模型、Kolomvatsos 等（2015）的模型、Dong（2014）的模型、Cao 等（2020）的模型、Chen 等（2014）的模型和 Cao 等（2021）的模型。考虑到各种模型的成功标准不同，而且有些模型无法计算联合效用和效用差，本算例仅比较了谈判成功率、谈判轮次和成功谈判的效用，如表 4.30 所示。

表 4.30　谈判成功率、谈判轮次和成功谈判的效用的结果

指标	本节模型	Kolomvatsos 等（2015）的模型	Dong（2014）的模型	Cao 等（2020）的模型	Chen 等（2014）的模型	Cao 等（2021）的模型
谈判成功率	100%	100%	62%	90%	35%	92%
谈判轮次	2.75	5.84	1.854	3	3.038	3.032
成功谈判的效用	2.002	1.531	0.84	0.435	0.911	1.932

在表 4.30 中，谈判成功率、谈判轮次和成功谈判的效用均为平均值。

结果表明，本节模型的成功率最高，为 100%。Kolomvatsos 等（2015）的模型的成功率与本节模型相同，也是 100%，其他模型的成功率小于 100%。尽管 Kolomvatsos 等（2015）的模型的成功率与本节模型相同，但谈判速度远远低于本节模型。本节模型的谈判轮次平均为 2.75 轮，而 Kolomvatsos 等（2015）的模型的谈判轮次平均为 5.84 轮。Dong（2014）的模型的谈判速度比本节模型快，但其谈判成功率远远低于本节模型，只有 62%。Cao 等（2020）的模型、Chen 等（2014）的模型和 Cao 等（2021）的模型在谈判成功率和谈判速度方面都不如本节模型。在成功谈判的效用方面，本节模型也优于其他模型，值为 2.002。总的来说，使用本节模型进行谈判更有效率。

为了对比本节模型与其他比较模型在谈判效果上的差异，采用 SPSS 软件对以上数据进行弗里德曼（Friedman）检验，原假设为：使用以上六个模型进行谈判的谈判结果没有明显差异，结果见表 4.31。

表 4.31　弗里德曼检验结果

弗里德曼检验指标	科尔莫戈罗夫-斯米尔诺夫检验统计量 p 的值
成交价	4.3481×10^{-17}
成交量	7.8171×10^{-21}
谈判成功率	1.2095×10^{-18}
成功谈判的效用	5.7439×10^{-50}

弗里德曼检验的原假设是，上述六个模型对成交价、成交量、谈判成功率和成功谈判的效用的分布是相同的。备择假设是，这些指标在六个模型之间的分布是不同的。弗里德曼检验结果表明，成交价、成交量、谈判成功率和成功谈判的效用的科尔莫戈罗夫-斯米尔诺夫检验统计量 p 值均小于 0.01，否定了原假设，表明上述六个模型的性能存在显著差异。为了进一步检验六个模型中两两模型之间的差异，进行事后分析。结果如表 4.32 所示。

表 4.32　事后分析结果

成交价	本节模型	Kolomvatsos 等（2015）的模型	Dong（2014）的模型	Cao 等（2020）的模型	Chen 等（2014）的模型	Cao 等（2021）的模型
本节模型	1.00	5.308×10^{-5}	1×10^{-6}	6.37×10^{-51}	4.784×10^{-5}	2.789×10^{-3}
Kolomvatsos 等（2015）的模型	5.308×10^{-5}	1.00	1.6×10^{-5}	1.18×10^{-48}	2.447×10^{-6}	8.773×10^{-3}

续表

成交价	本节模型	Kolomvatsos 等（2015）的模型	Dong（2014）的模型	Cao 等（2020）的模型	Chen 等（2014）的模型	Cao 等（2021）的模型
Dong（2014）的模型	1×10^{-6}	1.6×10^{-5}	1.00	2.35×10^{-22}	1.2×10^{-5}	8.565×10^{-9}
Cao 等（2020）的模型	6.37×10^{-51}	3.84×10^{-48}	2.35×10^{-22}	1.00	5.1×10^{-34}	2.06×10^{-56}
Chen 等（2014）的模型	4.784×10^{-5}	2.471×10^{-6}	1.2×10^{-5}	5.1×10^{-34}	1.00	9.46×10^{-4}
Cao 等（2021）的模型	2.789×10^{-3}	8.773×10^{-3}	8.565×10^{-9}	2.06×10^{-56}	9.46×10^{-4}	1.00
成交量	本节模型	Kolomvatsos 等（2015）的模型	Dong（2014）的模型	Cao 等（2020）的模型	Chen 等（2014）的模型	Cao 等（2021）的模型
本节模型	1.00	1.154×10^{-5}	3.348×10^{-5}	1.56×10^{-40}	4.763×10^{-5}	1.67×10^{-4}
Kolomvatsos 等（2015）的模型	1.154×10^{-5}	1.00	6.78×10^{-5}	6.85×10^{-34}	6.672×10^{-8}	8.46×10^{-4}
Dong（2014）的模型	3.387×10^{-7}	6.78×10^{-5}	1.00	4.48×10^{-29}	9.40×10^{-6}	8.07×10^{-4}
Cao 等（2020）的模型	1.56×10^{-40}	6.85×10^{-34}	4.48×10^{-29}	1.00	1.67×10^{-21}	1.08×10^{-34}
Chen 等（2014）的模型	4.798×10^{-5}	6.751×10^{-8}	9.40×10^{-13}	1.67×10^{-21}	1.00	7.77×10^{-5}
Cao 等（2021）的模型	1.67×10^{-4}	8.46×10^{-4}	8.07×10^{-4}	1.08×10^{-34}	7.77×10^{-5}	1.00
谈判成功率	本节模型	Kolomvatsos 等（2015）的模型	Dong（2014）的模型	Cao 等（2020）的模型	Chen 等（2014）的模型	Cao 等（2021）的模型
本节模型	1.00	3.038×10^{-940}	3.63×10^{-10}	4.72×10^{-2}	1.106×10^{-3}	0.000
Kolomvatsos 等（2015）的模型	3.038×10^{-940}	1.00	2.2×10^{-105}	1.35×10^{-77}	5.02×10^{-49}	0.000
Dong（2014）的模型	7.97×10^{-11}	2.2×10^{-105}	1.00	8.01×10^{-15}	3.3×10^{-10}	0.000
Cao 等（2020）的模型	4.72×10^{-2}	1.35×10^{-77}	8.01×10^{-15}	1.00	8.969×10^{-5}	0.000
Chen 等（2014）的模型	8.904×10^{-3}	7.748×10^{-52}	7.2×10^{-11}	8.969×10^{-5}	1.00	5.35×10^{-308}
Cao 等（2021）的模型	0.000	0.000	0.000	0.000	5.35×10^{-308}	1.00

续表

成功谈判的效用	本节模型	Kolomvatsos 等（2015）的模型	Dong（2014）的模型	Cao 等（2020）的模型	Chen 等（2014）的模型	Cao 等（2021）的模型
本节模型	1.00	1.56×10^{-3}	4.041×10^{-9}	4.3×10^{-15}	3.08×10^{-8}	1.16×10^{-12}
Kolomvatsos 等（2015）的模型	1.56×10^{-3}	1.00	4.19×10^{-4}	2.7×10^{-8}	1.51×10^{-3}	2×10^{-6}
Dong（2014）的模型	4.041×10^{-9}	4.19×10^{-4}	1.00	3.75×10^{-4}	7.18×10^{-11}	1.9×10^{-3}
Cao 等（2020）的模型	4.3×10^{-15}	2.7×10^{-8}	3.75×10^{-4}	1.00	1.47×10^{-5}	4.3×10^{-3}
Chen 等（2014）的模型	3.08×10^{-8}	1.00	9.8×10^{-3}	1.51×10^{-3}	7.18×10^{-11}	1.47×10^{-5}
Cao 等（2021）的模型	1.16×10^{-12}	2×10^{-6}	1.9×10^{-3}	4.3×10^{-3}	9.8×10^{-3}	1.00

结果表明，本节模型具有最高的成功率，为 100%。与本节模型具有相同谈判成功率的模型，如 Kolomvatsos 等（2015）的模型，要比本节模型慢得多。Dong（2014）的模型的谈判成功率比本节模型低。当谈判成功时，本节模型具有最高的效用，为 2.002，这表明本节模型可以提供更高的满意度。综合考虑，本节模型在谈判成功率、谈判速度和成功谈判的效用方面具有优势。以上六个模型的事后分析结果均小于 0.05，表明六个模型的性能有显著差异。

总之，与其他谈判模型相比，本节提出的模型能够提高谈判效率，具有良好的性能。

4.7.7　结论与讨论

本节构建了一个基于 Agent 的推理的情感劝说模型。与现有的相似模型相比，该模型强调了 Agent 之间的情感互动和情感驱动的推理，进行了一系列仿真实验，在谈判中验证了本节所提出的模型，并将其与现有的五种竞争谈判模型进行了比较。研究结果具有以下理论和实践意义。

1. 理论意义

本节模型将情感和推理集成到基于 Agent 的自动谈判中，并利用情感和推理改进了策略选择和提议更新算法，提高了模型的智能性和谈判效率，丰富了自动谈判中融入情感决策的研究。情感的引入使 Agent 能够更好地识别对方的情感状态，从而提高基于 Agent 的自动谈判的效率和成功率。本节在测量情感时引入了情感渲染理论，充分考虑了谈判双方互动产生的情感劝说价值。消融实验结果表明，添加情感和情感渲染可以使谈判成功率提高 49.3%，Agent 的联合效用分别提高 50.4%和 47.2%。因此，本节模型提高了谈判的效率，进一步完善了将情感引入谈判建模的研究。本节将情感驱动的推理引入基于 Agent 的自动谈判中，将情感与推理相结合，并以实际效用值和情感劝说值这两个重要变量作为输入，它们可以包括其他非重要变量对谈判过程的影响，建立规则，得到推理结果。消融研究结果表明，加入推理可以使谈判成功率提高 49.3%，Agent 的联合效用提高 53.7%。将推理模型应用于谈判，Agent 可以在复杂的谈判环境中做出更准确的判断，避免了简单阈值决策方法的局限，提高了自动谈判的合理性和效率。

2. 实践意义

本节将情感和推理这两个拟人化因素整合到谈判中，并扩展了传统的基于 Agent 的自动谈判模型。具体来说，情感建模分为两个模块：对方感染的情感模型和自发情感模型，可以根据具体应用情况调整情感分类和情感数量。在推理建模部分，将情感劝说值和实际效用值引入模型中，以衡量谈判者的整体情感及其对谈判问题的满意度。本节设计了情感劝说值的两个模糊级别和实际效用值的三个模糊级别，可以根据具体的谈判环境进行进一步的调整。真正的商业谈判是复杂的，一个优秀的谈判者必须能够快速调整谈判过程以应对环境变化。本节模型具有丰富的参数，为谈判者提供了多种选择。谈判者可以根据企业的需要调整参数，使企业利益最大化。例如，如果企业更注重谈判效率，并愿意让谈判在更短的时间内达成一致，那么情感影响因素的价值可以适当增加。此外，本节还选取了两个具有代表性的谈判关注点，管理者可以在谈判过程中根据实际情况更改或添加或删除这些关注点，从而更好地满足企业的需求。简而言之，熟练使用这种模式可以为企业创造更大的利益。与面对面谈判相比，使用自动化谈判系统可以大大减少时间和人力成本。除了煤炭供应链购销场景外，该模型还可以广泛应用于商品交易的自动谈判、供应商选择等场景。

第 5 章　基于 Agent 的社会性的情感劝说

本章阐述社会互动的概念和理论，论述 Agent 的社会性特征及其相关理论，从社会交互过程、社会情感学习、社会舆情和口碑等视角探讨基于 Agent 的社会性的情感劝说。

5.1　社会互动理论

5.1.1　社会互动的含义

社会互动即社会相互作用或社会交往，是指个体通过动作或语言表达某种交流的意图，而对方理解这种意图并做出恰当的回应，从而达成有意义的社会交流过程（Capozzi and Ristic，2018；Hauser and Wood，2010）。即本人不断意识到自己的行动对别人的效果，反之，别人的期望影响着本人的大多数行为。在日常生活中，社会互动无处不在，拍卖、与他人聊天、下棋等都属于不同形式的社会互动，本书研究的谈判过程中买卖双方 Agent 的情感劝说过程本质上也是一种社会互动行为。

社会互动应具备下述六个要素。

要素一：需要有两个及以上的互动主体，其既可以是个人，也可以是群体。因而不论在个人与个人、个人与群体还是群体与群体之间，互动都可以发生。例如，本书研究内容的互动主体为买方 Agent 和卖方 Agent。

要素二：互动主体之间必须发生某种形式的接触，这种形式可以是直接的，也可以是通过某种媒介间接接触。本书中买方 Agent 和卖方 Agent 既可以直接进行情感劝说，也可以通过中介间接进行情感劝说，达成合作。

要素三：各方主体都能意识到“符号”代表的意义。对于一方主体做出的意思表示或行为，其他主体不仅能清楚地认知，而且能对此做出积极回应。本书中买卖双方 Agent 根据设定的谈判属性发出提议值，另一方 Agent 接收并实施相应的劝说策略，使谈判能够顺利进行。

要素四：社会互动以信息传递为基础。

要素五：社会互动发生在一定的情境之下，同一行为在不同的时间、不同的场合具有不同的意义。而且，互动有一定的模式，互动总会对互动双方及其环境产生影响。本书中通过“谈判”形式使买方和卖方完成社会互动，若最终谈判结果可以达成合作，将对买卖双方的收益等方面产生影响。

要素六：只要存在沟通的渠道，就可以发生互动。

5.1.2　社会互动理论的理论来源

社会互动理论是包含建构主义观点和人本主义观点的认知体系。在该理论看来，人一出生就进入了人际交往的世界，学习与发展就发生在他们与其他人的交往与互动中，它既强调学习过程的认知参与，也强调学习过程的全过程参与。社会互动理论着重于学习的社会环境，把教师、学生、活动之间的相互活动看作教学的灵魂所在，强调教师、学习者、学习任务和学习活动之间的相互作用和它们的动态性。

社会互动理论有两大重要理论来源：一个是维果茨基的社会互动理论；另一个是费厄斯坦的“中介作用”理论。维果茨基认为，人类心理功能的发展是以特定的社会本质和社会过程为先决条件的，在每一个社会文化情境中，儿童参与正式和非正式的教学交流，产生了与那些情境适宜的心理功能。儿童通过社会互动的双向过程，逐步建立系统的认知表征作为解释框架，并且信奉自己的社会文化情境中所提倡的普遍价值体系和行为准则。在维果茨基的理论中，社会互动成为智力产生和发展的源泉，个体身上所表现出来的特定结构与过程，可追溯到与他人的互动上，学习和认知发展就是通过参与社会活动来吸取适当的文化实践经验的。

费厄斯坦在其“中介作用”理论中指出，对个人有重要意义的人在认知发展过程中起中介作用，有效学习的关键在于本人和“中介人”之间的互动。从这两个理论中不难看出，人与人的交往和互动是推动学习的关键力量。

5.1.3　社会互动的类别

1. *社会互动的维度*

1）社会互动的向度

社会互动的向度即社会互动的方向，表明互动双方的性质，包括情感关系（例如，是亲和还是排斥、是融洽还是对立）；地位关系（例如，是平等的还是不平等的、权力分配的格局如何）；利益关系（例如，是一致的还是冲突的、冲突程度多大）等。

关于社会互动的两个基本向度：①有学者认为，情感上的亲疏爱憎与地位上的尊卑是人际互动的两个基本向度；②情感向度上遵循回报性（爱引发爱，恨导致恨）；③地位向度上遵循互补性（支配引发顺从）。

2）社会互动的深度

社会互动的深度即社会互动的程度。可以从互动双方利益关联的大小、情感投入的大小、互动延续的时间长短、互动规范的复杂程度等方面分析社会互动的深度。

3）社会互动的广度

社会互动的广度即社会互动的范围，表明互动双方交往领域的大小。

4）社会互动的频度

社会互动的频度即一定时期内社会互动次数的多少，用来反映一定时间内发生社会互动的多寡。

2. 社会互动的主要形式

从以往学者的研究来看，交换、合作、冲突、竞争和强制是社会交往的重要方式。正是在这一系列的语言和非语言的互动中，人们不断学习由社会构建并由大家共享的象征意义，通过角色借用，理解他人的想法，在符号互动中完成交流，共建意义系统。在互动中，意见得以分享、感情产生共鸣，进而对文化的构建与改变产生影响。

1）交换

个人或群体采取某种方式彼此交往，以获得报酬或回报，这样形成的关系就是交换关系。回报并不一定是有形的，也不一定有明确的目的，有时更多的是无意识地期待别人的感激。但多数社会交换都遵循一个基本原则——互惠。

本书中，买卖双方Agent以谈判形式交易并形成交换关系，旨在达成合作、获得收益。在谈判过程中，买卖双方Agent遵循互惠原则来采取相应的劝说策略，如买方Agent为了得到卖方Agent的让步和感激，可以采取奖励型策略。

2）合作

由于某种共同的利益或目标对于单独的个人或群体来说很难或不可能达到，于是人们或群体就联合起来一致行动，即称为合作。合作是社会互动中人与人、群体与群体之间为达到对互动各方都有某种益处的共同目标而彼此相互配合的一种联合行动。合作条件为：目标一致、对于如何做取得基本共识、动作配合、讲信用。功能主义理论认为，所有社会生活都是以合作为基础的；如果没有合作，社会就不可能存在。

本书中的买卖双方Agent拟通过谈判的形式达成合作，增加各自的收益。

3）冲突

冲突是人与人或群体与群体之间为了某种目标或价值观念而互相斗争的方式

与过程。冲突的种类多种多样。社会学家指出，冲突有其正面效果，可以成为一种促进对方紧密团结的力量；冲突也可能导致社会变迁。一个没有冲突的社会将是毫无生机、沉闷乏味的社会。作为合作的对立面，冲突是针对珍稀物品或价值的斗争。为了达到所向往的目标，打败对手是必要的。冲突有暴力的，也有非暴力的。

在谈判过程中，一方 Agent 若对对方的提议值感到不满和愤怒，可能会采取相应的惩罚策略，如卖方 Agent 在下一轮提议中会提高价格和交货期、降低质量；买方在接收信息后，可能会做出让步，也可能恼羞成怒，继续采取相应的惩罚策略。

4）竞争

竞争是指行动者之间为了共同的目标而展开的较量、争夺，它是社会互动的一种普遍可见的方式。竞争的目的在于获得竞争物。例如，经济竞争（争夺市场份额）、政治竞争（总统竞选）、地位竞争（争夺某个职位）、声望竞争（争夺某项荣誉、争夺他人对自己的敬重）等，这是遵循某些规则的一种合作性冲突，在这种形式的互动中，达到追求的目标要比彻底打败对手更重要。为了防止竞争发展为人们之间的一种直接的反对关系，就必须制定一些竞争各方都必须遵守的规则。

5）强制

当一个人或一个群体将其意志强加于另外一方时，强制这种互动形式就出现了。强制是社会互动的一种形式，在这种形式中，互动的一方被迫按照另一方的某些要求行事。强制的核心是一种力量对另一种力量的统治或制约。因此，强制意味着互动双方力量的不平衡，一方的力量明显强于另一方的力量。从本质上讲，所有形式的强制都是以使用物质力量或暴力的威胁为最终基础的。但是，一般而言，强制的表现要微妙得多。像冲突一样，强制通常也被看作一种负面社会互动形式，但它也有正面的社会功能。

5.1.4　社会互动的主要理论

作为人的社会行为的主要表现形式，社会互动理所当然地引起了社会学家和社会心理学家的浓厚兴趣。马克思从最广泛的意义上使用交往这一概念提出了社会交往理论。20 世纪初德国社会学家格奥尔格·西梅尔（Georg Simmel）在其《社会学》一书中最早提出了社会互动一词，他认为社会是各种社会互动形式的总和，个人通过这些互动形式组成了发生一切事物总和的社会（于海，2005）。后来，以乔治·赫伯特·米德和布鲁默、查尔斯·霍顿·库利等为代表的美国学者构建了社会互动理论体系。社会互动理论的基本思想是：人类的自我认识来自社会交往，在交往过程中，人们学会了运用语言的符号，并通过角色的扮演以及别人对自己所扮演的角色的反馈，逐渐地产生了自我意识。社会互动理论的核心内容是互动方法，依照方法不同形成了本土方法论、符号互动论、印象管理论、社会交换论、参照群体论和个体间互动论等不同理论。

1. 本土方法论

本土方法论是由美国社会学家加芬克尔创立的旨在研究人们在日常生活互动中使用方法的理论。其假设在现实生活中，社会成员依据一定的规则和程序进行互动，这些日常生活中不成文的、大家公认的互动规则是一切社会生活的基础。加芬克尔通过研究发现，人与人的互动是以一定的背景知识和常识为基础的，如果忽视了这种内隐规则，互动就无法进行，进而也不能达到预期的目的。所以，从这个意义上说，各方主体能达成对所认定“规则”的共识是有效开展互动的前提。本书中，买卖双方 Agent 会依据模型设定的流程和规则进行谈判。此外，买卖双方 Agent 会针对不同的谈判属性产生合理的提议值范围，例如，买方 Agent 对价格的期望值是 360 元，可接受的极限值是 320 元；那么个体会筛选对价格的期望值和保留值范围与买方 Agent 有交集的卖方 Agent 进行谈判，以防止谈判开始即终止，导致互动无法进行。

2. 符号互动论

符号互动论也称符号相互作用理论，该理论以美国心理学家乔治·赫伯特·米德和查尔斯·霍顿·库利为代表，其认为符号是社会互动的媒介，人们运用符号沟通来进行社会互动和角色的扮演；人的行为具有意义，意义通过特定的符号表现出来。要理解此意义就必须设身处地、站到对方立场上加以阐释；有时此意义会随着情境的变化而变化，这就需要互动各方通过不断协商来达成共识以重塑其意义；一方面，意义有赖于互动的背景和情境；另一方面，意义在某种程度上是在互动过程中确立的。人们通过扮演他人的角色，从他人的角度来解释其思想和意向，以此指导自己的行为，互动过程中，人们形成并修改自我概念、提高自身素质，进而决定行为选择和行动方向（米德，2012）。

符号互动论对于个体在日常生活中的交往具有非常积极的指导意义。在日常生活中，人们借助各种符号进行互动，人们利用这些符号所共享的文化使社会微观秩序保持有序状态，人们只有在充分了解这些符号的基础上才能进行正常交往和交流。有时候同一符号可能有不同的含义，如餐桌文化，因此外出旅游时个体必须对其他文化进行充分了解以避免不必要的麻烦。又如，个体经常误会他人或者对他人的行为感到特别不满，这时需要转换一下角色来换位思考，理解他人行动的缘由和意义，这能够促进人与人的互相了解和理解。

3. 印象管理论

印象管理论是一种用表演和比喻说明日常生活中人的互动的理论，其代表人物是美国社会学家戈夫曼。他认为社会是一个舞台，每个人都在其中扮演一定的角色，他们之所以努力表演，目的是想给别人留下深刻的印象，通过美好印象的塑造使自己在互动中占据优势、对他人的行为进行有效控制，从而使对方理解自己的行为并做出预期的反应。从本质上说，该理论强调变通，即在不同场合应变换不同的角色，从而适应互动环境的变化性。本书中，买卖双方 Agent 在每一轮谈判过程中都会根据对方的提议值和模型设定的计算公式产生新的“情感强度”，并适应新的提议值和情感类型。

4. 社会交换论

社会交换论由美国社会学家霍曼斯等构建，指着眼于社会生活中相互交往的外显行为，认为社会互动指的是人们之间交换酬赏和惩罚的过程。若想使某人继续某一行为就应对其行为加以奖赏，让他认识到此行为对他是有意义和有价值的，从而推动其自愿把这一行为实施下去；若不想其做某事，就不要给予奖励而是进行惩罚，那么行为人就能意识到自己的行为存在问题，而不会再做出类似行为。这种奖惩机制对互动效果有着深刻的影响，应恰当运用，否则会适得其反。本书中，买卖双方 Agent 会根据模型设定的情感劝说规则产生相应的情感劝说策略，如奖励型、呼吁型、威胁型、惩罚型。若 Agent 根据自身情感和对方提议值等信息认识到此行为对他是有意义和有价值的，他将采取积极的劝说策略；若 Agent 不想继续谈判或认为此行为是无意义的，他将采取消极的劝说策略。

5. 参照群体论

参照群体论由美国社会学家海曼首创，其最大贡献就在于提出了一种间接互动观点，即个体将参照群体的价值和规范作为评价自身和他人的基准，作为自己的社会观和价值观的依据。

这一理论强调榜样的规范和比较作用，旨在通过模范和典型的强大感染力来引导人们的行为。

6. 个体间互动论

在社会生活中，个体间的交往和互动并不都是按照社会规范进行的。社会生活中有大量互动是在与陌生个体相遇时发生的；个体在与他人互动时常常带有情感等个人特点。由于个体间的互动涉及态度、动机等影响互动的心理特征，所以个体间互动的心理机制已有大量的深入研究。

（1）个体间吸引：是社会互动的重要推动因素，个体性格等心理因素是影响个体间吸引的主要因素（如与老师及同学的讨论、与父母的沟通）。

（2）非语言沟通：65%的互动都是通过非语言沟通方式表达的，对行为语言的理解是跨文化个体间的互动顺利进行的重要条件。

（3）刻板印象：是人们对于事物是什么样子的假设及观念。人们获取事物的某一特征时，将其转化为刻板印象，并希望这个个体有特定的行动。

（4）个体间空间：在交往过程中，个体会在自己周围建立一种保护自己的“个体外泡”空间，选择性开放。这种空间距离有重要的社会学意义，用以反映互动者之间的关系。

5.1.5 社会互动的分类

1. 依据参与互动的人数分类

（1）两人关系：指两人之间的社会互动场景。

（2）三人关系：两人冲突中的第三者的角色。第三者包括中间人、仲裁人、从中渔利者和挑拨者等。中间人是以局外者的身份持公平和客观的态度来调解双方的冲突，但并不能解决冲突的人；仲裁人是冲突双方都认可的、能以公平的态度做出解决冲突的最后决定的人；从中渔利者是利用两人实际的或潜在的冲突来获取个人利益的人；挑拨者是故意挑起和助长两人之间的冲突以便从中获利的人。

（3）多人关系：指超过三人的多人互动情景。

2. 依据互动的目的分类

（1）工作情境：包括购物、商业谈判、工作会议、上课等。在这种情境下，互动双方有特定的目标，有明确的分工，言谈举止限制在一定的范围内，很少有情感交流。

（2）社交情境：包括宴会、舞会、郊游等。在社交情境下，人们往往是为了互动而互动，并无其他的目的；交谈是重要的沟通方式，是社交双方增进了解的工具；正因为没有什么明确的任务和特定的话题，人们才可以轻松地展示自己的个性，进行愉快的交往。

（3）熟悉情境：主要是指个体与熟人之间日常交往的场合。

3. 依据互动者间人际关系的性质分类

（1）情感关系：是家庭、亲密的朋友等初级群体中的人际关系。情感关系可以满足个人在关爱、温情、安全感、归属感等情感方面的需要。情感关系遵循各尽所能、各取所需的需求法则。

（2）工具关系：是个体为了达成某种目的而与他人交往时发生的关系。工具关系的本质在于，交往双方并不期望有亲密的情感关系和长期往来，这种关系只是达成目的的工具。工具关系应当遵循公平法则。

（3）混合型关系：介于情感关系与工具关系之间，既有情感性成分，又有工具性成分。这种类型的关系以人情法则行事；交情的深浅和面子的大小对互动方式和互动结果有重要的影响。

5.2　基于 Agent 的社会性相关理论

5.2.1　Agent 的社会性特征

Agent 有自己的社会群体，该群体是由不同的、众多的 Agent 组成的，群体成员能够在这个大环境中分享信息、交流经验、相互沟通。5.1 节中体现的 Agent 社会性特征包括规则、类别、群体、价值观、角色等方面，Agent 的社会性为其如何影响自身的决策行为提供了清晰的概念模型。

Agent 的社会性特征具有多主体系统中各种社会互动的基本结构和机制，展示了社会心理塑造的概念和描述交互行为过程的常见形式，如合作、交流、冲突、竞争和谈判等。通过识别共同点，Panzarasa 等（2001）提供了一个统一的框架，用于表达和分析迄今为止发生的关于 Agent 社会形式模型的不同工作模式。而且可以通过个人和社会行为模型的接口，研究基本的社会认知过程在多主体微观和宏观环境中实现推理与决策之间的关系。认知与社会行为之间存在很强的关系，并且这种联系是双向的。通过社会互动，Agent 能够改善和修改他们的认知，同时他们根据自己所处的社会环境，根据需要部署自己的认知资源。Rato 和 Prada（2021）提出了基于认知社会框架概念的社会认知 Agent 模型，该模型根据周围环境和社会背景来适应 Agent 的认知，并实现 Agent 对其他社会参与者及 Agent 与他们之间的关系的推理。在社会环境中，正是 Agent 的社会性导致其将社会定位的心理态度外在行为化。一些具体实例如下：Zhu（2022）将每个作战单元变成一个智能体单元，使作战单元具有智能体自主性、反应性和社会性的性能特征，同时具有良好的通信性能和自主协商能力，可实现多智能体系统之间的自主连接、通信和协同工作，以提高作战系统集成的效率。在更开放的社交环境中，Feng 和 Marsella（2020）采用数据驱动的方法，试图获取具有足够的多样性的交互数据，以反映开放式社会交互的特征来吸引用户的 Agent，从而产生更多样化的社交互动数据。Wang 等（2009）定义了传播与合作两个社会因素，根据买方 Agent 向卖方 Agent 提供的建议，提出了传播的树计算模型以及一种基于反向传播（back propagation，BP）神经网络的合作研究与预测方法。Krämer 等（2013）测试了用户是否倾向于模仿 Agent 的行为，结果表明人机交互具有社会性。Wang 等（2022）提出了一种基于多级变压器的社会关系的识别方法，以便在不同尺度上更好地编排特征来识别社会关系特征，对于更复杂的社会智能系统（如交互式机器人）至关重要。谈判是解决社会交往中的冲突的常用手段，Wang 等（2018a）介绍了一种改进的会议安排协商模型，涉及资源分配，Agent 技术在处理这种调度问题时，可以体现人形社会组织的特征，体现出灵活的行为。

5.2.2　Agent 的社会关系强度

关系强度即成员之间的联系程度，Agent 的社会关系强度是指每个 Agent 成员彼此间联系紧密的程度，并且这种联系具有一定的影响力。在评估阶段中，由于每个 Agent 都对之前的交易过程和交易结果产生了某种情感上的倾向性，所以关系强度在评估过程中起到了至关重要的作用。在一般情况下，越是亲密的关系，代表着两人之间的默契程度就越高，即关系强度越强，说明双方 Agent 越了解。例如，从买方 Agent 的角度来看，会觉得自己所接收到的口碑评价信息更加真实可信，这样的口碑评价信息对买方 Agent 来说也更能使人接受，最终选择卖方 Agent 也更符合实际交易情况。在交易过程中，除了普遍存在的情感因素之外，由于买卖双方自身都具有社会性特征，因此，在购买商品时，消费者也更注重自己的社交需要。在消费者购买商品时，与其关系强度较高的其他消费者的口碑信息就会对其消费意愿产生影响，而这种社交需求和情感因素的叠加，会使关系强度对消费者的口碑推荐意愿所产生的影响更为显著（高琳等，2017）。

5.2.3　Agent 的社会网络口碑

1. 口碑评价

口碑评价是指消费者本身对商品使用效果的主观评价，如今电商平台飞速发展，越来越成熟和完善，有关产品的信息传播范围更广、传播速度更快，客户接收到的信息越来越多，综合考量影响口碑的各种因素，可以使消费者对产品有全面的了解、帮助消费者感知到产品的价值，进而对产品自发形成一定的印象，使消费者在心中产生衡量结果。消费者对产品口碑评价的好坏也会改变他们的情感态度，说服消费者改变意愿，这是人们独有的特性（彭丽徽等，2019）。杜学美等

（2021）认为口碑是影响消费行为的重要因素，正确把握好口碑这一大特点来做出合适的决策，才能有效地提升企业的物流服务效能。本书将感知易用性与感知有用性作为评价口碑的指标。

2. 口碑传播

口碑传播是指由口碑传播者提供口碑信息，通过口碑传播，将商品、服务、品牌等信息传播扩散。口碑接收者可以通过各种渠道获得口碑信息，再经过自己的理解和处理后由平台传播散发（周钟等，2018）。所以，有关产品的信息通过各消费者呈现滚雪球般地传播。

口碑传播者是指在不同的资讯平台上，表达自己对某一商品的不同属性的意见和态度的消费者，由于这些信息是由消费者自己亲自体验后所发布的，对于其他未体验或购买的消费者而言，是极具参考价值的。同时，情感态度是促使口碑传播者产生口碑传播行为的重要因素。有可能是因为产品超出了他们的预期而激动，或者因为没有达到预期而感到愤怒，从而使信息更加可信、更有说服力。

口碑接收者是指口碑传播者传播到的终端。他们通过不断地获得产品信息，很可能演化成新的传播者。在接收者吸收信息的过程中，他们对特定产品的了解就会增加，同时也会产生一定的情感变化，从而影响他们的购买意愿。并且口碑接收者在接收到传播信息的过程中，会因为各种原因产生一定信息量的损耗，传播者则会进行再传播。

口碑传播的过程可以概括为以下三个步骤。

（1）口碑信息的拥有者以传播者的身份发布产品评价信息，并通过各种信息传递形式让更多的接收者有接收到的可能性。

（2）口碑接收者接收到传播的信息后，会对其有个简单判断，对正面和负面的口碑信息进行“选择性接收”，从而发展成为潜在传播者或者只是作为口碑接收者存在。

（3）有传播意愿的口碑接收者会对口碑信息进行再传播，包括单纯的接收者在内都还会持续从其他方向接收到更多信息。

5.2.4　Agent 的推荐和购买意愿

1. 推荐意愿

推荐意愿是指消费者对产品进行口碑评价后，根据个人情感做出的综合性评价，做出口碑推荐意愿的同时也在向他人输出自己的情感倾向，并且积极的推荐意愿能表达出消费者积极的情感态度，消极的推荐意愿表达了消费者的不认可。

2. 购买意愿

购买意愿是指购买商在购买行为发生之前的态度倾向。消费者在做出购买意愿决策之前，会做大量的准备工作，即他们往往会参考有关商品的口碑信息，通过口碑因素的考量对产品有一定程度的了解，从而在后续产生购买行为（马莉婷，2014）。在这一过程中，消费者自身对产品信息会产生不同的吸收程度，若产品的相关资讯是积极的，消费者的态度倾向就是正面的；若产品的相关资讯是消极的，消费者的态度倾向就是负面的。

5.3　基于 Agent 的情感劝说的社会交互过程

在传统的多 Agent 说服策略中，Agent 间的交互是一个非常重要的环节，它在多 Agent 说服策略中起着至关重要的作用。传统的交互，是指 Agent 在感知到对方 Agent 的劝说提议后，决定是否让步以及确定让步范围的过程。同样，基于 Agent 的情感劝说的交互，是指处于情感劝说情境下，劝说 Agent 在感知并接收到对方 Agent 的情感劝说行为后，针对该情感劝说行为确定是否让步以及让步幅度为多少的策略。并且，不同情感劝说行为的劝说力度不同，对让步幅度、让步多少的影响也不同。本节将充分考虑不同的情感劝说行为对 Agent 交互的影响，构建相应的交互模型，以解决基于 Agent 的情感劝说的交互问题。

5.3.1　社会交互规则

买方 Agent a 和卖方 Agent b 磋商某种商品的情感劝说内容，设定社会交互规则如下。

（1）依据该种商品市场供求状况确定每轮情感劝说提议顺序。若该种商品供大于求（买方市场），则买方 Agent a 是每轮情感劝说的首先提议方。若该种商品供小于求（卖方市场），则卖方 Agent b 是每轮情感劝说的首先提议方。本节阐述供大于求的情形，读者可以遵循本节的思路，得出供小于求情形下的相应结果。

（2）Agent a 和 Agent b 以各自的期望值为第一轮情感劝说的提议值。此后各轮的情感劝说依据交互过程确定第 t 轮向对方的提议值 $P_{ab}(t)$ 和 $Q_{ba}(t)$，$t=1,2,\cdots,T$，T 是双方商定的最大轮次。

（3）Agent a 和 Agent b 每轮在收到对方提议值后，判断该提议值是否在可接受范围内，若在可接受范围内，则情感劝说继续，否则情感劝说失败。若在第 T 轮后双方意见仍未达成一致，则情感劝说失败。

5.3.2　社会交互过程

在供大于求，而且未考虑情感劝说影响的情形下，买方 Agent a 在第 t 轮劝说中向卖方 Agent b 的提议值即为 $P'_{ab}(t)$，成本型表达式（Wang et al.，2009）为

$$P'_{ab}(t) = P'_{ab}(t-1) + \frac{\lambda_a}{T}(r_a - e_a)\left(\frac{t}{T}\right)^{\lambda_a - 1} \tag{5.1}$$

式中，$T \geqslant t \geqslant 1$；$\lambda_a > 0$；等号右端第二项表示 Agent a 相邻两轮情感劝说提议值的变化量；T 为双方商定的最大轮次；λ_a 为买方 Agent a 在情感劝说过程中采取的交互策略参数，$0 < \lambda_a < 1$ 为缓慢型交互策略，$\lambda_a = 1$ 为均匀型交互策略，$\lambda_a > 1$ 为急迫型交互策略；e_a 为 Agent a 的初始期望值；r_a 为 Agent a 可接受的临界值。效益型的表达式为

$$P'_{ab}(t) = P'_{ab}(t-1) + \frac{\lambda_a}{T}(e_a - r_a)\left(\frac{t}{T}\right)^{\lambda_a - 1} \tag{5.2}$$

类似地，卖方 Agent b 在第 t 轮劝说中向买方 Agent a 的提议值为 $Q'_{ba}(t)$，效益型表达式为

$$Q'_{ba}(t) = Q'_{ba}(t-1) + \frac{\lambda_b}{T}(e_b - r_b)\left(\frac{t}{T}\right)^{\lambda_b - 1} \tag{5.3}$$

成本型表达式为

$$Q'_{ba}(t) = Q'_{ba}(t-1) + \frac{\lambda_b}{T}(r_b - e_b)\left(\frac{t}{T}\right)^{\lambda_b - 1} \tag{5.4}$$

式中，e_b 为 Agent b 的初始期望值；λ_b 为卖方 Agent b 的交互策略参数，其取值分类与 λ_a 相同。

以式（5.1）～式（5.4）为基础，探讨供大于求且考虑情感劝说情形下谈判双方第 t 轮谈判向对方的提议值 $P_{ab}(t)$ 和 $Q_{ba}(t)$。鉴于 Agent b 不是首先提议方，所以有

$$Q_{ba}(t) = Q'_{ba}(t) \tag{5.5}$$

而对于首先提议方 Agent a，成本型的表达式是

$$P_{ab}(t) = P'_{ab}(t) - wx_{ab}(t) \tag{5.6}$$

效益型的表达式是

$$P_{ab}(t) = P'_{ab}(t) + wx_{ab}(t) \tag{5.7}$$

式中，w 为情感劝说作用乘数，$0 \leqslant w \leqslant 1$，$w$ 越接近 1，越能显现情感劝说的作用，w 越接近 0，情感劝说的作用越淡化；$x_{ab}(t)$ 为情感劝说修正因子（伍京华等，2020d），成本型的表达式是

$$x_{ab}(t)=\begin{cases}\dfrac{r_a - P'_{ab}(t)}{2}, & Q'_{ba}(t)\geqslant r_a\\ \dfrac{Q'_{ba}(t)-P'_{ab}(t)}{2}, & P'_{ab}(t)<Q'_{ba}(t)<r_a\\ \dfrac{P'_{ab}(t)-Q'_{ba}(t)}{2}, & Q'_{ba}(t)\leqslant P'_{ab}(t)\end{cases} \tag{5.8}$$

效益型的表达式是

$$x_{ab}(t)=\begin{cases}\dfrac{P'_{ab}(t)-r_a}{2}, & Q'_{ba}(t)\geqslant r_a\\ \dfrac{P'_{ab}(t)-Q'_{ba}(t)}{2}, & r_a<Q'_{ba}(t)<P'_{ab}(t)\\ \dfrac{Q'_{ba}(t)-P'_{ab}(t)}{2}, & Q'_{ba}(t)\geqslant P'_{ab}(t)\end{cases} \tag{5.9}$$

5.4　基于 Agent 社会情感学习的劝说提议生成模型

5.4.1　基于 Agent 的社会情感学习

在实际的商务活动中，人们可以利用感知外部的环境来对自我进行评价，即社会评价，也可以利用自我学习的能力来更新自身的情感，进而影响下一步的行动。相应地，情感作为 Agent 的关键商务智能特性之一，它的反馈也影响着 Agent 的行为决策，其直接影响行为结果。

基于 Agent 的社会情感学习，指在商务智能中，考虑 Agent 的社会情感特征和学习特征，形成相应的决策信息，与 Agent 动态变化的环境相互作用，不断更新 Agent 的社会情感学习结果，并做出相应的行为决策。

基于 Agent 的社会情感学习强度值，指在商务智能中，对基于 Agent 的社会情感学习的结果进行量化计算，得到相应的值，并据此做出相应的行为决策。

每个个体 Agent 的社会情感学习结果都与相关的社会评价值有关。个体 Agent j 处于社会群体 Agent 活动之中，在 g 时刻会有一个社会评价值 x，此时个体 Agent 发挥学习特性，将其社会评价值与社会群体 Agent 的评价值进行比较，根据自身的社会情感学习来调整其行为决策，简单的差值并不能很好地描述出基于 Agent 的社会情感学习以及相应的行为决策。为此，结合差分进化算法，本节设计基于 Agent 的社会情感学习算法（程彩凤和孙祥娥，2019；王瑛岐等，2012）并对 $g+1$ 时刻个体 Agent j 的社会情感学习强度值 $\mu_j(g+1)$ 进行计算：

$$\mu_j(g+1)=k_m\ln(1+\Delta p^*) \tag{5.10}$$

$$\Delta p^*=\frac{|x_j-\overline{x}|}{\max(x_{\max}-\overline{x},\overline{x}-x_{\min})} \tag{5.11}$$

式中，x_j为群体中个体Agent j在第g代的社会评价值，即相应的适应度值；$\overline{x}$为第g代的社会群体 Agent 的平均适应度值；$x_{\max}$和$x_{\min}$分别为最大和最小的个体Agent的适应度值；k_m为强度系数。

根据以上定义，可以构建基于 Agent 的社会情感学习及其行为决策模型：计算出个体Agent的社会情感学习强度值，其值在[0, 1]范围内，与给定的基于Agent的社会情感学习强度阈值m_1和阈值m_2（$0\leqslant m_1<m_2\leqslant 1$）进行比较，选择三种行为中的一种进行行为决策，根据相应的行为计算方法，确定该个体 Agent 新的个体适应度值。

可见，该模型的核心在于 Agent 的三种行为及相应的计算方法，需要先对其中的变量进行定义及说明如下。

（1）$x_{\text{best}}(g)$表示前g代 Agent 社会群体中拥有的最优适应度值，$x_{j\text{best}}(g)$表示第g代中，个体Agent j的最优适应度值，$x_s(g)$表示第g代中，个体Agent拥有的较差适应度值。

（2）k_1、k_2、k_3均为控制 Agent 数量的系数。k_1控制具有较差适应度值的Agent的数量，k_2控制群体达到最优适应度值时的Agent的数量，k_3是Agent j自身达到最优适应度值时Agent的数量。k_1、k_2、k_3越大，对x的影响越大。

（3）rand_1、rand_2、rand_3为（0, 1）中服从均匀分布的随机小数，表示个体Agent 的学习能力是随机的，即有的个体 Agent 学习能力强，如用 $\text{rand}=0.9999$表示，而有的个体Agent学习能力弱，如用$\text{rand}=0.0001$表示。

（4）L是较差适应度值个体Agent的总数。

由此可得，该模型中Agent的三种行为及相应的计算方法如下。

（1）行为一：当$0<\mu_j<m_1$时，个体Agent处于低落、无渴求的情感状态，社会情感学习强度值较低，其社会情感学习会更加被动，对于其他拥有较差适应度值的个体 Agent 的判断会产生误差，只会向拥有较优适应度的优秀个体 Agent学习，以此来不断提高自己的适应度，其个体适应度值为

$$x_j(g+1)=x_j(g)+k_2\text{rand}_2(x_{\text{best}}(g)-x_j(g)) \tag{5.12}$$

（2）行为二：当$m_1<\mu_j<m_2$时，个体 Agent 处于理性、没有过度波动的情感状态，社会情感学习强度值适中，其社会情感学习相对活跃，对优秀个体Agent和较差个体 Agent 都能进行准确判断，不仅能从较差的个体中吸取教训来防止自己的适应度值降低，也可以利用自身的学习能力来学习优秀个体 Agent，其个体适应度值为

$$x_j(g+1)=x_j(g)+k_3\text{rand}_3\left(x_{j\text{best}}(g)-x_j(g)\right)+k_2\text{rand}_2\left(x_{\text{best}}(g)-x_j(g)\right)-k_1\text{rand}_1\sum_{s=1}^{L}\left(x_s(g)-x_j(g)\right) \tag{5.13}$$

（3）行为三：当 $m_2 < \mu_j < 1$ 时，个体 Agent 的社会情感学习强度值很高，处于比较亢奋的状态，其社会情感学习较为主动，对优秀个体 Agent 有着强烈的学习欲望，忽略了较差个体 Agent 的影响，其个体适应度值为

$$x_j(g+1)=x_j(g)+k_3\text{rand}_3\left(x_{j\text{best}}(g)-x_j(g)\right)-k_1\text{rand}_1\sum_{s=1}^{L}\left(x_s(g)-x_j(g)\right) \tag{5.14}$$

5.4.2　基于社会情感学习的劝说提议生成算法

从上面的分析来看，差分进化算法使用单一的策略来产生最优提议，虽然效率更高，但没有考虑 Agent 在商务智能中的社会情感及学习特性，不利于在基于 Agent 的劝说提议中发挥 Agent 的优势。为了改进这个不足，本节考虑将上面提出的基于 Agent 的社会情感学习模型及其行为决策模型引入基于 Agent 的劝说中，结合多属性效用理论并加以改进，给出基于 Agent 社会情感学习的劝说提议产生模型，不仅可以丰富单一的种群更新方式，还可以尽快创造出更加合理、高效、智能的提议值。该模型中所用到的差分进化算法公式及其含义如下（Storn and Price，1997）。

（1）生成提议集合：在可行解范围内随机生成以可能的劝说协议为元素的 n 维向量 X，X 表示为

$$X=(x_1,x_2,\cdots,x_n) \tag{5.15}$$

式中，x_n 为劝说元素。

（2）评价提议集合：采用适应度函数计算每个个体的评价值，适应度函数表达式为

$$f(x_1,x_2,\cdots,x_n)=U_a(x)+U_b(x)=\sum_{i=1}^{n}\omega_i^a u_a(x_i)+\sum_{i=1}^{n}\omega_i^b u_b(x_i) \tag{5.16}$$

（3）变异操作：F 是差分进化算法的缩放因子，且 $0 \leqslant F \leqslant 1$。变异操作的个体适应度函数表达式为

$$v_{ji}(g+1)=x_{p_1 i}(g)+F\left(x_{p_2 i}(g)-x_{p_3 i}(g)\right) \tag{5.17}$$

（4）交叉操作：交叉操作是为了较大幅度地提升种群个体的差异性和多样性，其个体适应度函数表达式为

$$u_{ji}(g+1)=\begin{cases} v_{ji}(g+1), & \text{rand}(i) \leqslant \text{CR或}i=\text{randn}(j) \\ x_{ji}(g), & \text{rand}(i) > \text{CR且}i \neq \text{randn}(j) \end{cases} \tag{5.18}$$

式中，CR 为交叉算子；$\text{randn}(j)$ 为随机个体 j。

（5）选择操作：通过评价挑选出能够进入下一代种群的个体。该阶段的个体适应度表达式如下

$$x_j(g+1)=\begin{cases}u_j(g+1), & f\left(u_j(g+1)\right)\geqslant f\left(x_j(g)\right) \\ x_j(g), & \text{其他}\end{cases},\quad j=1,2,\cdots,\text{NP} \tag{5.19}$$

式中，NP 为个体种群总数。

（6）边界吸收处理：属性的取值范围表示为边界约束条件，若个体的参数值超出约束条件，则需要对取值范围进行缩小处理，这个过程为边界吸收处理。其个体适应度表达式如下：

$$u_{ji}(g+1)=x_{ji\min}+\text{rand}(x_{ji\max}-x_{ji\min}) \tag{5.20}$$

式中，$x_{ji\min}$ 为第 j 个个体属性 i 的最小值；$x_{ji\max}$ 为第 j 个个体属性 i 的最大值。

差分进化算法需要对每个个体进行评价，以判断其优劣特性，通常会用到适应度函数值，因此适应度函数构建是其中最关键的一步。基于 Agent 的劝说的目标是实现买卖双方联合利益最大化，因此结合多属性效用理论，Agent a 和 Agent b 的利益及各属性的效用计算方式为

$$u_b\left(x_i^t\right)=\begin{cases}\dfrac{x_i-x_{i,\min}^b}{x_{i,\max}^b-x_{i,\min}^b}, & \text{效益型属性} \\ \dfrac{x_{i,\max}^b-x_i}{x_{i,\max}^b-x_{i,\min}^b}, & \text{成本型属性}\end{cases} \tag{5.21}$$

$$u_a\left(x_i^t\right)=\begin{cases}\dfrac{x_i-x_{i,\min}^a}{x_{i,\max}^a-x_{i,\min}^a}, & \text{效益型属性} \\ \dfrac{x_{i,\max}^a-x_i}{x_{i,\max}^a-x_{i,\min}^a}, & \text{成本型属性}\end{cases} \tag{5.22}$$

$$U_b(x)=\sum_{i=1}^{n}\omega_i^b u_b\left(x_i^t\right) \tag{5.23}$$

$$U_a(x)=\sum_{i=1}^{n}\omega_i^a u_a\left(x_i^t\right) \tag{5.24}$$

式中，ω_i^a 为谈判一方 Agent 在劝说中针对属性 I_i 的权重，且 $\sum_{i=1}^{n}\omega_i^a=1$；$\omega_i^b$ 为谈判另一方 Agent 在劝说中针对属性 I_i 的权重，且 $\sum_{i=1}^{n}\omega_i^b=1$；$x_i$ 为属性 I_i 的提议值，且 $x_i\in\left[x_{i,\min}^a,x_{i,\max}^a\right]\cap\left[x_{i,\min}^b,x_{i,\max}^b\right]$；$u_a\left(x_i^t\right)$ 和 $u_b\left(x_i^t\right)$ 分别为谈判双方 Agent 关于属性 I_i 的效用值；$U_a(x)$ 和 $U_b(x)$ 分别为谈判双方 Agent 关于提议的综合效用值。

由此可得相应的适应度函数计算公式为

$$f(x_1,x_2,\cdots,x_n)=U_a(x)+U_b(x)=\sum_{i=1}^{n}\omega_i^a u_a(x_i)+\sum_{i=1}^{n}\omega_i^b u_b(x_i) \tag{5.25}$$

综上，可建立基于 Agent 社会情感学习的劝说提议生成模型，如图 5.1 所示（伍京华等，2020a）。

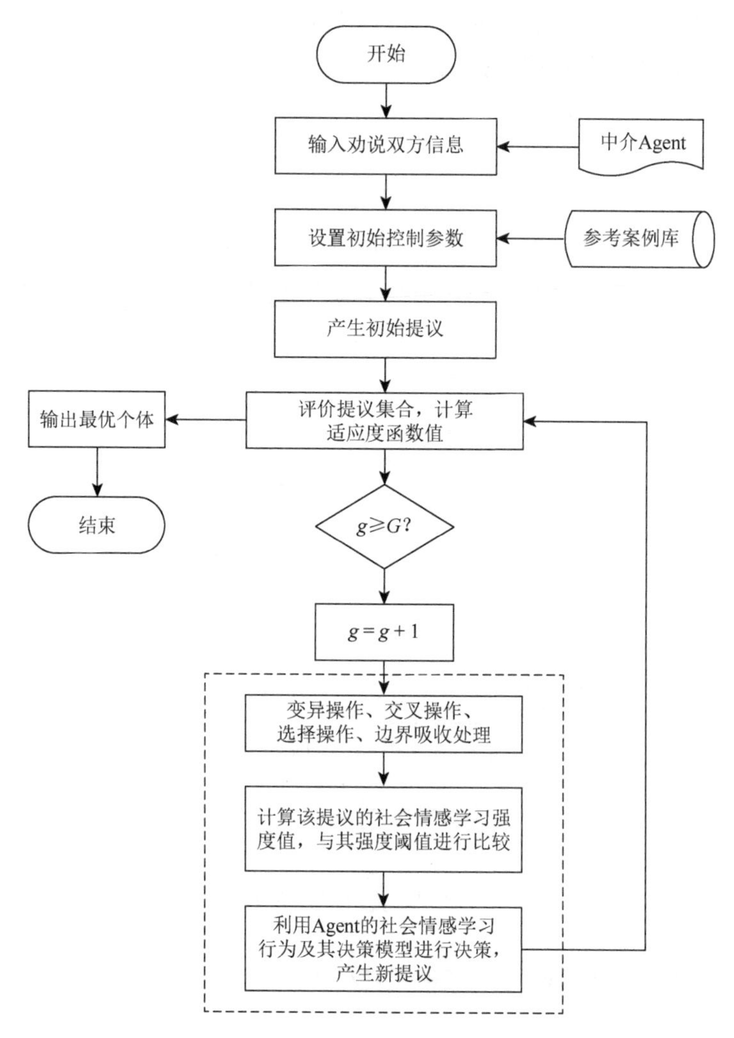

图 5.1　基于 Agent 社会情感学习的劝说提议生成模型

对图 5.1 具体描述如下。

（1）中介 Agent 根据劝说双方 Agent 已提交的基本信息，提取接下来算法中需要用到的相关数据和信息，包括劝说属性、属性取值范围、属性权重等信息。

（2）明确种群规模 NP、最大进化代数 G、变异算子 F、交叉算子 CR 等差分进化的主要初始控制参数。

（3）通过式（5.15）产生提议集合。

（4）通过式（5.16）对提议集合进行评价，计算提议集中每个提议的适应度函数值，并选择出最优提议和最优提议的属性值存入系统。

（5）判断是否达到最大进化代数。若是，则计算式（5.17），并将此时最优提议集合输出；若不是，继续计算式（5.14）。

（6）通过式（5.17）～式（5.20）进行 $g+1$ 次变异、交叉、选择和边界吸收处理。

（7）根据基于 Agent 的社会情感学习模型即式（5.10）和式（5.11），得出 Agent 关于该提议集合的社会情感学习强度值，并将该值与基于 Agent 的社会情感学习强度阈值进行比较。

（8）根据基于 Agent 的社会情感学习及其行为决策模型，帮助 Agent 选择对应的社会情感学习行为，进行行为决策，并通过相应的计算方法确定该个体 Agent 产生的新的个体适应度值，产生新的提议。

（9）得到最优提议集合，输出结果，产生最优提议。

5.5　基于 Agent 的情感劝说的社会舆情交互及产生模型

5.5.1　基于 Agent 的情感劝说的舆情

基于 Agent 的舆情由 $PO(c, a, e, d, t, n)$构成，指处于一定时间 t（time）及社会网络 n（network）中的全体 Agent，针对同一事件表达的对该事件的所有认知 c（cognition）、态度 a（attitude）、情感 e（emotion）和行为倾向 b（behavior）的集合。

基于 Agent 的情感劝说的舆情（伍京华等，2011a）由 $EPPO(d_i, d_e, e_v, po)$ 构成，指在基于 Agent 的情感劝说中，买方 Agent 群体对同一个卖方 Agent 形成不同的评价，通过买方 Agent 彼此间交互，传播者 Agent d_i（disseminator）可能对其他 Agent 的评价产生影响，使其他 Agent 产生传递该评价信息的意愿 d_e（desire），由此达成买方 Agent 对卖方 Agent 的一致评价 e_v（evaluation），形成舆情 po（public opinion）。

5.5.2　影响因素

1. Agent 的社会影响力

社会影响（Kelman，2006）是指因与其他个体互动，人的动机和情感、生理状态和主观感受、认知和信念等方面发生的变化。在基于 Agent 的情感劝说中，

Agent 的社会影响对其中的舆情交互及产生具有较大的影响。

所以本节进一步结合社会影响理论，定义其中 Agent 的社会影响力如下：Agent 的社会影响力（Kelman，2017）表述为，随机选取 Agent i，拥有邻居 Agent j $(j \neq i)$，$\gamma_{ij}(t)=1$ 表示 Agent i 与 Agent j 在 t 时刻发生了交互，此时，二者的关系度为 $R_{ij} \in [0,1]$，Agent j 的说服力为 $P_j \in [0,1]$，则 Agent j 对 Agent i 的社会影响力为 $\mathrm{SI}_{ij} = P_j R_{ij}$。其中，关系度 R_{ij} 是指在 $\gamma_{ij}(t)=1$ 时，Agent i 与 Agent j 的亲疏程度，R_{ij} 越大，表示二者关系越亲近；P_j 是指 Agent j 说服 Agent i，使其接受舆情的能力。

2. Agent 的情感

Agent 的情感（Su et al.，2018）表述为，随机选取 Agent i，拥有邻居 Agent j $(j \neq i)$，二者在谈判中因对方提议及自身性格而在 t 时刻产生不同的情感 $E_{ij}(t)$；k_{ij} 为 Agent i 的舆情坚定度，是指其与 Agent j 进行交互后保持自身提议评价不变的程度，$1-k_{ij}$ 则表示 Agent i 受其他 Agent 的影响而改变提议评价的程度，假设舆情坚定度为 $k_{ij} \in [0,1]$，社会影响力为 $\mathrm{SI}_{ij} \in [0,1]$，则当 Agent i 与 Agent j 的舆情差距在信任阈值内时，Agent j 产生的情感 $E_{ij}(t)$ 如下：

$$E_{ij}(t)=\begin{cases} ak_{ij}+(1-a)\mathrm{SI}_{ij}, & \left|x_i(t)-x_j(t)\right| \leqslant \varepsilon_i \\ 0, & \text{其他} \end{cases} \tag{5.26}$$

式中，a 的数值由具有代表性的专家打分确定（Li and Yu，2013）。

5.5.3 基于 Agent 的前景值的情感劝说提议评价算法

基于 Agent 的前景值的情感劝说提议评价算法有如下设定。

（1）$A=\{\text{Agent } b, \text{Agent } a_N\}$ 表示 Agent 主体，Agent b 为卖方群体代表，Agent a_N 为买方群体。

（2）$N=(1,2,\cdots,n)$ 表示买方 Agent 的数量。

（3）$I=\{\text{价格, 质量, 付款期限, 售后服务等}\}$ 表示情感劝说提议的属性集合。

（4）$\Omega=(\omega_1,\omega_2,\cdots,\omega_n)$ 表示情感劝说提议的效用权重，满足 $\omega \geqslant 0$ 且 $\sum_{i=1}^{n}\omega_i=1$。

（5）$U=(U_1,U_2,\cdots,U_n)$ 表示情感劝说提议属性的效用集合，U_j 表示第 j 个属性的效用值。

（6）$E_U=\left(E_{U1},E_{U2},\cdots,E_{Um}\right)$ 表示买方 Agent 的期望效用集合，E_i 表示第 i 个属性的效用阈值。

（7）$C=(C_1,C_2,\cdots,C_m)$ 表示情感劝说提议属性的成本集合，C_i 表示第 i 个属性的成本。

（8）$E_c=(E_1,E_2,\cdots,E_m)$ 表示卖方 Agent 的期望成本集合，E_i 表示第 i 个属性的成本阈值。

（9）$\Lambda=\{\alpha_1,\alpha_2\}$ 表示效益型及成本型属性的情感权重集合，α_1 表示效益型属性的情感权重，α_2 表示成本型属性的情感权重，且 $\alpha_1+\alpha_2=1$，其值越大，表示该属性越重要。

基于 Agent 的前景值的情感劝说提议评价算法中应用了情感强度公式 $\mu=k\ln(1+\Delta x)$ 计算情感值，其中，Δx 的计算表达式如下（仇德辉，2001）：

$$\Delta x=\frac{U_i(x)-\overline{U_i(x)}}{U_i(x)_{\max}} \tag{5.27}$$

式中，$U_i(x)$ 为效用值；$U_i(x)_{\max}$ 为效用最大值；$\overline{U_i(x)}$ 为效用平均值，且有

$$U_i(x)=\sum_{i=1}^{n}\omega_i u(x_i) \tag{5.28}$$

$$u(x_i)=\begin{cases}\dfrac{x_i-x_{i,\min}}{x_{i,\max}-x_{i,\min}}, & \text{效益型}\\[2ex] \dfrac{x_{i,\max}-x_i}{x_{i,\max}-x_{i,\min}}, & \text{成本型}\end{cases} \tag{5.29}$$

式中，$x_{i,\min}$、$x_{i,\max}$ 分别为提议的最小值和最大值。

根据前景理论，在不考虑 Agent 的情感的条件下，可得出相应的前景值即提议评价值算法如下。

若提议的属性为效益型，则相应的前景值即提议评价值 $V_{iu}(x)$ 为

$$V_{iu}(x)=\sum_{i=1}^{n}\pi_{ij}(\omega_p)v(\Delta x_{ij}) \tag{5.30}$$

式中，$v(\Delta x_{ij})$ 为 Agent 的收益或损失程度，通过式（5.31）计算；$\pi_{ij}(\omega_p)$ 为相应权重，通过式（5.32）计算。令参数 α 和 β 分别代表收益和损失在该公式中的凹凸程度，λ 是损失规避系数，γ、δ 为风险态度系数。

$$v(\Delta x_{ij})=\begin{cases}(E_i-U_j)^{\alpha}, & E_i\geqslant U_j\\ -\lambda(E_i-U_j)^{\beta}, & E_i<U_j\end{cases} \tag{5.31}$$

$$\pi_{ij}(\omega_p)=\begin{cases}\dfrac{\omega_p^{\gamma}}{\left[\omega_p^{\gamma}+(1-\omega_p)^{\gamma}\right]^{\frac{1}{\gamma}}}, & \Delta x_{ij}\geqslant 0\\[3ex] \dfrac{\omega_p^{\delta}}{\left[\omega_p^{\delta}+(1-\omega_p)^{\delta}\right]^{\frac{1}{\delta}}}, & \Delta x_{ij}<0\end{cases} \tag{5.32}$$

若提议的属性为成本型，相应的前景值即提议评价值 $V_{ic}(x)$ 为

$$V_{ic}(x)=\sum_{i=1}^{n}\pi_{ij}(\omega_p)v(\Delta x_{ic}) \tag{5.33}$$

式中，$\pi_{ij}(\omega_p)$也根据式（5.32）计算；$v(\Delta x_{ic})$则根据式（5.34）计算：

$$v(\Delta x_{ic})=\begin{cases}(E_c-C_i)^{\alpha}, & E_c\geqslant C_i\\ -\lambda(E_c-C_i)^{\beta}, & E_c<C_i\end{cases} \tag{5.34}$$

综合考虑提议的属性（包括效益型属性和成本型属性），前景值即提议评价值为

$$V_i(x)=\alpha_1 V_{iu}(x)+(1-\alpha_1)V_{ic}(x) \tag{5.35}$$

而由情感确定的前景值即提议评价值为

$$V_{ie}(x)=\mu V_i(x) \tag{5.36}$$

综合式（5.35）和式（5.36），基于 Agent 的前景值的情感劝说提议评价值为

$$V(x)=V_i(x)+V_{ie}(x)=(1+\mu)V_i(x) \tag{5.37}$$

5.5.4 基于 HK 模型的舆情更新算法

HK（Hegselmann-Krause）模型是基于有界信任的观点动力学模型，当用户的初始观点值为$x_i\in[0,1]$，用户i的观点与用户j的观点的差距小于等于信任阈值时，即$\left|x_i(t)-x_j(t)\right|\leqslant\varepsilon_i$时，用户$i$在下一时刻的新观点为交互集合内的用户观点的平均值，循环执行直到舆情更新稳定。其舆情更新规则为

$$x_i(t+1)=\frac{1}{\left|I\left(i,x_i(t)\right)\right|}\sum_{j\in\left(I\left(i,x_i(t)\right)\right)}x_j(t) \tag{5.38}$$

$$I\left(i,x(t)\right)=\left\{1\leqslant j\leqslant n,\left|x_i(t)-x_j(t)\right|\leqslant\varepsilon_i\right\} \tag{5.39}$$

式中，$\dfrac{1}{\left|I\left(i,x_i(t)\right)\right|}$为观点的影响权重；$\varepsilon_i$为用户$i$的信任阈值；$I\left(i,x(t)\right)$为用户$i$信任阈值内的用户$j$的观点集合。

Hegselmann 和 Krause（2002）提出的 HK 模型考虑了 Agent 对舆情的接受程度，更加贴近 Agent 的舆情交互及产生规律。以此为基础，本节引入 Agent 的社会影响力及情感这两个重要影响因素，同时考虑 Agent 的个性，设计模型中相应的舆情更新算法如下（伍京华等，2021a）。

（1）构建 Agent j 对 Agent i 的舆情影响程度为

$$D_{ij}(t)=\frac{\max\left(E_{ij}(t)-\left(\left|x_i(t)-x_j(t)\right|-\varepsilon_i\right),0\right)}{\max\left(\left|x_i(t)-x_j(t)\right|,\sigma\right)} \tag{5.40}$$

式中，$E_{ij}(t)$为由 Agent i 引发的 Agent j 的情感；$x_i(t)$、$x_j(t)$分别为 Agent i 和

Agent j 在 t 时刻的提议评价值；ε_i 为 Agent i 的信任阈值，其值越小，Agent 越不易受他人影响；σ 为较小的正实数，即当 $i=j$ 时，此公式仍有效。

（2）考虑信任阈值 ε_i、关系度阈值 δ，可得 Agent j 对 Agent i 的舆情影响权重为

$$\omega_{ij}(t)=\begin{cases}0, & \left|x_i(t)-x_j(t)\right|>\varepsilon_i \text{且} R_{ij}<\delta \\ D_{ij}(t), & \text{其他}\end{cases} \tag{5.41}$$

（3）对式（5.41）进行归一化处理后，进一步将 Agent j 对 Agent i 的舆情影响权重值改进为

$$\omega_{ij}(t+1)=\begin{cases}\dfrac{\omega_{ij}(t)}{\sum\limits_{k\in\mathbb{N}}\omega_{ik}(t)}, & \sum\limits_{k\in\mathbb{N}}\omega_{ik}(t)\neq 0 \\ 1, & \sum\limits_{k\in\mathbb{N}}\omega_{ik}(t)=0 \text{且} i=j \\ 0, & \sum\limits_{k\in\mathbb{N}}\omega_{ik}(t)=0 \text{且} i\neq j\end{cases} \tag{5.42}$$

（4）引入 Agent 的个性，考虑 Agent i 对舆情的坚定度 k_{ij}，$x_i(0)$ 为初始提议评价值，得出 Agent i 的舆情更新值为

$$x_i(t+1)=k_{ij}x_i(0)+(1-k_{ij})\sum_{j\in\mathbb{N}}\omega_{ij}x_j(t) \tag{5.43}$$

（5）当舆情更新值满足：

$$\frac{1}{N}\sum_{i=1}^{N}\left|x_i(t+1)-x_i(t)\right|\leqslant\lambda \tag{5.44}$$

时，Agent 的舆情的平均变化量小于 λ，停止舆情更新，此时 λ 为很小的正实数。

5.6 基于 Agent 的情感劝说交互的口碑更新模型

5.6.1 模型设定

（1）买方 Agent a 与卖方 Agent b 采用情感劝说的方式，针对产品 p 进行交互。

（2）交互产品属性为价格、质量、付款期限和售后服务等。

（3）买方 Agent a 和卖方 Agent b 同时给出产品 p 的各项属性提议值，且在首次交互中，参与情感劝说的 Agent 双方按照各自的期望值报价。

（4）$A_a^i(k)$、$A_b^i(k)$ 分别表示第 k 次交互中 Agent a、Agent b 对产品 p 的 p_i 属性的提议值。

（5）e_a^i、e_b^i 分别为 Agent a、Agent b 针对产品 p 的属性 p_i 的期望值。

（6）r_a^i、r_b^i 分别为 Agent a、Agent b 针对产品 p 的属性 p_i 的保留值。

（7）若在第 k 轮次时，买方 Agent a 接收到针对价格和付款期限的提议值小于或等于自身提议值，且针对质量和售后服务的提议值大于或等于自身提议值，则达成一致，计算成交值，即最终买方和卖方提议值的中间值，结束情感劝说，否则继续，而卖方 Agent b 正好相反。

（8）T 为最大轮次，若 T 轮劝说后，双方仍未达成一致，则交互失败，结束情感劝说。

5.6.2　口碑更新机制

在买方 Agent a 与卖方 Agent b 的每一轮交互中，首先使用相应的方法构建交互评价向量，并使用相应的算法得到每个属性的交互评价向量值；其次要将不同属性的交互评价向量值与其权重一起计算，得到每一轮的口碑评价值；最后对该口碑评价值通过相应的方法进行权重分配，从而得到下一轮提议值，确定相应的口碑更新值，口碑更新机制如图 5.2 所示。

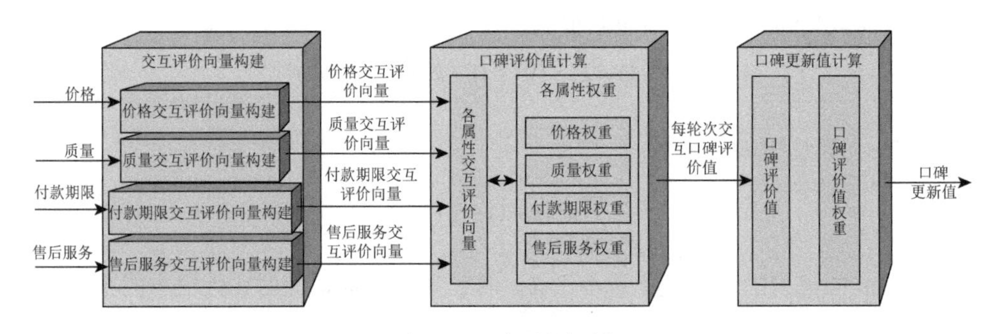

图 5.2　口碑更新机制

5.6.3　构建基于直觉模糊数的交互评价向量

直觉模糊数在描述不确定性事件上具有一定的优势（Joshi and Kumar，2016），它自提出以来受到了众多学者的关注，如王治莹等（2020）运用直觉模糊数来描述突发事件的相关决策信息，研究了突发事件的应急决策方法。在基于 Agent 的情感劝说中，Agent 双方的每一次交互及其结果均具有不确定性和突发性，满足直觉模糊数构建交互评价向量的条件，构建步骤如下。

（1）构建交互评价向量直觉模糊集为 $F=\left\{<y,\mu_\alpha(y),v_\alpha(y),\pi_\alpha(y)>\mid y\in Y\right\}$，表示双方 Agent 对产品属性的评价。其中，$Y$ 为非空集合；$\mu_\alpha(y)$ 为积极的交互评

价值，表示对 Y 中元素 y 的满足程度；$v_\alpha(y)$ 为消极的交互评价值，表示对 Y 中元素 y 的不满足程度；$\pi_\alpha\left(y\right)$ 为元素 y 隶属于集合 Y 的所有可能的隶属度；且 $\mu_\alpha(y)\in[0,1]$，$v_\alpha(y)\in[0,1]$，$0\leqslant\mu_\alpha(y)+v_\alpha(y)\leqslant1$，$y\in Y$（徐泽水和蔡小强，2011）。

（2）将该交互评价向量通过直觉模糊数 $\alpha=(\mu_\alpha,v_\alpha)$ 表示（徐泽水和蔡小强，2011），则在第 k 轮次 Agent a 和 Agent b 的交互中，Agent a 对 Agent b 的产品属性 i 的交互评价向量为

$$\alpha_{ki}=<\mu_{ki},v_{ki}> \tag{5.45}$$

式中，μ_{ki} 为正面交互评价值；v_{ki} 为负面交互评价值。

（3）根据 Hong 和 Choi（2000）的研究，可得相应的记分函数为 $S(\alpha)=\mu_\alpha-v_\alpha$，精确函数为 $H(\alpha)=\mu_\alpha+v_\alpha$。其中 $S(\alpha)\in[-1,1]$，并且如果 $S(\alpha_1)<S(\alpha_2)$，则 $\alpha_1>\alpha_2$；如果 $S(\alpha_1)=S(\alpha_2)$，则 $H(\alpha_1)>H(\alpha_2)$ 时，有 $\alpha_1>\alpha_2$，$H(\alpha_1)=H(\alpha_2)$ 时，有 $\alpha_1=\alpha_2$。

（4）根据 Xu 和 Cai（2010）的研究，可得 $\alpha_1\geqslant\alpha_2$ 的可能度为 $p(\alpha_1\geqslant\alpha_2)$：

$$p(\alpha_1\geqslant\alpha_2)=\min\left\{\max\left\{\frac{1-v_{\alpha_1}-\mu_{\alpha_2}}{\mu_{\alpha_1}+\mu_{\alpha_2}},0\right\}\right\} \tag{5.46}$$

若 $p(\alpha_1\geqslant\alpha_2)\geqslant0.5$，则 $\alpha_1>\alpha_2$；若 $p(\alpha_1\geqslant\alpha_2)<0.5$，则 $\alpha_1<\alpha_2$。

5.6.4　基于前景理论的交互评价向量算法

与效用理论不同，前景理论（张维等，2012）中的决策者关注的是相对收益和相对损失，谈判的实际参与者关注的价值函数恰好是该理论的核心。本节在价值函数的基础上，结合基于 Agent 的情感劝说构建相应的交互评价向量算法。

Agent 在情感劝说中，对每个产品的属性都有期望值与保留值，若属性为成本型，则期望值为预期最小值，保留值为预期最大值；若属性为效益型，则期望值为预期最大值，保留值为预期最小值。采用二分法原理（袁慰平等，1989），同时考虑 Agent 的期望值和保留值，并选取两者的中间值表示 Agent 心理预期的中间值，以 h 表示，再以其为基值，可得交互第 k 次的 Agent 的相对理想收益 $S_L(k)$ 和相对理想损失 $S_G(k)$ 的计算公式。成本型的计算公式为

$$S_L^i(k)=\begin{cases}\left(h_i-e_a^i\right)^\gamma, & A_b^i(k)\leqslant e_a^i\\ \left(h_i-A_b^i(k)\right)^\gamma, & e_a^i<A_b^i(k)<h_i\\ 0, & A_b^i(k)\geqslant h_i\end{cases} \tag{5.47}$$

$$S_G^i(k)=\begin{cases}-\lambda\left(r_a^i-h_i\right)^{\beta}, & A_b^i(k)\geqslant r_a^i\\ -\lambda\left(A_b^i(k)-h_i\right)^{\beta}, & h_i<A_b^i(k)<r_a^i\\ 0, & A_b^i(k)\leqslant h_i\end{cases}\tag{5.48}$$

而效益型的计算公式为

$$S_L^i(k)=\begin{cases}\left(e_a^i-h_i\right)^{\gamma}, & A_b^i(k)\geqslant e_a^i\\ \left(A_b^i(k)-h_i\right)^{\gamma}, & e_a^i>A_b^i(k)>h_i\\ 0, & A_b^i(k)\leqslant h_i\end{cases}\tag{5.49}$$

$$S_G^i(k)=\begin{cases}-\lambda\left(h_i-r_a^i\right)^{\beta}, & A_b^i(k)\leqslant r_a^i\\ -\lambda\left(h_i-A_b^i(k)\right)^{\beta}, & r_a^i<A_b^i(k)<h_i\\ 0, & A_b^i(k)\geqslant h_i\end{cases}\tag{5.50}$$

式中，$0<\gamma,\beta<1$ 为收益和损失在价值区间的敏感程度；λ 为损失厌恶系数，且 $h_i=\left|e_a^i+r_a^i\right|/2$。可得积极情感值 μ_{ki} 和消极情感值 v_{ki} 的计算为：若 $e_a^i<r_a^i$，则有

$$\mu_{ki}=\frac{S_L^i(k)}{\left(h_i-e_a^i\right)^{\gamma}+\left|-\lambda\left(r_a^i-h_i\right)^{\beta}\right|}\tag{5.51}$$

$$v_{ki}=\frac{-S_G^i(k)}{\left(h_i-e_a^i\right)^{\gamma}+\left|-\lambda\left(r_a^i-h_i\right)^{\beta}\right|}\tag{5.52}$$

若 $e_a^i>r_a^i$，则有

$$\mu_{ki}=\frac{S_L^i(k)}{\left(e_a^i-h_i\right)^{\gamma}+\left|-\lambda\left(h_i-r_a^i\right)^{\beta}\right|}\tag{5.53}$$

$$v_{ki}=\frac{-S_G^i(k)}{\left(e_a^i-h_i\right)^{\gamma}+\left|-\lambda\left(h_i-r_a^i\right)^{\beta}\right|}\tag{5.54}$$

综上，可得 Agent 在第 k 轮的交互评价向量 α_k 的算法为

$$\alpha_k=\left(\sum_{i=1}^{n}\omega_i\mu_{ki},\ \sum_{j=1}^{n}\omega_j v_{kj}\right)\tag{5.55}$$

式中，$\omega_1,\omega_2,\cdots,\omega_n$ 为属性 i 的权重，采用较为普遍和有代表性的专家打分法确定（戴怡等，2012）。

该算法的伪代码如算法 5.1 所示。

算法 5.1：交互评价向量算法

IF 期望值＜保留值 THEN
　　IF 对方提议值＜自身期望值 THEN
相对理想收益＝POW（(属性 i 基值–期望值，γ)），相对理想损失＝0；
　　IF 自身期望值＜＝对方提议值＜＝属性 i 基值 THEN
相对理想收益＝POW（(属性 i 基值–对方提议值，γ)），相对理想损失＝0；
IF 属性 i 基值＜对方提议值＜＝自身保留值 THEN
相对理想收益＝0，相对理想损失＝－$\lambda\times$ POW（(对方提议值–属性 i 基值，β)）；
IF 对方提议值＞自身保留值 THEN
相对理想收益＝0，相对理想损失＝－$\lambda\times$ POW（(自身保留值–属性 i 基值，β)）；
ELSE
　　IF 对方提议值＞自身期望值 THEN
相对理想收益＝POW（(期望值–属性 i 基值，γ)），相对理想损失＝0；
　　IF 自身期望值＞＝对方提议值＞＝属性 i 基值 THEN
相对理想收益＝POW（(对方提议值–属性 i 基值，γ)），相对理想损失＝0；
IF 属性 i 基值＞对方提议值＞＝自身保留值 THEN
相对理想收益＝0，相对理想损失＝－$\lambda\times$ POW（(属性 i 基值–对方提议值，β)）；
IF 对方提议值＜自身保留值 THEN
相对理想收益＝0，相对理想损失＝－$\lambda\times$ POW（(属性 i 基值–自身保留值，β)）；
IF 期望值＜保留值 THEN
积极情感值＝相对理想收益/（POW（(属性 i 基值–期望值，γ)）＋ABS（－$\lambda\times$ POW（(自身保留值–属性 i 基值，β))))；
　　消极情感值＝–相对理想损失/（POW（(属性 i 基值–期望值，γ)）＋ABS（－$\lambda\times$ POW（(自身保留值–属性 i 基值，β))))；
ELSE
积极情感值＝相对理想收益/（POW（(期望值–属性 i 基值，γ)）＋ABS（－$\lambda\times$ POW（(属性 i 基值–自身保留值，β))))；
消极情感值＝–相对理想损失/（POW（(期望值–属性 i 基值，γ)）＋ABS（－$\lambda\times$ POW（(属性 i 基值–自身保留值，β))))；
交互评价向量＝（SUM（属性 i 积极情感值 × 属性 i 权重），SUM（属性 i 消极情感值 × 属性 i 权重））；

5.6.5　包含情感劝说因素的口碑更新问题

在基于 Agent 的情感劝说中，Agent 对另一方的口碑评价取决于当前阶段的口碑值和每轮交互后的口碑评价（Blanchette and Richards，2010）。因此，将每轮交互评价向量 $\alpha_{ki}=<\mu_{ki},v_{ki}>$ 与标准评价向量 $\overline{\alpha}$ 相比较，即可得出第 k 轮次的口碑评价值 ew_k 的算法为

$$\mathrm{ew}_k=\begin{cases}\overline{\mathrm{ew}}+\theta\left|S(\alpha_k)\right|, & p(\alpha\geqslant\overline{\alpha})>0.5\\ \overline{\mathrm{ew}}, & p(\alpha\geqslant\overline{\alpha})=0.5\\ \overline{\mathrm{ew}}-\theta\left|S(\alpha_k)\right|, & p(\alpha\geqslant\overline{\alpha})<0.5\end{cases}\tag{5.56}$$

式中，$\overline{\mathrm{ew}}$ 为标准口碑评价值，即初始口碑值；$\theta\left|S(\alpha_k)\right|$ 为每轮交互结果对口碑

评价产生的影响，且 $\theta \in [0,1]$。若 $p(\alpha \geqslant \bar{\alpha}) \geqslant 0.5$，则 $\alpha_1 \geqslant \bar{\alpha}$，$\mathrm{ew}_k \geqslant \overline{\mathrm{ew}}$，表明口碑评价值比标准口碑评价值高，交互在向有利于自身的方向发展；若 $p(\alpha \geqslant \bar{\alpha}) < 0.5$，则相反。

越历史久远的口碑评价说服力越差，即口碑具有动态时间衰减性，我们借鉴 Du 和 Ma（2011）的研究，采用指数分布逆形式，对每次交互得到的口碑评价值分配权重，如式（5.57）所示：

$$t(k) = \frac{\mathrm{e}^{\frac{k}{T}}}{\sum_{j=1}^{T} \mathrm{e}^{\frac{k}{T}}}, \quad k = 1, 2, \cdots, T \tag{5.57}$$

式中，$t(k)$ 为第 k 次交互占总交互次数 T 的比例。

每轮交互后 Agent 的口碑更新值为

$$\mathrm{uew}_k = \begin{cases} \left(\mathrm{ew}_k - \overline{\mathrm{ew}}\right) \cdot t(k), & p(\alpha \geqslant \bar{\alpha}) \neq 0.5 \\ 0, & p(\alpha \geqslant \bar{\alpha}) = 0.5 \end{cases} \tag{5.58}$$

上述口碑更新值算法的伪代码如算法 5.2 所示。

算法 5.2：口碑更新值算法

IF 可能度 p（交互评价向量 α ＞＝标准评价向量 $\bar{\alpha}$ ）＞0.5 THEN
口碑评价值＝标准口碑评价值＋ θ× ABS（记分函数（ $\bar{\alpha}$ ））；
IF 可能度 p（交互评价向量 α ＞＝标准评价向量 $\bar{\alpha}$ ）＝0.5 THEN
口碑评价值＝标准口碑评价值；
IF 可能度 p（交互评价向量 α ＞＝标准评价向量 $\bar{\alpha}$ ）＜0.5 THEN
　　口碑评价值＝标准口碑评价值− θ× ABS（记分函数（ α ））；
IF 可能度 p（交互评价向量 α ＞＝标准评价向量 $\bar{\alpha}$ ）！＝0.5
　　口碑更新值＝（口碑评价值−标准口碑评价值）× 时间权重；
ELSE
　　口碑更新值＝0；

将情感劝说因素融入交互评价的口碑更新研究（伍京华等，2020c），步骤如下。

（1）在情感强度公式 $\mu = k\ln(1+\Delta x)$ 中，给出：

$$\Delta x = \begin{cases} \dfrac{\left|A_b^i(k) - r_a^i(k)\right|}{\left|A_b^i(k) - e_a^i(k)\right|}, & \text{买方Agent } a \\ \dfrac{\left|A_a^i(k) - r_b^i(k)\right|}{\left|A_a^i(k) - e_b^i(k)\right|}, & \text{卖方Agent } b \end{cases} \tag{5.59}$$

（2）将基于 Agent 的情感劝说交互的劝说强度用 δ 表示，即 Agent 在情感劝说过程中采取的交互策略对应的强度值。依据选择不同策略所进行的交互过程的快慢，可将交互策略分为三类：$0<\delta<1$ 为缓慢型交互策略，$\delta=1$ 为均匀型交互策略，$\delta>1$ 为急迫型交互策略。

（3）将基于 Agent 的情感劝说交互的情感强度和劝说强度结合，可得基于 Agent 的情感劝说交互的情感劝说强度 g 的算法为

$$g=\delta\cdot\mu \tag{5.60}$$

（4）求得

$$A_a^i(k+1)=\begin{cases}A_a^i(k)+g_a^i\cdot A_a^i(k), & e_a^i(k)<r_a^i(k)\\ A_a^i(k)-g_a^i\cdot A_a^i(k), & e_a^i(k)>r_a^i(k)\end{cases} \tag{5.61}$$

$$A_b^i(k+1)=\begin{cases}A_b^i(k)-g_b^i\cdot A_b^i(k), & e_b^i(k)<r_b^i(k)\\ A_b^i(k)+g_b^i\cdot A_b^i(k), & e_b^i(k)>r_b^i(k)\end{cases} \tag{5.62}$$

式中，g_a^i、g_b^i 分别为 Agent a、Agent b 在产品属性 p_i 上感知到的对方的情感劝说强度。

（5）求得

$$A_a^i(k+1)=\begin{cases}A_a^i(k)+g_a^iA_a^i(k)+\mathrm{uew}_kA_a^i(k), & e_a^i(k)<r_a^i(k)\\ A_a^i(k)-g_a^iA_a^i(k)-\mathrm{uew}_kA_a^i(k), & e_a^i(k)>r_a^i(k)\end{cases} \tag{5.63}$$

式中，$g_a^iA_a^i(k)$ 为 Agent 第 k 轮的情感劝说对第 $k+1$ 轮提议产生的影响；$\mathrm{uew}_kA_a^i(k)$ 为 Agent 在第 k 轮的情感劝说中的口碑更新对第 $k+1$ 轮提议产生的影响，这些影响都与属性类型有关。对成本型属性来说，买方计算时应相加，卖方应相减，效益型属性则相反。

第6章　基于Agent的情感劝说的实现与展望

6.1　系统实现

6.1.1　技术基础

1. 开发语言的选择

目前较为主流的开发语言为C语言、Java语言和Python语言。C语言是一门面向过程、抽象化的通用程序设计语言，广泛应用于底层开发。C语言具有高效、功能丰富和较高的可移植性等特点。高效体现在C语言中引入了指针的概念，提高了程序的效率；功能丰富主要体现在部分变量可以相互转换，不同的结构体可以相互组合在一起。同时C语言也具有较好的可移植性的特点，可以在其他的应用上使用。Java是一个面向对象的编程语言，可以编写桌面应用程序、Web应用程序、分布式系统和嵌入式系统应用程序。Java主要具有简单性、分布式、安全性、面向对象和平台独立与可移植性等特点。简单性指的是Java减少了很多像C语言那样复杂的语法，简化了开发人员对内存的管理工作。分布式是指Java语言支持互联网应用的开发，在Java的基本应用编程接口中就有一个网络应用编程接口，它提供了网络应用编程的类库，包括URLConnection、Socket等。安全性是指Java编译时要进行Java语言和语义的检查，保证每个变量对应一个相应的值，编译后生成Java类。面向对象是指Java提供了简单的类机制以及动态接口。平台独立与可移植性主要是因为Java的代码都是开放性的，平台之间可以相互转移使用。Python是一种解释型、面向对象、动态数据类型的高级程序设计语言，也是一种功能强大而完善的通用型语言。Python的发展时间不长但发展的速度非常快，其主要特点包括简单易学，简单指的是编写代码的语法比较简单；易学指的是更容易理解；运行的速度很快；免费开源；高层语言，在使用的过程中不需要考虑文件运行的存储问题；具有可移植性，Python语言因为其开源的特点，可以被很多软件应用，具有很好的可扩展性、可嵌入性以及丰富的资源库。

三种主流开发语言的主要区别是面向的对象和针对的开发方向不同。C语言是一种抽象化的程序设计语言，它主要针对底层的开发。Java和Python都是面向对象的语言。但前者面向所有的人，是开源性的编程语言，后者是一个通用型语言，应用于高级程序设计。

为了与 Agent 开发平台进行更好的配合，本书在系统地研究基于 Agent 的情感劝说的相关模型后，选择 Python 语言对相应的模型进行系统开发并应用。

2. 集成开发环境的介绍

随着 Agent 的逐渐兴起和发展，各种有关 Agent 的开发平台也产生并得到了发展，传统的 Agent 的开发平台包括 Aglets 平台、人机工效虚拟仿真系统开发环境等主要都是基于 Java 语言的，而本书更侧重于对 Agent 的人工智能特性进行开发和建模，因此选择了基于 Python 语言来对基于 Agent 的情感劝说相关模型进行构建，采用 Python 集成开发环境 PyCharm 对相应模型进行系统的测试。

PyCharm 作为一种 Python 集成开发环境，带有一整套可以帮助用户在使用 Python 语言开发时提高效率的工具，如调试、语法高亮、项目管理、代码跳转、智能提示、自动完成、单元测试、版本控制，还提供了一些高级功能，以支持 Django 框架下的专业 Web 开发，该集成开发环境能够很好地满足基于 Agent 的开发所需。集成开发环境 PyCharm 的主要亮点总结如下。

（1）智能代码编辑：PyCharm 的智能代码编辑器为 Python、JavaScript、CoffeeScript、TypeScript、层叠样式表（cascading style sheets，CSS）、流行的模板语言等提供一流的支持。

（2）智能代码导航使用智能搜索跳转到任何类、文件或符号，甚至任何集成开发环境（integrated development environment，IDE）操作或工具窗口。只需单击一下即可切换到声明、超级方法、测试、用法、实现等。

（3）快速安全的重构：以智能方式重构代码，使用安全的重命名和删除、提取方法，引入内联变量或方法以及其他重构方式。

（4）插件超过 10 年的 IntelliJ 平台开发为 PyCharm 提供了 50 多种不同性质的集成开发环境插件，包括对其他逻辑仿真工具的支持、与不同工具和框架的集成，以及 Vim 仿真等编辑器增强功能。

（5）PyCharm 适用于 Windows、Mac OS 或 Linux 系统，用户可以在尽可能多的计算机上安装和运行 PyCharm，并在所有计算机上使用相同的环境和功能。

（6）调试、测试和分析部分使用功能强大的调试器，以及 Python 和 JavaScript 的图形用户界面（graphical user interface，GUI），可使用编码帮助基于图形用户界面的测试运行器创建和运行测试。

（7）数据库工具直接从 IDE 访问 Oracle、SQL Server、PostgreSQL、MySQL 和其他数据库。在编辑结构化查询语言（structured query language，SQL）代码、运行查询、浏览数据和更改模式时，也可依靠 PyCharm 的帮助。

（8）科学堆栈支持 PyCharm 对科学图书馆的构建，包括 Pandas、NumPy、Matplotlib 和其他科学库，可以为用户提供一流的智能代码和图形、数组查看器等。

3. 交互界面开发库介绍和选择

由于 Python 自身的特性在很大程度上拉低了编程的入门门槛，把关于底层的很多逻辑、配置都对程序员隐藏了起来，这使程序员可以更多地关注编程逻辑的实现。而 Python 中有许许多多的第三方库，它使程序员面对各种需求时能够有效地分类处理。第三方库就类似于程序员开发过程中的小工具，它把编程过程中能实现的功能进行归类，再对某一类功能进行开发后封装，以第三方库的形式体现出来，不用关心其实现过程，只需要根据要求的功能寻找相应的库即可，这极大地降低了 Python 开发的门槛，让操作过程变得简单、易上手。本书的系统实现主要涉及数据分析与图形用户界面的实现两个方面。

数据分析模块包括以下几个。

（1）NumPy：这是 Python 的一种开源数值计算扩展第三方库，用于处理数据类型相同的多维数组（ndarray），简称“数组”。这个库可用来存储和处理大型矩阵，比 Python 语言提供的列表结构要高效得多。NumPy 提供了许多高级的数值编程工具，如矩形运算、矢量处理、N 维数据变换等。

（2）Pandas：这是基于 NumPy 扩展的一个重要第三方库，它是为了完成数据分析任务而创建的。Pandas 提供了一批标准的数据模型和大量快速、便捷地分析数据的函数和方法，提供了高效操作大型数据集所需要的工具。

图形用户界面模块包括以下几个。

（1）PyQt：PyQt 是 Qt 框架的 Python 语言实现，由 Riverbank Computing 开发，是最强大的 GUI 库之一。PyQt 提供了一个设计良好的窗口控件集合，每一个 PyQt 控件都对应一个 Qt 控件，实现了单个组件的简单控制操作。

（2）Eric6：Eric6 是 Python 编程语言的 IDE 程序，与 PyQt 完美结合，其优点是占用内存少和运行速度快，是开发 GUI 的强大工具。

6.1.2 代码实现

为了验证本书所设计的谈判机制，本节采用 Python 语言，基于 PyCharm 平台开发相应的系统，并通过数据对提出的模型及算法进行验证。

以基于 Agent 信任驱动的自动谈判系统实现为例，其部分主要代码实现如下：

```
import …
#(卖方角度)价格
def benefit_Attribute_negotiation(pb_min,pb_max,ps_max,
ps_min,θ_b,θ_s,α_b,α_s,Tmax_b,Tmax_s):
    b_list=[]
```

```
#b_list.append(pb_min)
s_list=[]
#s_list.append(ps_max)
#认知函数 cogp
def cogd(θ,t,T):
    cogd=math.pow(t/T,1/θ)
    return cogd

#认知评价修正的情感劝说
#认知评价函数 cogp
def cogp_price(pb1,ps1,pb2,ps2,Tmax_b,Tmax_s,t):
    Δ_price=abs(pb1-ps1)
    EP_price_s=Δ_price/(Tmax_s-t+1)
    EP_price_b=Δ_price/(Tmax_b-t+1)
    EX_b_price_s2b=ps1-EP_price_s
    EX_s_price_b2s=pb1+EP_price_b
    if EX_b_price_s2b<1e-323:
        EX_b_price_s2b=1e-323
    else:
        pass
    if EX_s_price_b2s<1e-323:
        EX_s_price_b2s=1e-323
    else:
        pass
    # 价格属性的认知评价
#b 对 s 的认知评价,即(b 预期 s 对 b 的提议值)与实际 s 的提议值的比较
   cogp_price_b2s=(EX_b_price_s2b-ps2)/EX_b_price_s2b
    #print("第一轮 b 对 s 的就价格提议的评价:",SA_price_b2s)
 cogp_price_s2b=-((EX_s_price_b2s-pb2)/EX_s_price_b2s)
    #print("第一轮 s 对 b 的就价格提议的评价:",SA_price_s2b)
    return cogp_price_b2s,cogp_price_s2b
#情感生成函数
# def emotion_t(cogp,α):
#     if cogp<0:
#         δcogp=exp(cogp)
```

```
#     else:
#         δcogp=1+log(1+cogp)
#     e_t=δcogp * α
#     return e_t
def emotion_t(cogp,α):
    if cogp<0:
        δcogp=exp(cogp * α)
    else:
        δcogp=1+log(1+cogp * α)
    e_t=δcogp
    return e_t
t=1
#调用认知函数
cogd_bt=cogd(θ_b,t,Tmax_b)
cogd_st=cogd(θ_s,t,Tmax_s)

# 第一轮 b 对 s 的让步函数
ψ_b1=cogd_bt
ψ_s1=cogd_st
#trust=lambda z:np.maximum(0.01 * z,z)
#trust=lambda z:np.maximum(0,z)
# ψ_b1=cogd_bt+trust(0.2)
# ψ_s1=cogd_st+trust(0.2)
#random.uniform(0,0.1)
# trust=lambda z:np.maximum(0,z)
# print(trust(1))
#print("******关于属性“价格”的谈判开始******")
# 价格提议
P1_price_b=pb_min+ψ_b1 *(pb_max-pb_min)
#print("b 对 s 的价格提议:",P1_price_b)
P1_price_s=ps_max-ψ_s1 *(ps_max-ps_min)
# print("s 对 b 的价格提议:",P1_price_s)
# print("\n")
```

系统运行的主界面如图 6.1 所示，分为输入端和输出端，输入端可由用户自行输入所需要谈判的属性以及期望等相关参数。

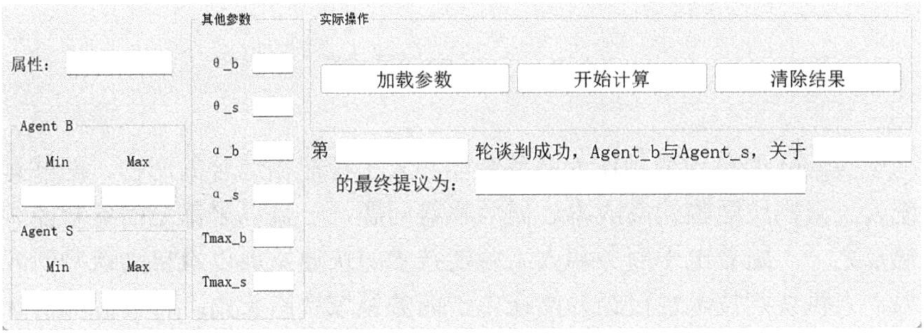

图 6.1　系统运行的主界面

为了验证系统的可行性，在操作界面设置了超参数链接功能，单击“加载参数”按钮即可添加书中设置的相应参数，当然也可以自行根据需求填写对应参数，结果如图 6.2 所示。

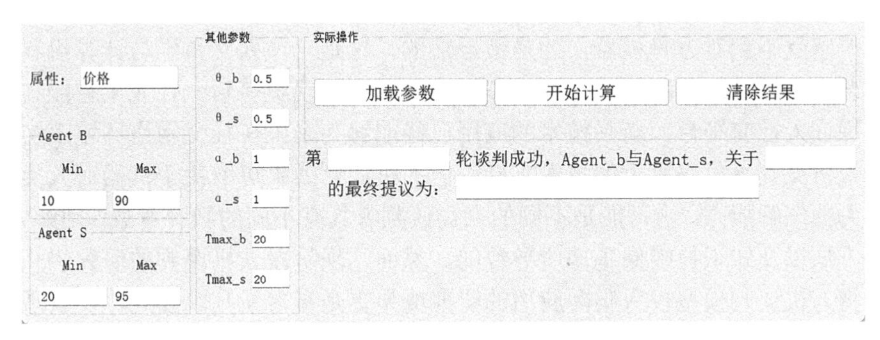

图 6.2　添加参数后系统的主界面

添加对应参数后，单击“开始计算”按钮即可实现自动谈判功能，在输出区域会显示谈判结果和所用轮次，如图 6.3 所示，需要重新计算时单击“清除结果”按钮即可。

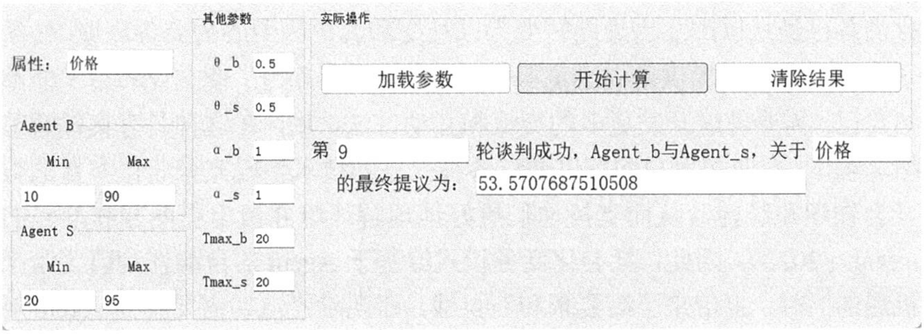

图 6.3　计算完成后的系统主界面

6.2 未来展望

基于 Agent 的自动谈判作为商务智能和人工智能相结合的产物，能够有效解决传统人工谈判所面临的高成本、低效率等问题，一直以来都是商务智能领域的研究热点之一。随着电子商务和人工智能技术的快速发展以及自动谈判研究的不断深入，人机谈判技术也已经开始在电子商务领域崭露头角，将计算机对计算机的自动谈判改进成计算机对人的自动谈判是很值得做的工作。与传统自动谈判相比，人机谈判更为复杂，其原因在于人机谈判需要考虑人的认知、情感以及文化背景等因素对谈判的影响。基于 Agent 的人机谈判是一个涉及计算机科学、信息技术、社会学和心理学的跨学科研究领域，由于其具有丰富的理论和实践意义，现阶段已引起了学术界和产业界的广泛关注。

人机交互的根本目的是“实现用户的需求”，凡是与机器打交道的事情，只有让用户感受不到对方是机器，才是最自然的，这是一项人文科学与计算机科学交汇的艺术。尽管现阶段智能推荐、虚拟现实和增强现实等新一代人工智能技术已经深深嵌入社交平台，新兴技术的应用已经能够为未来在社交网络环境下实现沉浸式人机交互提供强有力的技术支持，但人机谈判效果更取决于机器对人类的复杂行为的理解能力，这可能是不同的人类谈判者具有不同的教育背景、理解方式、学习方法以及知识技能储备等所导致的。然而，现阶段人机谈判的研究仍相对较少，将人机谈判模型投入实际应用的研究成果更是寥寥无几。因此，要实现社会化商务模式下真正意义上的人机谈判还有待努力，并且需要更多的研究人员关注。

近年来，电子商务正在通过采用 Web 2.0 功能来增强客户参与度，以社会化商务模式实现更大的经济价值（Hajli，2015），社交媒体的快速发展也更进一步地促进了社交商务在中国的兴起和发展。社会化商务是电子商务的一种新的衍生模式，是基于人际关系网络，通过社交互动、用户自生内容等手段来实现商品或服务销售的新型电子商务的重要表现形式（Zhao and Li，2020）。与传统电子商务模式相比，社会化商务已经从以产品为导向转变为以社交和客户为中心的商务环境。传统形式的电子商务几乎总是提供单向浏览服务，而社会化商务为了使企业和用户能够更好地表达自己，需要考虑开发更多的交流和互动方法，并且在这种具有集体智慧的社交网络环境下，企业和用户均可以通过各种先进的技术手段充分获得海量的数据信息、社会知识和经验，从而支持他们更好地理解环境并做出更明智和准确的决策（Yuan et al.，2020）。因此，社会化商务模式给基于 Agent 的自动谈判研究带来新的发展机遇的同时，也带来了高要求和新挑战，即现阶段迫切需要提高 Agent 对社交大数据分析挖掘的能力，并且探索更加完善的社会化商务环境下的自动谈判模式，从而为各方面的商务决策提供有效的支持，创造更大的经济及社会价值。

参 考 文 献

曹慕昆，戴晓沛，杨兴燚，等. 2015. 基于多 Agent 信任机制的电子商务谈判系统研究[J].信息系统学报，（1）：27-38.

曹慕昆，王爱姣，陈心茗，等. 2016. 基于多目标遗传算法的双边多属性自动谈判模型的研究[J]. 中国管理科学，24（S1）：189-193.

曹慕昆，王刚，张奇志. 2021. 动态时间帕累托最优电子采购多属性谈判模型[J]. 系统工程学报，36（1）：1-12.

陈培友，高太光，李一军. 2014. 面向 Agent 马尔科夫多议题自动谈判模型研究[J]. 管理工程学报，28（3）：203-208.

陈振颂，李延来. 2014. 基于广义信度马尔科夫模型的顾客需求动态分析[J]. 计算机集成制造系统，20（3）：666-679.

程彩凤，孙祥娥. 2019. 基于社会情感优化算法的支持向量机参数选择[J]. 现代电子技术，42（12）：108-111，116.

戴怡，杨学志，罗红平，等. 2012. 面向数控系统可靠性评估的先验信息融合方法：专家打分法[J]. 天津职业技术师范大学学报，22（3）：6-8.

邓欣媚，王瑞安，桑标. 2011. 情绪调节的发展及其与情绪体验、情绪能力、情绪调节态度的关系[J]. 心理科学，34（6）：1345-1352.

董学杰，蒋国瑞，黄梯云. 2014. 多 Agent 自动谈判情感决策模型研究[J]. 运筹与管理，23（2）：133-138.

杜学美，吴亚伟，高慧，等. 2021. 负面在线评论及商家回复对顾客购买意愿的影响[J]. 系统管理学报，30（5）：926-936.

高琳，李文立，柯育龙. 2017. 社会化商务中网络口碑对消费者购买意向的影响：情感反应的中介作用和好奇心的调节作用[J]. 管理工程学报，31（4）：15-25.

韩晶，解仑，王志良，等. 2018. 基于 GMM 的增量式情感映射[J]. 哈尔滨工业大学学报，50（8）：168-173.

江道平，班晓娟，尹怡欣，等.2007.情感理论及基于情感的决策理论与模型研究[J].计算机科学，34（4）：154-157，170.

蒋国瑞，胡应兰. 2013. 基于 D-S 证据理论的多 Agent 辩论谈判策略研究[J].计算机工程与应用，49（12）：36-40，64.

蒋伟进，吕斯健. 2022. 移动 agent 系统安全问题的动态信任计算模型[J]. 控制与决策，37（2）：499-505.

雷绍雍，刘靖旭. 2020. 基于遗传算法的装备采购决策优化研究[J]. 中国管理科学，28（10）：194-200.

李海芳，何海鹏，陈俊杰. 2011. 性格、心情和情感的多层情感建模方法[J]. 计算机辅助设计与图形学学报，23（4）：725-730.
刘明，许力. 2003. 人工情感在 Agent 行为选择策略中的应用[J]. 江南大学学报，（6）：564-568.
卢阿丽，杨庆，颜惠玲，等.2016.基于情感识别的自适应多 Agent 虚拟 ICAI 系统的研究[J].实验技术与管理，33（5）：125-128.
马莉婷. 2014. 社交网络中网络口碑与购买意愿的动力学机制分析[J]. 现代情报，34（3）：41-46.
马宁，刘怡君. 2015. 基于超网络的舆情演化多主体建模[J]. 系统管理学报，24（6）：785-794，805.
米德 G H. 2012. 心灵、自我和社会[M]. 霍桂桓，译.南京：译林出版社.
潘煜，万岩，陈国青，等. 2018. 神经信息系统研究：现状与展望[J]. 管理科学学报，21（5）：1-21.
彭丽徽，李贺，张艳丰. 2019. 基于 ACSI 的网络口碑发布行为影响因素研究[J].情报资料工作，40（5）：92-102.
綦晓彤，伍京华. 2022. 基于 Agent 的情感劝说的口碑传播影响因素研究——基于系统动力学视角[J]. 软科学，36（12）：135-144.
仇德辉. 2001. 情感学概论[M]. 长沙：湖南人民出版社.
邱林，郑雪. 2013.人格特质影响主观幸福感的研究述评[J]. 自然辩证法通讯，35（5）：109-114，128.
任天助，周锐，李浩. 2017.一种基于情感智能的无人机自主决策方法[J]. 电光与控制，24（3）：11-15，19.
邵俊倩，李成凤. 2018. Multi-agent 技术在海上船舶避碰决策系统开发中的应用[J]. 舰船科学技术，40（2）：64-66.
沈慧磊. 2017. 认知、情感因素对谈判行为的影响分析[J]. 当代教育实践与教学研究，（12）：218，182.
石轲，陈小平. 2011. 行动驱动的马尔可夫决策过程及在 RoboCup 中的应用[J].小型微型计算机系统，32（3）：511-515.
宿翀，李宏光. 2012. 基于情感学习智能体的交互式进化计算方法[J]. 计算机集成制造系统，18（3）：617-625.
孙华梅，伍京华，黄梯云，等. 2014. 一种基于 Agent 劝说分类的让步模型及实现[J]. 运筹与管理，23（6）：252-256.
孙华梅，邹维娜. 2014. 电子商务环境下基于 Multi-Agent 的 B2B 信任评价模型研究[J]. 运筹与管理，23（5）：231-236.
田智行，陈夏铭，姜大志. 2021. 一种离散状态与维度空间互映射的人工情感模型[J]. 系统仿真学报，33（5）：1062-1069.
童向荣，黄厚宽，张伟. 2009. Agent 动态交互信任预测与行为异常检测模型[J]. 计算机研究与发展，46（8）：1364-1370.
童向荣，张伟，龙宇. 2012. Agent 主观信任的传递性[J].软件学报，23（11）：2862-2870.
万超岗，赵杰煜，张媛媛. 2008. 基于随机图的情感产生模型[C]. 第十四届全国图象图形学学术会议，福州：563-566.
王金迪，童向荣. 2019. 融合非稀疏信任网络的时间底限变动的智能体协商模型[J]. 计算机研究与发展，56（12）：2612-2622.
王岚，王立鹏. 2007. 基于 OCC 的 Agent 情感模型研究[J]. 微计算机信息，23（5）：256-258.
王瑛岐，崔志华，谭瑛. 2012. 基于情感强度定律的社会情感优化算法[J]. 太原科技大学学报，33（4）：249-253.
王勇，黄国兴，王雨，等. 2008. 一种关于 Agent 的模糊认知逻辑[J]. 计算机应用与软件，25（6）：81-83.
王治莹，聂慧芳，赵宏丽. 2020. 考虑决策者情绪更新机制的多阶段应急决策方法[J]. 控制与决策，35（2）：436-444.
危小超，李岩峰，聂规划，等. 2017. 基于后悔理论与多 Agent 模拟的新产品扩散消费者决策互动行为研究[J].中国管理科学，25（11）：66-75.
吴鹏，李婷，仝冲，等. 2020. 基于 OCC 模型和 LSTM 模型的财经微博文本情感分类研究[J]. 情报学报，39（1）：81-89.
伍京华，陈虹羽，汪文生. 2021a. 基于 Agent 的情感劝说的舆情交互及产生模型[J]. 计算机集成制造系统，27（1）：249-259.
伍京华，陈虹羽，许陈颖，等. 2020a. 基于 Agent 的社会情感学习及其行为决策的劝说提议产生模型[J]. 软科学，34（7）：48-54.
伍京华，韩佳丽，王佳莹. 2020b. 基于 Agent 的情感劝说的决策过程及模型研究[J]. 管理工程学报，34（2）：231-238.
伍京华，蒋国瑞，孙华梅，等. 2008. 基于 Agent 的辩论谈判过程建模与系统实现[J].管理工程学报，（3）：69-73，83.
伍京华，郄晓彤，汪文生. 2020c. 基于 Agent 的情感劝说交互的口碑更新模型[J]. 计算机集成制造系统，26（7）：1976-1985.
伍京华，郄晓彤，王佳莹. 2020d. 基于 Agent 的提议修正的情感劝说交互模型研究[J]. 计算机集成制造系统，26（5）：1384-1396.
伍京华，孙华梅. 2013. 基于 Agent 正面情绪变化的劝说及评价模型[J]. 计算机科学，40（5）：21-23.
伍京华，孙华梅，张新刚，等. 2011a. Agent 劝说中的积极舆论模型及其评价[J]. 计算机工程，37（9）：204-206.
伍京华，王竞陶，刘浩，等. 2020e. 基于 Agent 的情感映射的劝说模型及系统[J]. 计算机集成制造系统，26（4）：1081-1096.
伍京华，许陈颖，张富娟. 2019a. 基于 Agent 的情感劝说的合作主体选择模型[J]. 管理工程学报，33（1）：230-237.
伍京华，叶慧慧，李岩. 2021b. 基于 Agent 的映射的情感劝说行为产生模型[J]. 计算机集成制造系统，27（4）：1188-1200.
伍京华，张富娟，许陈颖. 2019b. 基于 Agent 的情感劝说的信任识别模型研究[J]. 管理工程学报，33（2）：219-226.
伍京华，张新刚，董学杰. 2011b. 消极情感对 Agent 劝说的影响研究[J]. 计算机应用研究，28（2）：560-562.
谢丽霞，魏瑞炘. 2019. 物联网节点动态信任度评估方法[J]. 计算机应用，39（9）：2597-2603.
徐泽水，蔡小强. 2011. 直觉模糊信息集成理论及其应用[M]. 北京：科学出版社.

于海. 2005. 西方社会思想史[M]. 上海：复旦大学出版社.

余腊生，何满庆. 2009. 基于 Agent 和情感计算的司机驾驶行为模型研究[J]. 企业技术开发，28（3）：19-21.

袁慰平，张令敏，黄新芹，等. 1989. 计算方法与实习[M].2 版. 南京：东南大学出版社.

张鸽，蒋国瑞，黄梯云. 2011. 基于辩论的多 Agent 商务谈判辩论产生和决策过程研究[J]. 运筹与管理，20（2）：7-14.

张维，张海峰，张永杰，等. 2012. 基于前景理论的波动不对称性[J]. 系统工程理论与实践，32（3）：458-465.

赵尔罡. 2017. 电子商务与人工智能技术的整合研究[J]. 中国科技信息，（23）：115-116.

赵书良，蒋国瑞，黄梯云. 2006. 一种 Multi-agent System 的信任模型[J]. 管理科学学报，（5）：36-43.

郑雪，王玲，邱林，等. 2003. 大学生主观幸福感及其与人格特征的关系[J]. 中国临床心理学杂志，11（2）：105-107.

周钟，熊焰，仲勇. 2018. 特色品牌海外渠道与消费群体研究：基于顾客体验和口碑传播的双重视角[J]. 中国管理科学，26（11）：176-185.

祝宇虹，毛俊鑫. 2011. 基于人工情感与 Q 学习的机器人行为决策[J]. 机械与电子，29（7）：61-65.

Ackert L F，Deaves R，Miele J，et al. 2020. Are time preference and risk preference associated with cognitive intelligence and emotional intelligence？[J]. Journal of Behavioral Finance，21（2）：136-156.

Athanasiou G，Georgios，Fengou M A，et al. 2014. Towards personalization of trust management service for ubiquitous healthcare environment[C]. IEEE-EMBS International Conference on Biomedical and Health Informatics（BHI），Valencia：297-301.

Aydoğan R，Yolum P. 2012. Learning opponent's preferences for effective negotiation：An approach based on concept learning[J]. Autonomous Agents and Multi-Agent Systems，24（1）：104-140.

Azzedin F，Maheswaran M.2002. Evolving and managing trust in grid computing systems[C]. Canadian Conference on Electrical and Computer Engineering，Winnipeg：1424-1429.

Basheer G S，Ahmad M S，Tang A Y C，et al. 2015. Certainty，trust and evidence：Towards an integrative model of confidence in multi-agent systems[J]. Computers in Human Behavior，45：307-315.

Bhatia S，Mullett T L. 2018. Similarity and decision time in preferential choice[J]. Quarterly Journal of Experimental Psychology，71（6）：1276-1280.

Blanchette I，Richards A. 2010. The influence of affect on higher level cognition：A review of research on interpretation，judgement，decision making and reasoning[J]. Cognition & Emotion，24（4）：561-595.

Blaze M，Feigenbaum J，Lacy J. 1996. Decentralized trust management[C]//Proceedings of the 1996 IEEE Symposium on Security and Privacy. Washington，DC：IEEE Computer Society Press：164-173.

Brenner M，Nebel B. 2006. Continual planning and acting in dynamic multiagent environments[C]//

Proceedings of the 2006 International Symposium on Practical Cognitive Agents and Robots, Perth：15-26.

Broekens J, Jonker C M, Meyer J J C. 2010. Affective negotiation support systems[J]. Journal of Ambient Intelligence and Smart Environments, 2（2）：121-144.

Buechele M, Fernandes M, Buettner R, et al. 2019. An emotion to speech mapping framework for electronic negotiations and negotiation training[C]. 19th International Conference on Group Decision and Negotiation, Loughborough：1-6.

Byrne D, Clore G L, Smeaton G. 1986. The attraction hypothesis：Do similar attitudes affect anything? [J]. Journal of Personality and Social Psychology, 51（6）：1167-1170.

Canovas A, Rego A, Romero O, et al. 2020. A robust multimedia traffic SDN-Based management system using patterns and models of QoE estimation with BRNN[J]. Journal of Network and Computer Applications, 150：102498.

Cao M K, Hu Q, Kiang M Y, et al. 2020. A portfolio strategy design for human-computer negotiations in e-retail[J]. International Journal of Electronic Commerce, 24（3）：305-337.

Cao M K, Luo X D, Luo X, et al. 2015. Automated negotiation for e-commerce decision making：A goal deliberated agent architecture for multi-strategy selection[J]. Decision Support Systems, 73：1-14.

Cao M K, Wang G A, Kiang M Y. 2021. Modeling and prediction of human negotiation behavior in human-computer negotiation[J]. Electronic Commerce Research and Applications, 50：101099.

Capozzi F, Ristic J. 2018. How attention gates social interactions[J]. Annals of the New York Academy of Sciences, 1426（1）：179-198.

Castellanos S, Rodríguez L F, Castro L A, et al. 2018. A computational model of emotion assessment influenced by cognition in autonomous agents[J]. Biologically Inspired Cognitive Architectures, 25：26-36.

Chen L H, Dong H B, Zhou Y. 2014. A reinforcement learning optimized negotiation method based on mediator agent[J]. Expert Systems with Applications, 41（16）：7630-7640.

Creed C, Beale R, Cowan B. 2015. The impact of an embodied agent's emotional expressions over multiple interactions[J]. Interacting with Computers, 27（2）：172-188.

de Carolis B, Mazzotta I. 2017. A user-adaptive persuasive system based on 'a-rational' theory[J]. International Journal of Human-Computer Studies, 108：70-88.

Dong X. 2014. Research on emotional decision model of multi-agent negotiation[J]. Operations Research and Management Science, 23（2）：133-138.

Druckman D, Olekalns M. 2008. Emotions in negotiation[J]. Group Decision and Negotiation, 17（1）：1-11.

Du R Z, Ma X X. 2011. Trust evaluation model based on service satisfaction[J]. Journal of Software, 6（10）：2001-2008

Ekman P. 1982. Emotion in the Human Face[M]. Cambridge：Cambridge University Press.

Ekman P, Friesen W V. 1971. Constants across cultures in the face and emotion[J]. Journal of Personality and Social Psychology, 17（2）：124-129.

Ellis A，David D，Lynn S J. 2010. Rational and irrational beliefs：A historical and conceptual perspective[J]. Rational and Irrational Beliefs：Research，Theory，and Clinical Practice：3-22.

El-Nasr M S，Yen J，Ioerger T R. 2000. FLAME—fuzzy logic adaptive model of emotions[J]. Autonomous Agents and Multi-Agent Systems，3（3）：219-257.

Esteban P G，Insua D R. 2019. A model for an affective non-expensive utility-based decision agent[J]. IEEE Transactions on Affective Computing，10（4）：498-509.

Esteva M，Rodríguez-Aguilar J A，Sierra C，et al. 2001. On the formal specification of electronic institutions[C]//Lecture Notes in Computer Science. Berlin，Heidelberg：Springer：126-147.

Fan R，Xu K，Zhao J C. 2018. An agent-based model for emotion contagion and competition in online social media[J]. Physica A：Statistical Mechanics and its Applications，495：245-259.

Fang B F，Guo X P，Wang Z J，et al. 2019. Collaborative task assignment of interconnected，affective robots towards autonomous healthcare assistant[J]. Future Generation Computer Systems，92：241-251.

Faratin P，Sierra C，Jennings N R. 1998. Negotiation decision functions for autonomous agents[J]. Robotics and Autonomous Systems，24（3/4）：159-182.

Feng D，Marsella S. 2020. An improvisational approach to acquire social interactions[C]. Proceedings of the 20th ACM International Conference on Intelligent Virtual Agents，Virtual Event：1-8.

Fishburn P C，Kochenberger G A. 1979. Two-piece von Neumann-Morgenstern utility functions[J]. Decision Sciences，10（4）：503-518.

Frijda N H. 1988. The laws of emotion[J]. American Psychologist，43（5）：349-358.

Fujita R，Oishi T，Matsuo T. 2016. Preliminary simulation on agent-based persuasion in lobbying[C]//2016 IEEE International Conference on Agents（ICA），Matsue：122-124.

Funge J，Tu X，Terzopoulos D. 1999. Cognitive modeling：Knowledge，reasoning and planning for intelligent characters[C]. Proceedings of the 26th Annual Conference on Computer Graphics and Interactive Techniques：29-38.

Gebhard P. 2005. ALMA：A layered model of affect[C]. Proceedings of the Fourth International Joint Conference on Autonomous Agents and Multiagent Systems，New York：29-36.

Goldberg L R. 1990. An alternative “description of personality”：The Big-Five factor structure[J]. Journal of Personality and Social Psychology，59（6）：1216-1229.

Gunes H，Schuller B，Pantic M，et al. 2011. Emotion representation，analysis and synthesis in continuous space：A survey[C].2011 IEEE International Conference on Automatic Face & Gesture Recognition（FG），Santa Barbara：827-834.

Hajli N. 2015. Social commerce constructs and consumer’s intention to buy[J]. International Journal of Information Management，35（2）：183-191.

Hatfield E，Rapson R L，Narine V. 2018. Emotional Contagion in Organizations：Cross-Cultural Perspectives[M]//Research on Emotion in Organizations. Leeds：Emerald Publishing Limited：245-258.

Hauser M，Wood J. 2010. Evolving the capacity to understand actions，intentions，and goals[J]. Annual Review of Psychology，61：303-324.

Hegselmann R，Krause U. 2002. Opinion dynamics and bounded confidence models，analysis，and simulation[J]. Journal of Artificial Societies and Social Simulation，5（3）：1-33.

Hindriks K，Tykhonov D. 2008. Opponent modelling in automated multi-issue negotiation using bayesian learning[C]. Proceedings of the 7th International Joint Conference on Autonomous Agents and Multiagent Systems-Volume 1，Estoril：331-338.

Hoelz B W P，Ralha C G. 2015. Towards a cognitive meta-model for adaptive trust and reputation in open multi-agent systems[J]. Autonomous Agents and Multi-Agent Systems，29（6）：1125-1156.

Hong D H，Choi C H. 2000. Multicriteria fuzzy decision-making problems based on vague set theory[J]. Fuzzy Sets and Systems，114（1）：103-113.

Hortensius R，Hekele F，Cross E S. 2018. The perception of emotion in artificial agents[J]. IEEE Transactions on Cognitive and Developmental Systems，10（4）：852-864.

Hu J，Zou L，Xu R Q. 2018. Bilateral multi-issue negotiation model for a kind of complex environment[J] The International Arab Journal of Information Technology，15（3）：396-404.

Huynh T D，Jennings N R，Shadbolt N R. 2004. FIRE：An integrated trust and reputation model for open multi-agent systems[C]//Proceedings of the 16th European Conference on Artificial Intelligence（ECAI），Valencia：18-22.

Huynh T D，Jennings N R，Shadbolt N R. 2006. An integrated trust and reputation model for open multi-agent systems[J]. Autonomous Agents and Multi-Agent Systems，13（2）：119-154.

Hwang C L，Yoon K. 1981. Multiple Attribute Decision Making：Methods and Applications：A State-of-The-Art Survey[M]. Berlin：Springer-Verlag.

Izard C E. 1992. Basic emotions，relations among emotions，and emotion-cognition relations[J]. Psychological Review，99（3）：561-565.

Jiang H，Vidal J M.2007. From rational to emotional agents[D]. Columbia：University of South Carolina.

Jiang W，Wang M J，Deng X Y. 2021. Multiple attribute decision making based on neutrosophic preference relation[J]. Cognitive Computation，13（4）：1061-1069.

Jonker C M，Aydoğan R. 2018. Deniz：A robust bidding strategy for negotiation support systems[C]. International Workshop on Agent-Based Complex Automated Negotiation，Stockholm：29-44.

Joshi D，Kumar S. 2016. Interval-valued intuitionistic hesitant fuzzy Choquet integral based TOPSIS method for multi-criteria group decision making[J]. European Journal of Operational Research，248（1）：183-191.

Kadowaki K，Kobayashi K，Kitamura Y. 2008. Influence of social relationships on multiagent persuasion[C]//Proceedings of the 7th International Joint Conference on Autonomous Agents and Multiagent Systems-Volume 3，Estoril：1221-1224.

Kahneman D，Tversky A. 1979. Prospect theory：An analysis of decision under risk[J]. Econometrica，47（2）：263.

Kakimoto S，Fujita K. 2018. Effective automated negotiation based on issue dendrograms and partial agreements[J]. Journal of Systems Science and Systems Engineering，27（2）：201-214.

Keller L，Reeve H K. 1998. Familiarity breeds cooperation[J]. Nature，394（6689）：121-122.

Kelly E J，Kaminskienė N. 2016. Importance of emotional intelligence in negotiation and mediation[J].

International Comparative Jurisprudence，2（1）：55-60.
Kelman H C. 2006. Interests，relationships，identities：Three central issues for individuals and groups in negotiating their social environment[J].Annual Review of Psychology，57（1）：1-26.
Kelman H C. 2017. Further Thoughts on the Processes of Compliance，Identification，and Internalization[M]//Social Power and Political Influence. London：Routledge：125-171.
Keskin M O，Çakan U，Aydoğan R. 2021. Solver agent：Towards emotional and opponent-aware agent for human-robot negotiation[C]. Conference on Autonomous Agents and MultiAgent Systems，Richland：1557-1559.
Kolomvatsos K，Trivizakis D，Hadjiefthymiades S. 2015. An adaptive fuzzy logic system for automated negotiations[J]. Fuzzy Sets and Systems，269：135-152.
Kotsiantis S B，Zaharakis I，Pintelas P. 2007. Supervised machine learning：A review of classification techniques[J]. Emerging Artificial Intelligence Applications in Computer Engineering，160（1）：3-24.
Krämer N，Kopp S，Becker-Asano C，et al. 2013. Smile and the world will smile with you—the effects of a virtual agent's smile on users' evaluation and behavior[J]. International Journal of Human-Computer Studies，71（3）：335-349.
Kshirsagar S. 2002. A multilayer personality model[C]// Proceedings of the 2nd International Symposium on Smart Graphics，New York：107-115.
Li H，Yu Y. 2013. Research on the evaluation of expert scoring method in the competitiveness of high colleges and universities of Jiangxi province[C]// 2013 6th International Conference on Information Management，Innovation Management and Industrial Engineering，Xi'an：448-450.
Marcos M J，Falappa M A，Simari G R. 2010. Dynamic argumentation in abstract dialogue frameworks[C]// International Workshop on Argumentation in Multi-Agent Systems. Berlin，Heidelberg：Springer：228-247.
Marino F，Moiso C，Petracca M. 2019. Automatic contract negotiation，service discovery and mutual authentication solutions：A survey on the enabling technologies of the forthcoming IoT ecosystems[J]. Computer Networks，148：176-195.
Marreiros G，Santos R，Ramos C，et al. 2010. Context-aware emotion-based model for group decision making[J]. IEEE Intelligent Systems，25（2）：31-39.
Mehrabian A. 1996a. Analysis of the big-five personality factors in terms of the pad temperament model[J]. Australian Journal of Psychology，48（2）：86-92.
Mehrabian A. 1996b. Pleasure-arousal-dominance：A general framework for describing and measuring individual differences in temperament[J]. Current Psychology，14（4）：261-292.
Meng F Y，Li S T. 2020. A new multiple attribute decision making method for selecting design schemes in sponge city construction with trapezoidal interval type-2 fuzzy information[J]. Applied Intelligence，50（7）：2252-2279.
Mian S Q，Oinas-Kukkonen H. 2016. An analysis of previous information systems research on emotions[C]// CEUR Workshop Proceedings，Edinburgh：36-55.
Miceli M，de Rosis F，Poggi I. 2006. Emotional and non-emotional persuasion[J]. Applied Artificial Intelligence，20（10）：849-879.

Monteserin A，Amandi A. 2015. Whom should I persuade during a negotiation？An approach based on social influence maximization[J]. Decision Support Systems，77：1-20.

Morărescu I C，Niculescu S I. 2015. Multi-agent systems with decaying confidence and commensurate time-delays[J]. IFAC-PapersOnLine，48（12）：165-170.

Nelissen R M A，Leliveld M C，van Dijk E，et al. 2011. Fear and guilt in proposers：Using emotions to explain offers in ultimatum bargaining[J]. European Journal of Social Psychology，41（1）：78-85.

Panzarasa P，Jennings N R，Norman T J. 2001. Social mental shaping：Modelling the impact of sociality on the mental states of autonomous agents[J]. Computational Intelligence，17（4）：738-782.

Paradeda R B，Ferreira M J，Dias J，et al. 2017. How robots persuasion based on personality traits may affect human decisions[C]// Proceedings of the Companion of the 2017 ACM/IEEE International Conference on Human-Robot Interaction，Vienna：251-252.

Picard R W. 2003. Affective computing：Challenges[J]. International Journal of Human-Computer Studies，59（1/2）：55-64.

Pinyol I，Sabater-Mir J，Dellunde P，et al. 2012. Reputation-based decisions for logic-based cognitive agents[J]. Autonomous Agents and Multi-Agent Systems，24（1）：175-216.

Qie X T，Wu J H，Li Y，et al. 2022. A stage model for agent-based emotional persuasion with an adaptive target：From a social exchange perspective[J]. Information Sciences，610：90-113.

Radu S，Kalisz E，Florea A M. 2013. A model of automated negotiation based on agents profiles[J]. Scalable Computing：Practice and Experience，14（1）：47-56.

Ramirez-Fernandez J，Ramirez-Marin J Y，Munduate L. 2018. I expected more from you：The influence of close relationships and perspective taking on negotiation offers[J]. Group Decision and Negotiation，27（1）：85-105.

Rato D，Prada R. 2021. Towards social identity in socio-cognitive agents[J]. Sustainability，13（20）：11390.

Ren F H，Zhang M J. 2014. Bilateral single-issue negotiation model considering nonlinear utility and time constraint[J]. Decision Support Systems，60：29-38.

Rodriguez-Fernandez J，Pinto T，Silva F，et al. 2019. Context aware Q-Learning-based model for decision support in the negotiation of energy contracts[J]. International Journal of Electrical Power & Energy Systems，104：489-501.

Sadri F，Toni F，Torroni P. 2002. An abductive logic programming architecture for negotiating agents[C]//Logics in Artificial Intelligence. Berlin，Heidelberg：Springer：419-431.

Salgado M，Clempner J B. 2018. Measuring the emotional state among interacting agents：A game theory approach using reinforcement learning[J]. Expert Systems with Applications，97：266-275.

Santos R，Marreiros G，Ramos C，et al. 2011. Personality，emotion，and mood in agent-based group decision making[J]. IEEE Intelligent Systems，26（6）：58-66.

Scherer K R. 2005. What are emotions？And how can they be measured？[J]. Social Science Information，44（4）：695-729.

Seow K T，Sim K M. 2008. Collaborative assignment using belief-desire-intention agent modeling and negotiation with speedup strategies[J]. Information Sciences，178（4）：1110-1132.

Storn R，Price K. 1997. Differential evolution-A simple and efficient heuristic for global optimization over continuous spaces[J]. Journal of Global Optimization，11（4）：341-359.

Su Y，Hu B，Dai Y，et al. 2018. A computationally grounded model of emotional BDI-agents[C]// Lecture Notes in Computer Science. Cham：Springer：444-453.

Subagdja B，Tan A H，Kang Y L. 2019. A coordination framework for multi-agent persuasion and adviser systems[J]. Expert Systems with Applications，116：31-51.

Sweeney J C，Soutar G N，Mazzarol T. 2008. Factors influencing word of mouth effectiveness：Receiver perspectives[J]. European Journal of Marketing，42（3/4）：344-364.

Tang H，Liang Z，Zhou K，et al. 2016. Positive and negative affect in loss aversion：Additive or subtractive logic？[J]. Journal of Behavioral Decision Making，29（4）：381-391.

Tian X N，Hou W J，Yuan K W. 2008. A study on the method of satisfaction measurement based on emotion space[C]//2008 9th International Conference on Computer-Aided Industrial Design and Conceptual Design，Beijing：39-43.

Van Kleef G A，De Dreu C K W，Pietroni D，et al. 2006. Power and emotion in negotiation：Power moderates the interpersonal effects of anger and happiness on concession making[J]. European Journal of Social Psychology，36（4）：557-581.

Wang C Y，Hu B Q. 2015. On fuzzy-valued operations and fuzzy-valued fuzzy sets[J]. Fuzzy Sets and Systems，268：72-92.

Wang H B，Zeng G P，Tu X Y. 2018a. An agent-based cooperative work technology for distributed web meeting scheduling[C]//2018 IEEE 17th International Conference on Cognitive Informatics & Cognitive Computing（ICCI*CC），Berkeley：299-305.

Wang M，Han Y. 2014. Emotions as strategic information：Examining the direct and ripple effect of emotions in negotiations[C]//2014 International Conference on Management Science & Engineering 21th Annual Conference Proceedings，Helsinki：958-963.

Wang X，Fang H，Fang S R. 2020. An integrated approach for exploitation block selection of shale gas—based on cloud model and grey relational analysis[J]. Resources Policy，68：101797.

Wang Y C，Qing L B，Wang Z Y，et al. 2022. Multi-level transformer-based social relation recognition[J]. Sensors，22（15）：5749.

Wang Y J，Cai Z P，Tong X R，et al. 2018b. Truthful incentive mechanism with location privacy-preserving for mobile crowdsourcing systems[J]. Computer Networks，135：32-43.

Wang Y L，Tian X P，Tang H F，et al. 2009. Agent cooperation research based on BP neural network[C]//2009 Second International Conference on Intelligent Computation Technology and Automation，Changsha：1027-1031.

Winsborough W，Li N. 2002. Protecting sensitive attributes in automated trust[C]//Proceedings of the 2002 ACM Workshop on Privacy in the Electronic Society，Washington D.C.：41-51

Winsborough W H，Seamons K E，Jones V E. 2002. Automated trust negotiation[C]//Proceedings DARPA Information Survivability Conference and Exposition，Hilton Head：88-102.

Wooldridge M，Jennings N R. 1995. Intelligent agents：Theory and practice[J]. The Knowledge

Engineering Review，10（2）：115-152.

Wu J H，Chen H Y，Li Y，et al. 2022a. A behavioral assessment model for emotional persuasion driven by agent-based decision-making[J]. Expert Systems with Applications，204：117556.

Wu J H，Sun Y，Li Y，et al. 2023. A Q-learning approach to generating behavior of emotional persuasion with adaptive time belief in decision-making of agent-based negotiation[J]. Information Sciences，642：119158.

Wu J H，Zhang F J，Han J L，et al. 2022b. Agent-based automated persuasion with adaptive concessions tuned by emotions[J]. Journal of Ambient Intelligence and Humanized Computing，13（6）：2921-2935.

Wu J H，Zhang T，Li Y，et al. 2024. Emotion-driven reasoning model for agent-based human–computer negotiation[J]. Expert Systems with Applications，240：122448.

Xu Z S，Cai X Q. 2010. Recent advances in intuitionistic fuzzy information aggregation[J]. Fuzzy Optimization and Decision Making，9（4）：359-381.

Yang C H，Yang R X，Xu T T，et al. 2018. Negotiation model and tactics of manufacturing enterprise supply chain based on multi-agent[J]. Advances in Mechanical Engineering，10（7）：168781401878362.

Yoon S，Dang V，Mertz J，et al. 2018.Are attitudes towards emotions associated with depression? A conceptual and meta-analytic review[J]. Journal of Affective Disorders，232：329-340.

Yu C X，Wong T N.2015. An agent-based negotiation model for supplier selection of multiple products with synergy effect[J]. Expert Systems with Applications，42（1）：223-237.

Yu H，Shen Z Q，Leung C，et al. 2013. A survey of multi-agent trust management systems[J]. IEEE Access，1：35-50.

Yuan L，Huang Z，Zhao W，et al. 2020. Interpreting and predicting social commerce intention based on knowledge graph analysis[J]. Electronic Commerce Research，20（1）：197-222.

Zeng D J，Sycara K. 1998. Bayesian learning in negotiation[J]. International Journal of Human-Computer Studies，48（1）：125-141.

Zhang J，Ghorbani A A，Cohen R. 2007. A familiarity-based trust model for effective selection of sellers in multiagent e-commerce systems[J]. International Journal of Information Security，6（5）：333-344.

Zhang J Y，Luo X C，Zhou Y，et al. 2018. Two-way negotiation for intelligent hotel reservation based on multiagent：The model and system[J]. Knowledge-Based Systems，161：78-89.

Zhang L L，Song H G，Chen X G，et al. 2011. A simultaneous multi-issue negotiation through autonomous agents[J]. European Journal of Operational Research，210（1）：95-105.

Zhang Q A，Ding Z W，Tan W Y，et al. 2020. Negotiation strategy of discharging price between power grid and electric vehicles considering multi-agent[J]. IET Generation，Transmission & Distribution，14（5）：833-844.

Zhao N，Li H. 2020. How can social commerce be boosted? The impact of consumer behaviors on the information dissemination mechanism in a social commerce network[J]. Electronic Commerce Research，20（4）：833-856.

Zhou G，Wang K，Zhao C，et al. 2016. A dynamic trust evaluation mechanism based on affective intensity computing[J]. Security and Communication Networks，9（16）：3752-3761.

Zhou Q Y. 2018. Multi-layer affective computing model based on emotional psychology[J]. Electronic Commerce Research，18（1）：109-124.

Zhu R X. 2022. Dynamic posture prediction model in informationized combat environment[J]. Security and Communication Networks，2022：8157604.

Zhu Y B，Li J S. 2019. Collective behavior simulation based on agent with artificial emotion[J]. Cluster Computing，22（3）：5457-5465.